经济伦理学译丛

Ethics in Finance

(3rd Edition)

金融伦理学

（第3版）

〔美〕约翰·R. 博特赖特（John R. Boatright）◎著

王国林 ◎译

著作权合同登记号 图字：01-2014-6577

图书在版编目(CIP)数据

金融伦理学/(美)约翰·R.博特赖特(John R.Boatright)著;王国林译.—3版.—北京：北京大学出版社,2018.9

(经济伦理学译丛)

ISBN 978-7-301-29721-6

Ⅰ.①金… Ⅱ.①约… ②王… Ⅲ.①金融学—伦理学 Ⅳ.①B83-05

中国版本图书馆CIP数据核字(2018)第170946号

Ethics in Finance, 3rd edition

By John R. Boatright

ISBN: 978-1-118-61582-9

书　　名 金融伦理学(第3版)
JINRONG LUNLIXUE

著作责任者 〔美〕约翰·R.博特赖特(John R.Boatright) 著 王国林 译

策划编辑 张 燕

责任编辑 张 燕

标准书号 ISBN 978-7-301-29721-6

出版发行 北京大学出版社

地　　址 北京市海淀区成府路205号 100871

网　　址 http://www.pup.cn

微信公众号 北京大学经管书苑(pupembook)

电子信箱 em@pup.cn QQ: 552063295

电　　话 邮购部010-62752015 发行部010-62750672 编辑部010-62752926

印 刷 者 涿州市星河印刷有限公司

经 销 者 新华书店

730毫米×1020毫米 16开本 17.5印张 288千字

2018年9月第1版 2018年9月第1次印刷

定　　价 48.00元

前　言

撰写关于金融伦理方面的书真是个特殊挑战。难题不在于缺少主题,尽管有人嘲讽地认为金融界不存在伦理。与此相反,金融界充满伦理,离开伦理就无法生存。金融活动是由具体规则管理的,承担重大责任的从业者被寄望于高度诚信。然而金融伦理学的研究领域还未完全形成,因此金融伦理学研究者的首要任务就是界定学科范畴、找出主要问题并确定相关伦理准则。鉴于大多数教科书提供了标准材料,本书不得不标新立异一些。希望本书将在“创设金融伦理学研究领域”这一重要任务中继续发挥推动作用。

金融伦理学的研究领域不仅处于形成时期,而且还高度分散。那些受过金融专业训练的人会进入许多行业工作,这样他们会碰到各种与伦理有关的问题。股票经纪人的情况肯定不同于共同基金经理、市场监管者或者公司财务人员。另外,金融伦理学涵盖金融市场、金融服务和金融管理中遇到的各种伦理问题,行业引领者和政府监管者也会关心这些问题。金融伦理学著作还必须确定解决各种问题的相关伦理准则。有些问题涉及个人行为的两难抉择,但最令人困惑和最重要的问题都与金融服务供应商、金融市场和金融制度运营有关。

许多金融伦理问题已经被法律规定、企业和行业自律规定覆盖。在这种严密监管的环境中,金融伦理发挥什么作用还是有疑问的。仅仅遵守现行适用的规定为何还不够？对此问题的一个解释是:伦理准则固然是许多法规的核心,但法律或自律规定仍未解决的问题,某种程度上是对伦理存在争论。因而,本书主要致力于审视现行监管规定并对其提出改革建议。另外,无论是政府还是行业制定的现行规定,充其量只是个低效、模糊的指引。因此,制定更高要求的伦理标准(而不是仅仅遵守法规)是必要的。

自本书前两版出版以来,很多情况发生了变化,也有很多情况没有变化。尤其是 2007 年发生的金融危机,更新了金融伦理学的热点,使得人们更加关注这个学科。然而,就其涉及的不端行为和造成的后果而言,这次危机并没有给金融伦理学带来新问题,只是给熟悉的问题换了个新马甲而已。本书第 3 版一如既往地花了相当多的篇幅讨论自大危机以来最大的一次金融危机中的伦理方面的问题。

读过本书之前两版的读者可能会发现,第 3 版作了不少修改,增加了一些内容。虽然章的数量没有变化,但内容作了很大调整,更加清晰、富有条理。新的第二章给伦理分析建立了一个比较明确的框架:它首先阐述了金融市场伦理;然后是角色和关系中的伦理,包括代理人(受托人)。剩余部分是围绕着金融服务、金融市场和财务管理组织材料的。第 3 版新增的内容是信用卡、次级按揭贷款、小额信贷、衍生工具、高频交易和风险管理中的伦理问题。

和前两版一样,我要感谢本特利大学(Bentley University)商业伦理基金(Foundations of Business Ethics)系列的编辑迈克尔 · W. 霍尔曼(Michael W. Hallman)和罗伯特 · E. 弗雷德里克(Robert E. Frederick),以及我在布莱克韦尔出版社(Blackwell)的编辑杰弗里 · 迪安(Jeffrey Dean)。芝加哥洛约拉大学(Loyola University)昆兰商学院(Quinlan School of Business)对第 3 版的写作提供了关键的支持。本人特别感谢商业伦理讲席教授(Chair in Business Ethics,这个讲席是专门为纪念洛约拉大学的一位前校长——商业伦理领域的先驱者而设立的)雷蒙德 · C. 鲍姆哈特(Raymond C. Baumhart)神父提供的研究资料。我也要向昆兰商学院(Quinlan School of Business)院长凯瑟琳 · A. 盖茨(Kathleen A. Getz)的热忱帮助表示感激。和以往一样,我要感谢我的妻子克劳迪娅(Claudia),她的呵护、耐心和鼓励对我的工作非常重要。

约翰 · R. 博特赖特

(John R. Boatright)

致 谢

在《金融伦理学(第 3 版)》中使用的下列材料得到了版权拥有者的许可:

John R. Boatright,"Financial Services," in Michael Davis and Andrew Stark, *Conflict of Interest in the Professions* (New York: Oxford University Press, 1999), copyright 1999 by John R. Boatright.

John R. Boatright,"Fiduciary Duty,""Soft Dollar Brokerage," and "Bankruptcy," in Robert and Andrew W. Kolb (ed.), *Encyclopedia of Business Ethics and Society* (Thousand Oaks, CA: Sage Publications, 2007), by permission of the publisher.

John R. Boatright,"Ethics in Finance," in John R. Boatright (ed.), *Finance Ethics: Critical Issues in Theory and Practice* (New York: John Wiley & Sons, Inc., 2010), by permission of the publisher.

John R. Boatright,"The Ethics of Management Risk: A Post-Crisis Perspective," *Ethics and Values for the* 21*st Century* (Madrid: BBVA, 2011), copyright 2011 by John R. Boatright.

John R. Boatright, "Why Financial Innovation Seems to be Associate with Scandals, Crises, Mischief, and other Mayhem," in *Risk and Rewards of Financial Innovation* (Chicago: Loyola University Chicago School of Business Administration, 2010), copyright 2010 by John R. Boatright.

John R. Boatright,"Corporate Governance," in Ruth Chadwick (ed.), *Encyclopedia of Applied Ethics* (Amsterdam: Elsevier, 2011), by permission of the publisher.

缩略语

ABS asset-backed security(资产支持证券)

ARM adjustable-rate mortgage(可调整利率按揭)

ATR annualized turnover ratio(年换手率)

CalPERS California Public Employees' Retirement System(加州公务员退休系统)

CAPM capital asset pricing model(资本资产定价模型)

CARD Credit Card Accountability,Responsibility,and Disclosure Act(信用卡问责、责任和信息披露法案)

CDO collateralized debt obligation(担保债务凭证)

CDS credit default swap(信用违约互换)

CEO chief executive officer(首席执行官)

CFO chief financial officer(首席财务官)

CRO chief risk officer(首席风控官)

CSR corporate social responsibility(企业社会责任)

ENE early neutral evaluation(早期中立评估)

ERISA Employee Retirement Income Security Act(雇员退休收入保障法案)

ERM enterprise risk management(企业风险管理)

ESG environmental,social,governance(环境、社会、公司治理)

ETI economically targeted investment(经济目标投资)

Eurosif European Sustainable Investment Forum(欧洲可持续投资论坛)

EVA economic value added(附加经济值)

FINRA Financial Industry Regulatory Authority(金融业监管局)

FTC Federal Trade Commission(联邦贸易委员会)

GAAP generally accepted accounting principles(一般公认会计准则)

GDP gross domestic product(国内生产总值)

GSE government-sponsored enterprise(政府资助企业)

HFT high-frequency trading(高频交易)

ICA Investment Company Act(投资公司法案)

ICI Investment Company Institute(投资公司协会)

IPO initial public offering (首次公开发行)

ISS Institutional Shareholder Services(机构股东服务公司)

LDC less-developed country(欠发达国家)

LIBOR London Interbank Offered Rate(伦敦同业拆借利率)

M&E mortality and expense risk(死亡及损失险)

MBS mortgage-backed securities(抵押贷款支持证券)

NASD National Association of Securities Dealers(全美证券交易商协会,现在的 FINRA)

NASDAQ National Association of Securities Dealers Automated Quotations(全美证券交易商协会自动报价系统,简称为纳斯达克)

NPV net present value(净现值)

OPM other people's money(他人投资)

OTC over the counter(场外交易)

PDAA predispute arbitration agreements(争端前仲裁协议)

REIT real estate investment trust(房地产投资信托计划)

RI relationship investing(关系投资)

SEC Securities and Exchange Commission(证券交易委员会)

SME small and medium enterprises(中小型企业)

SRI socially responsible investing(社会责任投资)

SRO self-regulating organization(自律组织)

SWM shareholder wealth maximization(股东财富最大化)

VaR value at risk(风险价值模型)

VWAP volume weighted average price(成交量加权平均价格)

目录

CONTENTS

第一章　金融伦理学概览

有些讥讽者开玩笑地说，金融业不存在伦理，尤其是在华尔街。有一本很薄的《华尔街伦理大全》就宣扬这种观点，它声称将填补"金融伦理学空白"。① 当然，该书的内容是空洞的。然而，反省一下就会发现，没有伦理的金融是不可能的。当我们将资产交给别人管理时就需要极大的信任。一个不值得信任的股票经纪人或保险代理人，就像一个不值得信任的医生或律师那样，很少会有客户。金融丑闻之所以使我们震惊，就是因为卷入其中的个人或机构本应该是值得我们信任的。 *1*

信任是金融的根本，但金融伦理远不止于信任。金融包含一系列处理金融资产——通常是别人的资产——的活动。不仅每个人的福祉都有赖于这些资产的保值和配置，而且每天发生的数十亿美元的金融交易也需要高度的诚信。由于存在这些大规模的金融活动，就给一些人提供了足够多的机会去牺牲别人的利益谋取私利。简单说来，金融关注的是他人投资（other people's money，OPM），而他人投资会导致不端行为。作为金融服务业的从业人员，股票经纪人、银行家、财务顾问、共同基金和养老基金经理和保险代理人要对他们服务的客户负责。那些在公司、政府和其他组织中的财务管理人员也有责任管理好这些机构的金融资产。重要的是，金融业的每一个相关人员，无论其身处何位，从业时都必须高度重视金融伦理。 *2*

了解某个职业的伦理状况，最好的办法不是看某一成员最恶劣的行径，而是关注该职业人员共同期待并被普遍采取的行动。和生活中其他领域一样，在金融领域，也要回答三个关键的伦理问题：什么是我们的伦理责任或职责？我们的权利是什么？何谓公平或公正？除了这些具体的问题，还有一个终极伦理问题：我们应当如何生活？就金融业而言，对后一个问题的讨论已经深入金融活动的宗旨：金融在

① Jay L. Walker[pseudonym], *The Complete Book of Wall Street Ethics*(New York: William Morrow, 1987).

我们个人生活与和谐社会发展中究竟发挥什么样的作用?① 这四个基本问题是不易回答的,但本书的主要任务就是试图回答它们,至少回答前三个问题。

本章首先概述一下金融伦理学的必要性和主要研究领域,为后面的分析打下基础。对金融伦理学的全面讨论必然是冗长而复杂的,因为金融行为是复杂多样的,其所引起的伦理问题也是非常广泛的。当然,也不是只有金融领域存在伦理问题,在其他商业领域和职业(如医药和法律)中也会有类似的情形。因此,我们可以借鉴那些已经非常成熟的商业和职业伦理学的成果,促进金融伦理学的研究。

第一节　金融伦理学的必要性

虽然金融伦理学的必要性是显而易见的,不过了解一下高频发生的不端行为及其原因还是很有用的。尽管金融从业人员大多是正派、专注的人,但和那些需要对服务作出高度承诺的职业不同,金融业主要依靠追求收益,这样很容易使人变得贪婪。而且,个人是身在组织、机构、体制和市场之中的,通过它们来运作,而这些组织、机构、体制和市场本身可能就是有缺陷的。结果,没有任何人有意为之,丑闻可能就发生了,没有人应对其负责。许多丑闻并不是源于明知不可为而为之的精心设局,而是由处理复杂的相互作用的情况而采取的理性行为所导致的。伦理不端行为不一定是坏人做坏事,而经常是好心办坏事。本节就将介绍一些近年发生的丑闻,并探究一下这些丑闻的起因,这些丑闻给人造成了金融业没有伦理的印象。

3

一、金融丑闻

20 世纪 80 年代后期,华尔街被丹尼斯·莱文(Dennis Levine)、迈克尔·西格尔(Michael Siegel)、伊万·博斯基(Ivan Boesky)、迈克尔·米尔肯(Michael Milken)等人的内幕交易和市场操纵震撼了。1990 年,米尔肯被控犯了 6 项重罪,判处 10 年有期徒刑。他的公司德崇证券(Drexel Burnham Lambert)在承认 6 项重

① 这个问题见 Robert J. Shiller, *Finance and the Good Society*(Princeton, NJ: Princeton University Press, 2012)。

罪并同意支付6.5亿美元后倒闭了。《贼窝》(*Den of Thieves*)的作者詹姆斯·B.斯图尔特(James B. Stewart)将他们的行为称为"金融界有史以来最大的犯罪共谋"①。内幕交易不仅仍然经常发生,而且成为人们争论的热点。2004年,尽管业内专家玛莎·斯图尔特(Martha Stewart)因一笔可疑的交易向检察官撒谎而被判有罪,但对于她是否真的犯了内幕交易罪还是有争议的。然而,对帆船集团(Galleon Group)创始人拉贾·拉贾拉特南(Raj Rajaratnam)(2011年被认定犯了内幕交易罪并判处11年有期徒刑)的调查,也使他多年构建的人脉圈子中的多个成员被捕,其中一位是令人尊敬的高盛集团(Goldman Sachs)和宝洁公司(Procter & Gamble)董事。这个案件暴露出在对冲基金领域,内幕交易已经通过所谓的专家网络而变得有组织性了。

1991年,投资银行所罗门兄弟(Salomon Brothers)差点被一些指控其政府证券部门交易员多次试图通过操纵美国中期国债拍卖牟利的诉讼搞垮。这次丑闻给公司带来的损失估计高达10亿美元,其中包括诉讼费用和商业损失,还有2.9亿美元罚款。公司解雇了那些操纵利率(bid-rigging)拍卖的人员和那时并不知情的行政总裁(chief executive officer,CEO)约翰·古特弗罗因德(John Gutfreund)——古特弗罗因德的过失是在丑闻发生后的三个月内没有及时向财政部汇报,而是将消息压下来了。这次丑闻中同时被牵连的还有所罗门兄弟副董事长约翰·梅里韦瑟(John Meriwhther),他后来继续执掌长期资本管理公司(Long-Term Capital Management),该对冲基金后来在1998年因重大损失而倒闭。在新东家花旗集团(Citigroup)自身卷入了一系列丑闻后,这个创立于1910年、赫赫有名的所罗门兄弟老字号在2003年被彻底摒弃。此时,所罗门兄弟的声誉价值已明显不值几个钱了。

1994年,在衍生品交易中损失了16亿美元后,加州奥林治县起诉它的财务顾问美林证券(Merrill Lynch)对该县投资所涉及的风险程度进行了隐瞒。1998年,美林证券花了近4亿美元和该县达成和解。1996年,宝洁公司在信孚银行(Bankers Trust)同意免除其因投资衍生品交易失败而欠该银行的2亿美元后与该银行达成和解。宝洁公司指控信孚银行在投资过程中有不实告知行为,这一指控有关键录像带支持,在录像带中有些银行雇员用ROF(rip-off factor)来代表宰客的

4

① James B. Stewart, *Den of Thieves*(New York: Simon & Schuster, 1991), p. 15.

方法。尽管衍生证券持续被滥用,但监管它们的努力还未取得多大成效。美林证券和信孚银行最终通过被大银行合并而免于倒闭(分别被美国银行(Bank of America)和德意志银行(Deutsche Bank)合并)。

个人进行的未授权交易给一些银行和交易商造成了巨大损失。1995 年,巴林银行(Baring Bank)新加坡分行 28 岁的交易员尼克·里森(Nick Leeson)在期货合同上赌错了日本股市的方向,造成了 10 多亿美元的损失,葬送了这个令人尊敬的英国银行。(给他的冒险头寸带来致命一击的是神户地震这一不可预测事件。)1996 年,公认的铜交易大王因给住友公司(Sumitomo Corporation)造成估计高达 26 亿美元的损失而被解雇了,住友公司还起诉一些银行发行能帮助交易员掩藏损失的衍生证券。2006—2008 年间,法国兴业银行(Société Générale)交易员杰洛米·科维尔(Jérôme Kerviel)的未授权行为竟然导致了 49 亿欧元的损失。2011 年,年轻的交易员科维库·阿多博利(Kweku Adoboli)向瑞银集团(UBS)隐瞒了 23 亿美元的损失。在大部分案例中,恶棍交易员利用了披露制度缺陷,监督管理松弛也为其提供了空间——公司的监管能力也可能由于不愿意干涉这些交易员表面上的赚钱能力而被削弱。收益常常"好得令人难以置信",但谁愿意质疑呢?

2003 年,当纽约州大法官艾略特·斯皮策(Eliot Spitzer)指控多个共同基金(mutual fund)发起人时,一向沉静的共同基金炸开了锅,其中包括美国银行、百能投资公司(Putnam Investments)、骏利基金(Janus Funds)和斯特朗资本管理公司(Strong Capital Management)。这些公司允许受到优待的交易者在收市之后继续交易,并进行快速的择时交易。延时交易是非法的。由于择时交易阻止普通投资者进行交易,因此许多基金并不鼓励这种交易。在斯特朗资本管理公司案例中,其创始人理查德·S. 斯特朗(Richard S. Strong)不但允许受到优待的交易者金丝雀资本(Canary Capital)从事择时交易,而且他本人也这样做。1998—2003 年间,他做了1 400笔快速下单交易,违反了其作为斯特朗基金经理对基金投资者承诺的信托责任。

同样是在 2003 年,10 家大投资银行支付 14 亿美元与客户达成和解——它们被控发布带有误导性的讨好公司客户的证券分析。在互联网和电信泡沫达到顶峰时期,上述投资银行的证券分析师发布了看好世通公司(WorldCom)和环球公司(Global Crossing)这些公司的研究报告,结果这些公司却倒闭了。这些有误导性的研究报告误导上千投资者投资了数百万美元,大部分投资在市场泡沫破灭时血本无归。大多数情况下,分析师会因其招揽投资银行业务的能力得到提成,这就和其应提供客观评估的职责发生了利益冲突。那时还是花旗集团所罗门美邦公司(Salomon Smith Barney)的证券分析师杰克·B. 格鲁布曼(Jack B. Grubman)和美林的证券分析师亨利·布洛杰特(Henry Blodget)被罚了重金并被永久性禁止进入证券业,因为他们明知道公司有问题还在大力推荐它们。当时的(美国)证券交易委员会(Securities and Exchange Commission, SEC)主席威廉·H. 唐纳森(William H. Donaldson)评论道:"这些案例在美国商业史上翻开了悲伤的一页,有些人基于客户的信任盗取了巨额利益,明显背叛了投资者的信任!"①

2001 年安然公司(Enron)和 2002 年世通公司的倒闭暴露出很多伦理漏洞。安然案例主要涉及表外合伙企业(off-balance-sheeet partnerships),它会产生虚幻的利润,也能隐藏大量债务。这些合伙企业是由安然的财务总监(chief financial officer, CFO)安德鲁·法斯托(Andrew Fastow)组建的。由于法斯托既是公司的CFO,又是合伙企业的总经理,于是在交易中代表双方进行磋商,构成了巨大的利益冲突——他利用职务之便给自己优厚的报酬。令人吃惊的是,安然董事局竟然没有在公司伦理准则中对此类利益冲突加以禁止,从而默许了法斯托的双重角色。撇开许多合伙企业公然违反会计准则和应该与公司合并报表不说,安然甚至向一些合伙人保证,当其出现亏损时由安然注入股票来承担损失。由于合伙企业一开始是用安然股票作为资本注册的,因此当安然股票价格下跌时就会触发大量新的债务负担。当投资者们意识到公司通过假账隐藏的负债程度之高时,安然的末日很快就降临了。

与此形成鲜明对比的是,世通公司的会计欺诈手段非常简单:公司将一些预留款项记作递延收入,将一些大笔费用开支记作资本投资。这两种账务处理方法明显违反了公认会计准则(generally accepted accounting principles, GAAP)。当世通公司内部审计负责人发现造假并勇敢地向董事局汇报后,世通公司很快就倒闭了。CEO 伯尼·埃伯斯(Bernie Ebbers)和 CFO 斯科特·沙利文(Scott Sullivan)被判有罪并分别被判处 25 年和 5 年有期徒刑。作为三位女性揭发者之一,世通公司内部

① Stephen Labaton, "Wall Street Settlement," *New York Times*, April 29, 2003.

审计官辛西娅·库珀(Cynthia Cooper)后来获得《时代》杂志2002年度人物奖并成为封面人物。(另一位获奖者是谢伦·沃特金斯(Sherron Watkins),她揭露了安然公司危险的财务结构。)

6 在2007年开始的金融危机中,伦理批评者最关注的是住房按揭发起过程。在没有足够资信认证和材料的情况下,贷款就随意发放。过低的按揭发放标准部分地助长了房地产价格泡沫,这就促成了危机并使得很多借款人穷困潦倒,所欠抵押贷款高于房产价值。按揭贷款发起人常常对合规性或资质充耳不闻,因为他们能很快地将按揭贷款卖给大银行,而大银行则将这些贷款打包进行证券化再卖给投资者。严重不足的按揭材料(称为机器化签名)也给银行留下了不少后患,当银行要取消借款人的赎回权时常常发现其对财产缺少明确的产权,因为在某些情况下,借款人并没有欠它们指控的那么多钱。

尽管按揭贷款和其他债务契约证券化有许多好处,但随着房地产泡沫的膨胀和借款人资信的下降,违约风险在上升,证券化机构和投资者往往都忽视了这些风险。当泡沫破灭时,那些通过短期借入资金购入大量抵押代款支持证券(mortgage-backed securities, MBS)的银行发现无法获得资金了。因为它们的杠杆太高,资产价值也成问题,从而面临着破产的风险。由于很多银行被认为“大而不倒”,它们的倒闭会危及整个经济,导致政府作出强烈反应。征信机构没有准确测算出MBS的风险和政府鼓励拥有房屋的政策也是造成危机的原因。联邦特许的、营利性的按揭贷款持有者房利美(Fannie Mae)和房地美(Freddie Mac)更是金融危机的主要推手。在造成金融危机的众多因素中,究竟哪个是主要原因以及哪个特别与伦理缺失(而不是判断失误、机制失效和运气不佳)有关还存在争议。

自从金融危机发生后,伦理问题在全球曼氏金融(MF Global)倒闭案中就被提出。在冒险地赌注欧债危机失败后,(有关人员)为达到公司自身债务要求,竟然疯狂地挪用了大约10亿美元客户资金。全球曼氏金融违反了一个基本的规定:在衍生品交易中应将客户资金和公司资金分隔开来。2010年5月6日的“闪电崩盘”(flash crash)和2012年骑士资本集团(Knight Capital Group)4.4亿美元的损失,都是由于软件程序出现故障,使得高频交易风险成为关注热点,有人指责这种交易是掠夺性行为,不会给投资者带来多少收益。对大银行通过向利率制定机构提交

7 虚假信息有意操纵广泛使用的伦敦同业拆借利率(London Interbank Offered Rate,

LIBOR)的指控,进一步损害了人们对金融机构的信心。有些银行还因帮助那些受到国际制裁国家(如伊朗)的客户非法逃税和有意规避反洗钱制度而被调查。

这些丑闻不仅动摇了公众对金融市场、金融机构乃至整个金融体系的信心,而且给人们留下了金融界贪婪成性、毫不关心自己的行为对别人有何影响的印象。哈里斯(Harris)2011年的一项民意调查显示,67%的受访者认为“华尔街大部分人如果觉得能捞到大笔钱并能逃脱就有违反法律的意愿”①。另外,70%的受访者认为,华尔街的人不像“其他地方的人诚实和道德”。只有31%的人认同“总体来说,对华尔街有利的,对国家也有利”和“大部分华尔街成功人士赚的是他们应该赚的钱”之类的说法。2006年,60%的受访者认为“华尔街只关心赚钱,完全不管别的”。自1996年以来哈里斯每年都进行民意调查,上述结果实际上一直没有改变。

公众认为金融业伦理观念淡薄的看法也得到业界人士的认可。2012年,美国和英国对500家金融从业人员进行的调查发现:26%的华尔街和舰队街(Fleet Street)从业人员都在工作单位看到过违背伦理的行为。② 另外,24%的受访者认为,想要获得升迁就必须靠违背伦理和非法行为。只有41%的受访者确信,他们公司没有人“确实没有”从事上述行为,而12%的受访者认为他们公司有人可能已经从事了上述行为。30%的美国和英国受访者都认为,他们公司的激励机制助长人们去违反伦理和法律准则。

当然,对金融界深陷不端行为的印象也不完全是不可承受的。伊万·博斯基(Ivan Boesky)在加州大学伯克利分校商学院毕业典礼上的讲话使观众兴奋不已,他断言贪婪是“对的”。“我认为贪婪是健康的,”他说,“你可以贪婪并自我感觉良好。”③

二、犯罪的原因

尽管丑闻无法完全避免,但了解它们为何发生并采取合理的预防措施还是非常重要的。同时,我们瞄准的应该不仅仅是预防丑闻,还要努力树立高水准的伦理

8

① http://www.harrisinteractive.com/NewsRoom/HarrisPolls/tabid/447/ctl/ReadCustom% 20Default/mid/1508/ArticleId/783/Default.aspx

② Labaton Sucharow, *Wall Street*, *Fleet Street*, *Main Street*: *Corporate Integrity at the Crossroads*; *United States and United Kingdom Financial Services Industry Survey*, July 2012.

③ 引自 Stewart, *Den of Thieves*, p. 223。

行为模范。我们的目标不仅是预防最坏的,还要努力做到最好。要想实现这一富有挑战性的目标,有赖于个人讲究诚信、组织与制度支持、负责人树立伦理榜样这一复杂的相互作用过程。

1. 压力和文化

当个人意识到别人的不端行为或自己被迫参与其中时,职业生涯中的某些最难的抉择就出现了。在一份对最近毕业的哈佛大学工商管理硕士(MBA)学生的调查中,许多年轻经理反映,他们已经"从高级经理那里收到明确指示或感到巨大的组织压力去做一些他们认为不光彩、违背伦理、有时非法的事情"①。一份对1 000多位哥伦比亚大学商学院毕业生的调查显示,超过40%的受访者曾因做过一些他们认为有"伦理问题"的事情而被奖赏过。而31%的受访者相信他们曾因拒绝去做其认为违背伦理的事情而受到惩罚,只有20%的人认为他们因拒绝而受到了奖励。② 哈佛毕业生并不认为他们的上司或者公司是道德败坏的,这可能更多是出于获得就业并得到升迁的巨大压力考虑。当"做就行了"成为高于一切的宗旨时,伦理乃至法律约束就被抛弃了。

违背伦理的行为也可能是由企业文化促成的。在《撒谎者的游戏》(*Liar's Poker*)中,迈克尔·刘易斯(Michael Lewis)陈述了他在所罗门兄弟做交易员时发生的有趣事情,他在书中描述了培训课坐在后排一组人的粗野戏谑。

> 后排那帮人有一个共同特征,我怀疑这个特征会出现在任何人身上。他们感觉到,他们必须将自己的优雅性格与卓越智慧奉献给所罗门兄弟。这不是一种有意识的行为,而是一种条件反射。他们是神话的牺牲品,尤其是在所罗门兄弟中流行的文化:交易员就是野蛮人,伟大的交易员就是巨大的野蛮人。③

在刘易斯所描述的文化中,伦理行为还没有培育好。他还写道:"当然,作为一个所罗门兄弟受训人,你无须太担心伦理问题。你只不过试图生存而已。你会为

① Joseph L.Badaracco Jr and Allen P. Webb, "Business Ethics: A View from the Trenches," *California Management Review*, 37(Winter 1995), 8—28, 8.

② "Doing the 'Right' Thing Has Its Repercussions," *Wall Street Journal*, January 25, 1990.

③ Michael Lewis, *Liar's Poker: Rising through the Wreckage on Wall Street* (New York: W. W. Norton, 1989), p. 41.

参加了这个总是愚弄别人的组织而觉得荣幸。”①

2. 组织因素

尽管犯罪有时归咎于某个个人或流氓雇员，但有些经常发生的错误行为却是组织犯的。在这个组织中，很多人的行为导致了谁也不愿意看到的结果。当责任被分散到许多个人身上、最后实际上无人真正负责时，犯罪在大公司也会发生。在一些案例中，很难确定哪个人或者哪个决策是犯罪的起因，错误行为只能归咎于整个组织。这种组织犯的错误通常是由决策的分散性造成的，当许多人对不同问题独立地作决策时，通常建立在分散的、有时甚至冲突的信息基础上。这些决策通常不是立即作出的，而是逐渐地通过一系列小步骤经历很长时间才形成的，因此它们的整体框架并不是显而易见的。

实际上，所有组织都通过激励措施来指挥和动员成员，结果可能产生意想不到的后果。设计不当的激励计划可能要么使人走入反方向（当激励方向错误时），要么沿正确的方向走过了头（当激励过强时）。误用或过度强烈的激励是很多金融丑闻产生的根本原因。当个人或组织获取的利益阻碍了按规定为他人提供服务的能力时，就会产生另一种激励问题。例如，经纪人有责任只为客户推荐合适的投资，但会因某些其他投资而得到更多奖赏，为了获得更多个人私利，经纪人会在为客户服务时不尽责。存在违反职责而为其他人利益服务的这种动机被称为利益冲突型犯罪。利益冲突是在所有金融伦理领域特别突出的激励问题。

这些组织因素在赫顿经纪公司（E. F. Hutton）案例中非常明显，该公司在1985年因2 000笔空头支票诈骗阴谋而获罪，现已不复存在。该公司通过有组织地在400多家银行账户签发空头支票，在20个月的时间内免息使用一亿多美元。开始时，这种非法阴谋通过开支票将一个有息账户的钱转存到另一个账户，以期在这种“转存”中挤出一点利息收入。同一笔钱在两个不同账户都产生利息直到一张支票结清。没有人设计或精心策划这种行为。但公司通过许多个人的行为榨取了银行数百万美元。当空头支票阴谋开始时，很少有人知道这种行为扩散的范围，但这种行为无疑会一直继续，因为任何打断的人都不得不承认这种欺诈行为的存在，并要对其额外收入造成的损失负责。另外，参与这种行为的人却可以宣称他们的行

① Lewis, *Liar's Poker*, p. 70.

为并没有造成严重后果，因为每笔交易的数额看上去都很小。

在另一个案例中，自称“世界风险和保险服务领导者”的马什有限责任公司(Marsh Inc.)2004年被纽约州大律师指控通过操纵报价并从推荐的保险公司收受秘密报酬而欺骗其保险经纪客户。作为一个保险经纪人，马什有限责任公司在客户选择保险公司和保单时会给出建议。通过收受所谓的或有佣金(在典型的15%的标准佣金基础上，每年加收5%—7.5%的费用)，马什有限责任公司将自身置于利益冲突境地，潜在地妨碍了它向客户提供无偏服务的能力。这种附加的公司保单成本，可以说高出了其所提供的服务，会通过更高保费的方式转嫁到客户身上。尽管或有佣金看上去是有问题的，但行业领袖一直基本没有问题地使用着。那时的马什有限责任公司董事长兼CEO杰弗里·W.格林伯格(Jeffrey W. Greenberg)发表演说时将其称为“业界长期普遍做法”①。然而，马什有限责任公司还是在2005年付了8.5亿美元达成了指控和解，同意永久放弃该收费，并为这种行为道歉。许多伦理意识强的引领者可能已经认识到或有佣金的不合理性从而早就不收取了。

组织因素也会受到领导者的影响。公司领导者对发生违背伦理行为的环境负有责任。琳恩·夏普·佩因(Lynn Sharp Paine)在《哈佛商业评论》(*Harvard Business Review*)上发表的一篇文章中写道：

> 单独的个人性格缺陷很难完全解释公司的不端行为。更为典型的是，那些违背伦理的商业行为需要别人如果不是明示也至少是默许的合作，并且还会反映出那些形成公司经营文化的价值观、态度、信仰、语言和行为模式等。没有行使正确领导、建立促进伦理规范体制的管理者和那些设计、执行并有意从公司违背伦理行为中渔利的人一样负有不可推卸的责任。②

例如，所罗门兄弟债券交易丑闻就不能仅仅归咎于政府债券交易部门主管有意违反国债拍卖规定。这桩丑闻的发生很大程度上归咎于公司过于冒险的交易文化、设计不当的激励制度以及内部控制的匮乏。在所罗门兄弟，有些部门的薪酬制

① Gretchen Morgenson, “Hat Trick: A 3rd Unit of Marsh under Fire,” *New York Times*, May 2, 2004.

② Lynn Sharp Pain, “Managing for Organizational Integrity,” *Harvard Business Review*, March-April 1994, 106—107, 106.

度是成员共同分享总利润一定比例的奖金,而另外一些部门的管理者主要基于公司总绩效获得相对较少的奖金。这种制度不对某些交易员奖金设定上限,从而鼓励他们去追求自身利益最大化而罔顾公司营利性。另外,在那些效益最好的部门,管理者几乎没有监控措施来识别非正常交易。摆在所罗门兄弟新的领导班子面前的任务包括对整个组织作彻底的检查,这个班子是由大股东沃伦·巴菲特(Warren Buffett)所领导的,他诚信的声誉有助于重获客户和监管者的信任。

在2007年开始的金融危机那几年里,领导者失职不胜枚举。大型按揭发起公司负责人营造了一种氛围:积极鼓励甚至强迫信贷主管人员放弃审慎标准,以迎合按揭支持证券打包者贪得无厌的需求。而且,这些公司还创造出新的抵押贷款利率低、还款计划优惠的按揭品种,如只还利息的分期付款贷款,甚至将未支付利息算入本金的负分期付款贷款(negative amortization loans)。最大发起公司股东之一的美国国家金融服务公司(Countrywide)更加坦白,在公开场合赞扬这些创新出来的按揭品种。对其中一种零首付按揭贷款,安杰洛·莫齐洛(Angelo Mozilo)评论道:“在我的职业生涯中,从未见过这么有毒的产品。”①但是,这种产品还在继续销售。

3. 创新

尽管金融创新带来了很多好处,但由于它有时也会带来负面作用,因而饱受民众和一些金融专家的质疑。经济学家兼《纽约时报》专栏作家保罗·克鲁格曼(Paul Krugman)讥讽道:“除了以新改进的方法吹泡泡、规避监管和实行事实上的庞氏计划,很难想象任何一个近来创新出来的金融主流产品对社会有什么帮助。”②美联储前主席保罗·沃克(Paul Volcker)宣称,只有自动柜员机(ATM)才是近年来真正有用的创新。③ 即使像信用卡这样好的创新也会对社会造成某些负面效应。罗伯特·曼宁(Robert Manning)在《全国信用卡》(*Credit Card Nation*)上令人信服地揭示,美国已经如他所说“对信用卡上瘾”,给许多人带来了不幸。④ 创新的危害是不可避免的,而且可能与其带来的好处不可分割。

---

① Gretchen Morgenson, “Lending Magnate Settles Fraud Case,” *New York Times*, October 15, 2010.

② Paul Krugman, “Money for Nothing,” *New York Times*, April 26, 2009.

③ Paul Volcker, “Think More Boldly,” *Wall Street Journal*, December 4, 2009.

④ Robert Manning, *Credit Card Nation: The Consequences of America's Addiction to Credit* (New York: Basic Books, 2000).

第一,创新产生新的情况,在新的情况下,正当行为和安全操作的规则是不稳定的,需要慢慢完善。在创新造成的变化了的世界里,旧规则不再适用,新规则最终将会形成,但同时也给不端行为提供了机会窗口。例如,在互联网早期,如何给网络企业商业模式估值,特别是如何确认那些不产生任何现金流但有很大潜力的新创企业的收入存在很大的不确定性。许多投资决策是建立在预计报表基础上的,这些报表提供的未来收入和费用在大多数情况下被证明是过度乐观估计。结果导致了互联网泡沫。

第二,新的情况有时涉及动机变化和风险与责任的转移。在当前金融危机期间,抵押贷款的确真的如此。在旧的抵押贷款"发起—持有"模式中,发行银行有动力和责任去调查并核实潜在借款人的资信,因为它们在账簿上记有贷款,因而承担违约的所有风险。当转为"发起—分销"模式时,抵押贷款被证券化并卖给投资者,无论发起银行还是打包方(有时是同一方)都没有动力去检查借款人的资信。这种责任被转移给最终投资者,在大部分情况下,他们都是普通大众,根本没有意识到发生了风险转移,因而无论发生什么情况,他们既没有信息渠道也没有能力去评估标的按揭贷款的质量。

第三,创新天生就是复杂和不透明的,危害很难察觉。创新发生在金融或其他领域的前沿,就算真的有,起初也只有极少数参与创新过程的人能懂。历史充满了发明创新造成严重意外后果的例子。而且,有些金融创新是被精心设计成复杂而不透明的,以便恰好能欺骗或者搞晕别人。在最近发生的金融危机中,信用违约互换(credit default swaps, CDSs)是个关键因素,因为很多银行在持有名为担保债务凭证(collateralized debt obligation, CDOs)的抵押支持证券风险资产时承担着大量风险,于是通过(购入)类似于保险的 CDSs,它们相信自己的头寸得到了充分对冲。它们没有预料到,发行这些 CDSs 的机构会在按揭市场崩溃导致的大危机中无法兑现承诺。CDOs 和 CDSs 这两种证券的结果是紧密关联的。

第四,假设创新的危害很难察觉,每个人就会是最无知的或者最无畏的。创新属于一种经典的集体行为问题,没有一个个体能够影响结果,除非大家通力合作。在《傻瓜的金子》(*Fool's Gold*)中,吉莉恩·特蒂(Gillian Tett)描绘了设计出衍生工具合成担保债务凭证(synthetic CDO)的 J. P. 摩根的银行家们如何预见到利用他们的发明在按揭支持证券上下注的危险。[①] 在她的描述中,J. P. 摩根的银行家们恐惧地看着那些不太谨慎的企业进入市场,按照他们的设计操作,这些企业没有察觉到利用这些按揭支持证券带来的特有风险。只要部分银行和足够多的投资者看不到危险,这些证券就会继续被设计出来并出售,最后就产生了灾难性的后果。花旗集团 CEO 查尔斯·普林斯(Charles Prince)用例子说明了这种困境,他意识到用短期负债给长期资产融资存在风险。然而,他说道:"只要音乐还在演奏,你就不得不站起来跳舞。"这句话表明,他的克制基本不会产生作用,除非所有相关参与者都看出了危险并采取一致行动停止交易。

金融界的主要丑闻产生的原因不仅仅是由于个人行为,也包括很多组织和体制因素。然而,金融伦理学研究领域关注的不仅仅是这些丑闻,它们只是金融界需要伦理学的最明显和麻烦的证据。日常金融活动也许最需要伦理,它们构成了金融的世界,在这之中,个人和企业为了消费、储蓄、投资和生产而运作,一般来说,使我们的经济福利得到保护。丑闻可能被视作本来运转正常的机器发生了故障,而伦理则不仅仅是这些故障中的沙子,同时也是保持机器正常运转的润滑油。本书的大部分内容关注的是金融部门中出现的特殊伦理难题和问题,以在日常金融活动中实现高水平的伦理行为,而不是如何应对和防范丑闻所带来的各种挑战。

第二节　金融伦理学的研究领域

金融广义上来说关注货币资源的生产、分配和管理,而不管这些行为的目的何在。它包括:个人金融,即个人出于生活需要而进行的储蓄、消费、投资和借款活动;公司金融,即商业和非营利性组织出于经营需要而通过贷款或发行股票和债券进行的筹资及其管理活动;公共金融,即政府通过税费筹措收入并通过向公民提供服务和其他津贴花费掉其收入的活动。金融市场促进了金融活动,因为货币和金融工具通过它进行交易。金融机构(例如银行和其他金融服务供应商)也促进了金融活动,因为它便利了金融交易,并提供各种各样的金融产品和服务。金融市场

---

① Gillian Tett, *Fool's Gold: How the Bold Dream of a Small Tribe at J. P. Morgan Was Corrupted by Wall Street Greed and Unleashed a Catastrophe*(New York: Free Press, 2009).

和金融机构还是重要的风险管理方法,而这也是个人、公司和政府所需的另一种重要服务。另外,金融活动是在经济体制中发生的,在很多发达国家这种体制被称为资本主义。因而,金融市场和金融机构在拥有国有企业(state-owned enterprises, SOE)的社会主义或计划经济国家呈现出完全不同的形式。

14

一、研究领域界定

金融伦理包括那些适用于广义金融活动的道德行为规范。在这种背景下,道德行为规范可以被理解成行为准则:运用职责(责任)、权利、公平或正义这些概念,规定何为对错行为或应该做什么。金融必须通过道德行为规范来引导,这一点非常重要,不仅仅是因为金融活动在个人、经济、政治和社会领域发挥着重要作用,而且是因为金融活动存在诱使人们从事不道德行为去获得大笔收益的机会。

许多金融道德行为规范包含在法律和规章中,由检察官和监管者具体实施。然而,首先,通过形成法律和规章,其次,通过在那些法律和规章没有支配的领域引导行为,伦理在这些问题上也发挥着至关重要的作用。在那些法律体系非常完善的国家,很多不道德的行为也是违法行为,而且法律经常进行增订以使得伦理和法律尽可能地保持一致。这样,伦理是形成已有法律和规章的主要因素,同时也是新法律和规章的主要来源。也就是说,伦理解释了为什么我们要有这些法律和规章并指引着它们的创设。但是,在金融领域和生活中的其他领域,有些问题并不适合用法律进行管理,这时伦理就单独地占据主导地位。

适用于金融活动的道德行为规范是形形色色的,在某种程度上会随着社会或文化的不同而不同。这种情况在伊斯兰金融中就非常显著,其道德行为规范与美国和欧洲形成强烈对比。这些行为规范在伊斯兰教法中得到体现,它们源于伊斯兰神圣的《古兰经》和先知穆罕默德的教诲。在伊斯兰教看来,所有的经济活动都应该为人类福祉服务,其包含着正义、平等、和谐、自我节制和物质需要与精神需要的平衡。伊斯兰金融的主要原则是:财富应来自合法的、具有某些社会效益的贸易和投资活动,因此利息作为一种非生产性活动是被禁止的;一切不良活动(haram)都应避免,因此不得投资于毒品、赌博或色情等禁止行为;风险应该被限制并公平分担,这就排除了投机(也是赌博)和建立在优势信息基础上的单边、包赚押注交易(用以形容很多套利行为)。因为这么多金融工具(如协定贷款、期权、期货和其

15

他衍生品)是被禁止的,所以伊斯兰金融需要创造出实现殊途同归的方法来。例如,购买商业设备时可能无须有息贷款而是通过租赁(Ijara)来完成,银行拥有设备,然后按照约定的加成租给用户,这样就取代了利息。

金融活动是不可能用三言两语就完全讲清楚的。首先,金融并不是一个明显可识别的职业。和医药、法律、工程和会计一样,金融也涉及高度技术化的知识体系,但是受过金融专业训练的人从事的活动范围要广泛得多。相比而言,会计在各种环境下所做的工作大体相同,不同会计职能(政府会计和管理会计,或外部审计和内部审计)所引起的伦理问题也大致相似,可以用一套职业伦理行为准则加以识别和处理。因而,会计伦理学以及医药、法律和工程等伦理学都会关注一些相对统一的活动的伦理问题。尽管金融业许多特定的领域(例如财务顾问、金融分析师、保险精算师和保险人)也存在着一些伦理行为准则,但由于金融活动的范围如此分散,为金融业制定适用于每个从业人员的伦理行为准则的想法是不切实际的。

其次,金融伦理学不仅仅关注业内特定职业中的个人伦理问题,也关注金融市场和金融机构中的伦理问题以及公司与政府中的金融职能。因为市场监管规定某种程度上关注的是公平问题(秩序和效率是另外的主题),所以金融伦理学必须要处理诸如什么是公平交易行为或何谓公平对待客户之类的问题。金融还在每个商业企业和许多非营利性组织与政府部门发挥作用。公司财务管理人员对很多决策负责,从如何最佳地筹资和投资到如何制订购并计划。非营利性组织通常从捐款者那里募集资金并将之用于公益事业。此外,公共金融关注的主要是如何出于政府目的筹集和支出资金。这些任务会产生个人行为伦理困境,同样也会引起组织或机构行为中的广泛问题,尤其当作出影响社会的重要金融决策时。

二、伦理与法律

伦理与法律和规章的紧密联系引发了疑问:为何这么多正规的机制还不够?金融业为何在法律和规章之外还需要伦理?金融也许是商业领域监管最严的一个行业。不仅主要法律规定建立起了基本的监管框架,而且各个层次的立法者也设立了数不清的拥有制定和执行权力的监管机构。在美国,金融服务业目前由联邦消费金融保护局(Consumer Financial Protection Bureau)监管,行业部分业务通过金融业监管局(Financial Industry Regulatory Authority, FINRA)之类的组织进行自律。

16

许多有问题的行业行为在法庭上受到了挑战，结果司法制度（包括起诉人和法官）在决定行业可接受行为边界时发挥着显著作用。大多数场内交易所，如纽约证券交易所（New York Stock Exchange）和芝加哥期货交易所（Chicago Board of Trade）都有各自的制定规则和实施规则的部门。

从这么广泛的法律和规章体系来看，金融从业人员也许会自然地推定这是唯一需要遵守的行为准则。他们的座右铭也许是："只要是合法的，就是合乎道德的。"然而，这个座右铭从很多方面来看是不够好的。

首先，法律是一种相对粗糙的工具，不适合用于约束所有金融活动，尤其是那些不能轻易被预见、简化为清晰的规则，并通过采取恰当有效的措施进行处罚的活动。例如，经纪人和客户之间的关系需要多次相互交流，其中有些是独一无二的情况，可能还没有这方面的法律规定。在这种情况下，什么是公平待遇可能显而易见，但要制定授权某一特定行为的规定就不那么容易了。结果，一个"公平交易"的道德规定或一个关于适当性的标准，可能比一个"如此这般做"的精确法律规定要有效得多。此外，精确规定通常会被"玩弄"，产生可能被视为不公平的结果，而对违反规定的法律处罚也不是那么好设计和使用的。

利益冲突的例子就很有说明性。由于冲突是多种多样的，因此起草一部法律禁止它们是非常困难的，因为这部法律将面临解释和实施困难。利益冲突通常是一种感知行为，因此严格的法律界定是难以找到的，举证利益冲突也同样很难。只有个体不仅遵守这些法律规定的字眼，而且也遵守其体现的精神，设计出来的防范利益冲突的法律规定才能有效。对卷入最近金融危机中的某些大人物无法采取法律行动，显示了在复杂的金融案件中法律作用的局限性，因为在这种情况下很难证明个人有罪。

其次，法律的出台通常是对那些不道德行为作出的反应。鼓励金融从业人员为所欲为直到法律告诉他们不能这么做，这种方式是不对的。此外，法律也不是总能解决问题，因为许多认为自己行为合法（尽管可能不合乎伦理）的人已经懊悔地发现了别的方法。例如，法律禁止滥用税盾，但没有制定如何判别何为税盾滥用的细化标准。结果，有些会计师事务所就提供税盾服务，它们坚信自己没有违法，因为没有哪个法院或税务主管部门宣布这种行为非法。然而，2005 年其中一个公司毕马威（KPMG）支付了 4.56 亿美元和解了一个出售非法税盾的指控，并对两个被

17

判有罪的毕马威合伙人、一个律师处以高额罚金和严厉监禁。事实证明,他们认为税盾是合法的想法是个严重错误。

最后,仅仅遵守法律是不足以管理好组织或者引导好行业的,因为雇员、客户以及其他群体期待(实际上需要)伦理方面的诉求。法律对最低可接受行为水平而言是相对较低的标准,一般来说,它不仅低于公众预期,而且低于公司自己宣称或实行的水平。正如一位证券交易委员会前主席所说:"渴望顺利通过而不用担心被起诉,这绝不是一个合适的伦理标准。"①那种认为只有法律适用于金融活动的观点只会招致更多的立法、诉讼和监管关注。由个人、组织和市场实行的自律,不仅是确保某些行为合乎伦理更为有效的方法,而且也是避免更多繁重法律监管的明智策略。一定数量的自律是必要的,不仅可代替法律监管,而且也是法律不易触及领域的补充。

三、金融市场

尽管金融伦理学错综复杂,但还是大致可从三个方面审视其研究领域:金融市场、金融服务和金融管理。金融市场包括那些发生在场内交易所(例如股票市场、大宗商品市场、期货或期权市场、货币市场之类)的一次性交易。此外,金融活动还包括长期合同关系,它们也是在市场上形成的,是一种交易行为。这样,一笔按揭或一张保单(在市场上买卖的产品)就使合同双方承担起在一定期间内按照约定方式行事的职责。金融市场,即这些交易发生的场所,预先假定某些伦理规则和对伦理行为的期待是存在的。

首先,任何市场交易都应以遵守达成的协议为首要责任。市场上的任何一笔交易都是一种协议或合同,就会产生按照约定方式行事的伦理责任。市场交易是以"我将给你这个交换你给我的那个"这种形式出现的。如果交易一方不按照达成的协议或合同去做,市场就无法运行了。简单地说,一笔市场交易就是一个承诺,我们的基本伦理职责是要信守所有的诺言。不能遵守在市场上达成的协议也被称为违反合同,也即无法信守诺言。

18

① 这些话是证券交易委员会前主席 Richard Breeden 说的,被引用于 Kevin V. Salwen,"SEC Chiefs Criticism of Ex-Managers of Salomon Suggests Civil Action Is Likely," *Wall Street Journal*, November 20, 1991。

在市场交易中不遵守协议或合同不总是简单的爽约或违约。规定的行为可能会不清楚或双方对此理解不同,结果就会产生一方或双方是否都已采取恰当行动的争议。双方也可利用协议或合同的任何模糊性或漏洞来谋取自身利益。这种滥用通常会止于法庭,因为法官必定会对合同本意作出解释。协议也需要监督来确保双方履行合同,因为判定是否遵守了合同通常也很困难,在执行合同过程中存在很多利用任何监管漏洞的机会。这种问题被称为信息不对称,在此情况下,一方对自身的表现比另一方心中更有数,其结果通常被称为机会主义或逃避,即利用机会去违反合同而没有承担后果或者规避遵守条款的责任。

其次,所有市场交易管理都是禁止胁迫和欺诈的。禁止胁迫源于必要的假设:市场上的所有交易都是自愿达成的。在胡同里面交出包包给持枪者以换得免受伤害不是市场交易,因为这是出于不合法的威胁。因此,任何强迫的转让都是盗窃,盗窃当然是不道德的。在市场交易中,每一方放弃某种东西是为了得到另一种价值更高的东西,关于所放弃的东西和交换所得到的东西的全套信息就很关键。因此,任何一方的虚假陈述都会影响交易产生的价值。于是欺诈(故意对某些事实进行虚假陈述以达到欺骗另一方的目的)妨碍了市场的重要作用:通过交易改善双方福利。简单地说,欺诈就是一种谎言,撒谎当然是不道德的。操纵(也是市场交换中的一种犯罪行为)就是一种欺诈,因为一方在交易中就某些相关事实对另一方进行了误导或欺骗。

再次,许多市场规则和期待都关注公平,通常将其表述为公平竞争的环境。金融市场上的竞争环境可能受到不平等的信息、议价能力和资源等多种因素的影响而变得"倾斜"。许多市场监管的目的就是纠正交易双方各种各样的差异或不对称,这将产生不公平的竞争环境。市场参与者除了进行一次性交易,还进行金融合同交易从而建立长期关系。这些合同关系通常涉及代理人(agents)角色和受托人角色,由于可能存在损人利己的机会主义,这种角色易于出现不道德行为。事实上,代理人(受托人)角色在金融业普遍存在,这些角色承担的责任——代理人(受托人)职责——构成了金融伦理学研究的主要对象。

19

最后,双方进行的市场交换通常还会产生第三方效应,也就是说,他们会影响那些没有参加交易的其他人。第三方效应在公司或金融机构进行投资决策时尤为普遍,它会对人们的社会福利和生活安宁造成广泛影响。这些第三方效应大都属于外部性,即那些生产成本本应由生产者承担却被转嫁到了别人身上。污染是制造业活动产生的常见外部性,但金融活动也会产生外部性。例如,我们分析一下银行放贷行为对社区发展的影响,有些银行对某些社区实行经济歧视(redlining,形象地用红笔在地图上圈出来),即所谓拒绝向衰退地区的房地产发放按揭或家装贷款的做法,它们对该社区的衰败进程起了助推作用(这就产生了外部性)。在国际范围内,跨国银行和国际金融机构(比如世界银行等)的放贷行为对欠发达国家(less-developed countries, LDC)有着巨大影响,因此也要进行伦理评估。

因此,金融市场上的伦理包括对金融活动社会影响的考虑以及金融活动决策者考虑这些影响的责任。然而,考虑社会影响的这种责任的范围是可商榷的。举个例子,如果公司财务人员的主要责任是为股东利益服务,那么可能导致裁员或工厂关闭的决策要纳入考虑范围吗?财务管理人员很容易只作纯粹的财务判断,将社会影响这种较难的任务留给他人,但这种将责任整齐划分的做法是不可能的。而且,金融机构为民众服务,在社会上拥有巨大影响。难道它们就不应该负责任地运用这种影响力吗?

尽管在运用市场管理伦理规则时可能比较复杂,但它们可简单地表述为:不偷不抢、实话实说、信守诺言、公平竞争、避免伤害和做一个诚实的代理人或受托人。复杂性在于细节。

20

四、金融服务

金融服务业是金融最易观察到的一面,对普通大众具有最直接的影响。这个行业包括的主要金融机构有:商业银行、投资银行、储蓄和贷款协会、信贷联盟、共同基金和养老基金、理财规划公司和保险公司。私募合伙企业(如对冲基金)和公募投资管理公司(如沃伦·巴菲特的伯克希尔-哈撒韦公司)进一步拓展了金融服务业的定义。

金融服务企业履行着很多有用(通常也是重要)的职能。它们使个人、组织和政府进行储蓄和借款、投资获益、筹措资本、为意外保险以及实现并购之类重大变更等成为可能。这些好处通过专业化服务得以实现,如证券分析师的研究,理财规划师的指导,保险精算师的风险评估,以及共同基金、养老基金或对冲基金经理的投资能力。金融服务业也通过创造新的金融产品来提供服务。因而,保险通过汇集资产实现减少风险的职能;货币市场基金允许散户参与投资大面额商业票据;股票共同基金使手段有限的人们持有多元化的资产组合成为可能;住房权益贷款(home equity loan)将流动性差的资产转变为可用资金。最近几年,将一组资产捆绑或证券化的证券(如按揭资产池)和衍生品(价值"派生"自某些标的资产的证券)已创造出新的机会,同样也带来了某些危险。可见,金融服务不但形式多样,而且对个人和社会福利非常重要。

企业提供的金融产品应该满足一定的真实性要求。这些产品应该符合人们的需要、财务上合理并以负责任的方式推销。这些产品不仅要准确地被表达(也就是说,企业应该避免虚假、误导或欺骗性陈述,并应披露包括风险水平的相关信息),而且它们应合理标价、物有所值、适合用户。最近几年,有些按揭发起人不负责任地利用误导手段销售不合适的按揭。另外,金融服务公司通常充当人们资产的保管人及其交易的执行者。在发挥这些作用时,比如银行有职责保证客户的存款,忠诚地执行他们的支付命令。更进一步讲,金融机构在利用专业技能和知识为客户利益服务时,通常还会产生对客户的特定职责。提供这些服务的人通常就成为受托人或代理人,他们有职责将其自身利益置于客户利益之后。某些金融服务提供者甚至被定性为职业人士,就像医生和律师一样有严格的职责。

21

和职业人士一样,代理人(受托人)都有机会通过追求自身利益而滥用人们对他们的信任,尤其是在被称为利益冲突的情形下,这时代理人、受托人或职业人士追求的利益可能会妨碍其忠实地为另一方服务的能力。然而在金融业,有时很难确定个人或企业何时开始充当代理人或受托人,以及一方何时是在以纯粹的市场能力行事,即没有职责为另一方利益服务。譬如,高盛和花旗集团就因做空它们创造并卖给客户的证券而被控背叛了客户利益。然而,两家银行辩解说,这些投资者只是其交易伙伴或对手("富有经验的投资者"),而不是信任银行并应由银行对其承担某些职责的客户。

除了提供金融产品和服务(有时包括成为代理人或受托人),金融机构也会充当市场交易的中介。产品提供者和中介这两个角色通常是关联的。例如,当银行提供支票账户(一种产品)时,也会在支付结算中充当中介以及在联系存款人与借款人中充当中介;由此,银行在提供贷款(另一种产品)时,也会充当中介使存款人获得存款利息。类似地,保险人通过充当风险管理中介能够提供产品(保单),即保单持有人者实质上通过保险人汇集保费并向索赔者付款。(因而,保险其实就是一套保单持有人同意补偿每个人的损失、保险公司只是充当协助者或中介的制度。)当投资银行将选择权卖给客户(如利率或货币互换)时,它不仅提供了一个满足需求的产品(互换),而且也可能成为某一赌注(如利率或汇率)的另一方,于是投资银行和客户就成为交易对手。承销债券或股票发行的投资银行可能也会投资这期交易,这种双重角色是投资银行业务所固有的,管理好冲突非常必要。

金融服务业提供的有些产品可能不仅满足了人们的需要,而且有助于实现重要的社会目标,如提高公司的社会责任和削减贫困。许多共同基金和养老基金承担着社会责任投资(socially responsible investing, SRI),即不仅根据其财务回报而且基于公司的社会绩效来选择证券。这种基金起源于一些宗教和关注社会效益的投资者避免所谓"邪恶股票"(sin stock)的需求,但它们现在对那些持长期价值创造(包括可持续性和社会期望)观点的投资者也有吸引力。在欠发达国家,利用金融削减贫困的一个创造性典范是小额信贷,即向那些"无法从银行获得贷款"(unbankable)的人发放金额很小的贷款。利用这些金额很小的贷款,穷人就有机会开始或扩大在传统银行体制内不可能进行的生意。小额信贷对扶贫的贡献得到了承认,穆罕默德·尤努斯(Muhammad Yunus)2006年被授予诺贝尔和平奖(Nobel Peace Prize),因为他创立了孟加拉格莱珉银行(Grameen Bank in Bangladesh)。

22

五、财务管理

财务管理人员(尤其财务主管)承担着多种责任:筹集和分配资金,管理公司的收益、支付和现金流,审核主要财务报表以及与投资者互动。在某种意义上,CFO就像一个作投资决策和设计资产组合的投资经理,但这些决策不是与持有哪种证券有关,而是与寻求什么商业机会有关。由于这些投资决策如此紧密地与战略联系在一起,CFO通常参与高层管理规划并成为董事局当然的成员。尽管很多大型企业现在有独立的风险总监(chief risk officer, CRO),CFO也负责公司风险管理。

在执行这些任务时,财务管理人员是代理人(受托人),承担着谨慎管理公司资产的责任,避免假公济私,全心全意为公司和股东利益服务。特别是,这种责任禁止未经授权的自作主张交易和利益冲突,也禁止对公司财务报表和证券交易相关信息进行欺诈和操纵。在最近几年发生的丑闻中,最值得一提的是安然和世通案例,CFO 和 CEO 一起被定罪。因为在这些案例中,最重要的是会计欺诈,而对于会计欺诈来说,即使财务管理部门的人员不积极介入,也需要得到他们的默许。

每个公司必有资本结构,即将其总资本划分为股本、债务和其他种类的负债。公司金融主要关注最优资本结构的决定,如果必要的话,还有如何最优地再融资。许多大公司现在都有一个复杂的财务结构,表内和表外项目都有,还大量地持有衍生品。所有这些决策都是围绕一个公司目标:股东财富最大化。这个目标已经受到一些人的批评,他们认为该目标不公平地忽视了公司其他相关者的利益。因而,金融管理方面的伦理必须解决的问题不仅有财务管理人员的职责(责任),还要给将股东财富最大化作为公司目标一个正当的理由。

23

财务管理人员的责任通常由具体的伦理行为准则规定。和证券交易委员会一样,主要的交易所(如纽约证券交易所和纳斯达克)也要求公众持股的公司为其高级财务管理人员制定伦理行为准则。2002 年的《萨班斯-奥克斯利法案》(Sarbanes-Oxley Act)第 406 节具体规定,公司制定高级财务管理人员伦理行为准则的标准是"合理地推动实现:(1)诚实和合乎伦理的行为,包括合乎伦理地处理公私关系中实际或明显的利益冲突;(2)发行人提交的定期会计报表信息应全面、公平、准确、及时且易懂地被披露出来;(3)遵守相关政府规定和规章"。

欺诈、准确的账务处理和财务报表、利益冲突以及内幕交易是摆在 CFO 和其他财务管理人员面前的主要伦理(和法律)问题。不过,更专业和敏感的问题发生在盈利管理和投资者互动上,这些活动可能不会涉及违法。会计人员在盈利报表规则内有相当大的灵活性,存在很多调整盈利的技巧,虽然违反了有关规则的精神,但没有违反其字面含义。类似地,与投资者互动可能包含一些疏忽和对公司财务健康状况存在误导性描述的解释。披露给投资者的信息流程和内容都会强烈地影响投资者的判断,进而影响该公司的股票价格。根据证券交易委员会公平信息披露(fair disclosure, FD)原则的规定,向受到优待的分析师发布信息以鼓励他们发表有倾向的报告这种做法是违法的。公司生活中的某些重大事件(如破产和购并,包括恶意接管),使 CFO 们面临着艰巨的伦理挑战。

六、小结

尽管金融业不存在伦理的讥讽很好驳斥,但频频发生的金融丑闻让我们意识到,保持(以及必要时恢复)金融体系正常运转和繁荣所必需的伦理水准是一种挑战。应对这种挑战,不仅需要做那些已知是正确的事,而且需要在未知时明白什么是正确的行为。发生在金融市场、金融服务企业和公司财务管理职能中的金融活动带来了很多棘手的伦理问题。本质上,这些问题是围绕着正确与错误、应该做什么、责任或职责、各方的权利以及公平或公正展开的。本书其余章节在处理这些金融伦理问题时,首先在金融实践中识别它们,然后通过考察在这些问题上存在的主要立场及其支持理由以寻求解决这些问题。本书的最终目标是:使金融从业人员以及受金融影响的每个人(其实就是我们大家)能够以一种反省且有效的方式处理不可避免的伦理问题。

24

第二章　金融伦理学的基本原理

伦理学在很大程度上关注的是行为(包括个人和组织的行为)。伦理行为涉及:做正确的事和不要做错事;履行某人的责任或职责;尊重他人的权利;办事公平或公正;待人接物要有尊严。除了关注我们做什么,伦理学还关注我们是谁,关注我们的人品和具有的正直或美德。进一步讲,伦理学处理的是对实践、事物状态、机构和制度的评价及合理解释。比如,内幕交易违法吗?收入不均公平吗?公司的目标能只盯着股东财富吗?资本主义是最好的经济制度吗?伦理学的语言丰富多彩,因为它要做的工作就是:建立规定、评价、解释理由。

从伦理学的角度探讨金融,必须要懂一些伦理学语言和伦理学论证原则。最起码,我们要能够判定什么是金融业合乎伦理的行为以及金融活动应该如何开展。这不仅是个确定规则的问题(它们通常蕴含在法律、规章和行为准则中),而且应该清楚制定这些规则的理由,即规则背后的论证过程。比如,我们需要知道什么是"好"的行为。遗憾的是,探讨金融所需的伦理学知识很难获得,好在一个有用的伦理学分析框架还是可获得的,对本书剩余章节内容的讨论而言,这一框架应该足够了。

首先,这一框架分析在只有买方和卖方的情形下支配市场活动的伦理。框架的第二部分分析人们和组织扮演特定角色和保持某种关系(这构成了金融活动的绝大部分)时的伦理,在这种情形下,最常见的伦理问题之一就是利益冲突,因此本章也对其相关问题给出了解释:什么是利益冲突?利益冲突错在哪里?为何会出现利益冲突?如何防范利益冲突?

第一节　伦理学的分析框架

没有哪个分析框架能为伦理学知识提供所需的一切,但可以运用几个关键的伦理学要素来探讨金融伦理学,甚至所有伦理学。实际上,伦理学知识和进行伦理学论证的能力都是人类发展的一部分,它是人们在其生活的文化中伴随成长而掌握的某些东西。理想情况下,一个伦理学分析框架应该能将我们所了解的知识简单明了地表述出来,或者至少隐含地表述出来。但是,伦理学论证的深度和有效性可深可浅。使用任何分析框架时,首先要认识到伦理问题的存在,然后要识别这个问题中的伦理要素。第一步可通过考察六个表明存在伦理问题的关键要素来实现。接下来的讨论将伦理分为两部分:市场伦理、角色和关系中的伦理。

一、伦理学要素

尽管伦理学比较复杂,但它的基本要素还是可大致简述出来。实际上,整个伦理学可用六个我们熟悉的概念浅显易懂地表述。识别这些要素可能只是漫长、艰辛的伦理学探究的起点,但至少是个有用的起点。

第一,伦理总是涉及对人们福利的某些影响。我们一般认为,避免把伤害强加给他人和一旦发生了就要减轻他人痛苦是个道德问题;我们还认为,道德观与设法通过提供某些帮助以促进人们的福利有关,它与伤害相反。事实上,功利主义道德理论通常被表述为"为绝大多数人谋取最大利益",这里的"利益"可理解为愉快和痛苦。尽管把伤害强加给他人不总是不道德的,但通常是的,并且在任何情况下,它总是需要一些合理解释。因此,每当一连串的行动或某一事态对人们的福利产生影响时,我们就要警惕伦理问题的存在。

第二,伦理通常涉及按某种特定方式做事的义务(责任)(这两个概念一般是可互换的)。每当人们认识到有义务(责任),或者处于用"什么是应该做的"或"有权利做什么"表述比较合适的状况时,某种程度上就会涉及伦理。当然,可能很难确定需要承担什么职责或对什么负有责任,但伦理问题的存在通常不可否认。 *28*

第三,权利这个概念在伦理中有着突出的地位。我们经常谈论人权(这是基本的伦理要求),并反对侵犯人权的行为。联合国《世界人权宣言》(*United Nations*

Universal Declaration of Human Right)和美国宪法中的《人权法案》(*Bill of Rights*)是耳熟能详的例子。同时被普遍认可的还有劳动者权利、消费者权利和股东权利,等等。权利也可以通过协议和合同的形式来赋予,如贷款协议就赋予贷款人要求借款人到期偿还贷款的权利。权利被很多人认为与职责相关,因此,它们是同一事物的两面。举个例子,如果人们有言论自由的权利,那么每个人就有义务不干涉他人的言论。另一个尤其重要的权利是自由,可能应该将其单独视作一个基本的伦理概念。

第四,公平(公正)这个概念经常出现在伦理问题中。在金融界,我们常常谈及公平交易、公平竞争和公平对待投资者,等等。不仅个人行为可从公平(公正)的角度进行评估,一些做法和制度安排也可以从该角度进行评估,如高额的高级职员薪酬的公平性或税收制度的公正性。平等也是伦理中与公平(公正)密切相关的一个重要概念,因为我们经常将不平等待遇视作不公平(不公正)。在经济学和金融学中,有很多文献讨论在平等和福利发生冲突情况下平等与效率之间的权衡。

第五,诚信可以作为职责(责任)中的一部分,即我们应该讲实话,但它重要到足以单独拿出来分析,特别是在研究金融伦理时。当买卖双方向对方进行陈述时,诚信在市场交换中是基本要素。大多数金融涉及信息披露,要求其准确、完整和可靠。诚信在形成金融活动中必不可少的某种关系时很重要,而一旦出现欺诈或贿赂时就失去了诚信。讲诚信是金融乃至其他生活领域中一个基本的道德要求。

第六,尊严这个概念代表了基本的道德要求,即所有人都应受到尊重。这个概念也可转化为另一个概念,即权利:尊重他人的尊严就是尊重其权利。但是,除了拥有权利,人们也应该被视作独立的道德代理人,拥有追求自己目标的自由。当人们处于蒙羞、暴力、强迫、潦倒或奴役状态下时,这种独立性就受到了侵犯。当人们按照自己的方式追求目标时,很少发生严重侵犯其尊严的情况。

29

掌握了这六个概念,我们就可识别和处理任何情况下的伦理问题了。伦理学的关键要素可用六个问题来表述:

1. 福利:如果有人受到了伤害,这种伤害能够得到合理解释吗?
2. 职责:在这种情况下,我的职责(责任)是什么?
3. 权利:如果有人的权利受到了侵犯,这种侵犯能够得到合理解释吗?

4. 公正:每个人都受到了公平(公正)对待吗?

5. 诚信:在行动中我完全诚实吗?

6. 尊严:我对所有当事人都给予尊重了吗?

无论应用于什么领域,这六个问题大体上表达出了伦理学的基本要素。这些要素应进一步细化以用于分析金融伦理问题。

金融活动的一个明显特征是:它是在市场上进行的,发生在买卖双方之间以及企业之间。市场和企业为金融活动的两大主要渠道。市场参与者进行交易始终只考虑自己的利益。虽然市场常常实现双赢结果,但同时也会产生大量赢家和输家。各种各样的市场造就了牺牲他人利益(通过利用他人的错误或通过必赢的赌局)而盈利的机会。恰恰相反,企业之间是合作性关系,人们通过角色和关系次序结构化的等级制(hierarchy)被组织起来从事生产活动。在企业内,人们行事不是以交易商(进行交易的目的是最大化其自身收益)的身份,而是以担负责任的角色参与者的身份,完成其分配的任务,服从上级指令。

尽管市场行为有时是残忍的,但仍然存在约束各方的市场伦理。市场交易不全是合乎伦理的,市场参与者会被伦理和法律禁止从事一些特殊业务。一旦人们担任角色并形成某种关系时,他们就会自己从市场上退出并承担起另一种伦理责任了。当人们在企业里行事时(不管是企业之外的角色和关系,还是企业之内的角色和关系),尤其如此。

30

二、市场和企业

建立金融伦理学分析框架的第二步是弄懂在只有买卖活动的情形下居主导地位的市场伦理,接下来讨论公司情况下的伦理。

1. 市场

市场是非常有用的机制,也具有坚实的道德论证依据。在一个典型的买卖双方市场交换中,每一方放弃宝贵的东西以换得他觉得价值更高的东西。理论上来说,由于交换的自愿性质,交易者离开市场时比他们进入市场时的福利会改善(或至少没有恶化)。也就是说,市场参与者是自愿交换的,没有任何强迫,而且,根据假设,没有人愿意使自己的福利受损。(当然,市场交换是基于每一方当时对价值的判断,后来它可能会发生变化或者达不到预期。)在市场交换中,参与者只是出于自身利益考虑行事,每个人都寻求得到最好的交易或对自己最有利。然而,任何一方的所得都要靠对方自愿同意才能实现,而对方也是利己主义者并且也可能从该交易中获益。

市场的道德论证依据建立在福利和权利这两个相关的分析基础上。首先,当个人和整个社会都从自愿交换体系中受益时,市场交换增加福利的性质得到证实。用经济学术语来讲,每一个市场交换都是一次帕累托改进(即至少一方的境况改善而没有人的境况因此变差),并且,自由贸易最终将导致帕累托最优(即不存在使某个人的境况改善同时不会使至少一个其他人境况变差的状态)。[①] 而且,在大的经济体中,当商业决策由具有精确价格的市场决定时,结果就会得到最高效率(这可定义为用最小的投入获得最大的产出)。最高效率也会导致社会福祉增加,因为所有资源都被用在最有成效的地方,从而带来商品和服务的极大丰富。

其次,由于能增加自由,市场的合理性进一步得到证实。市场交换以产权为先决条件,因为在交换中每一方都要放弃有价值东西的所有权并将之转让给另一方。产权本身从道德上讲就具有重要性,因为它们能确保将资源用于改善我们自身的福利。比如,拥有一块地的农场主,可以种植这块地从而为自家供应食物,也可以卖掉部分农产品以换取其他物品。所有权不仅使人们能够不再依赖他人而满足自身的需求,而且给了他们处理那种情况的能力,通过这些,所有权赋予了人们自由。从历史上看,私人财产的发展对自由、民主社会(由具有独立能力的市民而不是如封建制度下的农奴之类无能为力的对象组成)的产生是有帮助的。[②] 另外,拥有财产的价值部分在于,能为了提高自身的福利而自由地以有利条件交换另一种财产。财产的这种能够出售或转让的特性叫作可转让性。不是所有的财产都有这种特性,但财产的可转让性明显极大地增加了所有者的自由。

31

① 一个经济可能有多种帕累托最优状态,大部分状态的结果低于可能的总福祉。但是,任何一种状态都可能因福祉分配方式不公平而受到批评(这被称为分配公平)。这些观点通常被用来论证单有市场不能导致公平和繁荣的社会,因此,要想实现这些(令人满意的)结果,某些政府干预可能是必要的。

② 因为市场需要界定产权(这相应地会促进民主),所以有些人提出,在社会主义计划经济中使用市场,最终将在这些社会导致某种程度的民主。经验表明,市场和民主之间的联系不是只靠产权保证的,还需要具备其他条件。

2. 企业

商业企业或公司就是出于供应某种产品或服务目的而使许多不同群体（最典型的包括管理人员、雇员、供应商、客户，当然还有投资者）汇集在一起的组织。这种实体（商业企业或公司）的性质可从不同角度，包括经济学角度和法学角度进行分析。①

在经济学界，新古典边际分析将企业看作利润最大化的单位，出于经济学的目的，无须探究其内部运行方式。它也可以被看作某业务的唯一业主。正如《新帕尔格雷夫经济学词典》（*New Palgrave Dictionary of Economics*）中的“企业理论”条目所说：“如果企业利润最大化了，那么它们是如何实现的就不是经济学的兴趣所在或者至少与经济学不相关了。”但是，边际学派理论在经济学界已受到企业行为理论和企业管理理论的挑战，后者建立在实际的企业运营的基础上，从而必须要分析运行部分。②

法学理论家们也提出了企业理论以解答公司法方面许多令人困惑的问题。到目前为止，关于公司性质的争论焦点是：公司是那些选择以公司形式经商的股东们的私有财产，还是经政府批准、以实现某种社会福祉为目的的公共机构？③ 根据前面那种观点（该观点可称为产权理论），组建公司的权利属于每个人的产权和契约权的延伸。由于组建公司的权利被认为是“内在”于产权和契约权之中，因此这种观点也被称为内在论。后一种观点（我们姑且称其为社会机构理论）认为，组建公司的权利是政府赋予的一种特权，因而公司财产具有内在的公共特征。这种认为组

① 参见 G. C. Archibald, “Firm, Theory of,” *The New Palgrave* (London: Macmillan, 1987); Richard M. Cyert and Charles l. Hedrick, “Theory of the Firm: Past, Present, and Future; An Interpretation,” *Journal of Economic Literature*, 10(1972), 398—412; Fritz Machlup, “Theories of the Firm: Marginalist, Behavioral, Managerial,” *American Economic Review*, 62(1967), 1—33; and Philip L. Williams, *The Emergence of the Theory of the Firm* (New York: St Martin’s Press, 1979)。

② William J. Baumol, *Business Behavior, Value, and Growth* (New York: Macmillan, 1959); Richard M. Cyert and James G. March, *A Behavioral Theory of the Firm* (Englewood Cliffs, NJ: Prentice Hall, 1963); Robin Marris, *The Economic Theory of Managerial Capitalism* (New York: Free Press, 1964); and Oliver E. Williamson, *The Economics of Discretionary Behavior: Managerial Objectives in a Theory of the Firm* (Englewood Cliffs, NJ: Prentice Hall, 1964).

③ 公司产权和社会机构概念的区别见 William T. Allen, “Our Schizophrenic Conception of the Business Corporation,” *Cardozo Law Review*, 14(1992), 26—281。另见 William T. Allen, “Contracts and Communities in Corporate Law,” *Washington and Lee Law Review*, 50(1993), 1395—1407。

32 建公司的权利是为了实现某种社会福祉而经政府“特许”的观点又被称为特许论。

现代公司的原始形式是股份公司,也就是,一小群富有的个人因无法独立投资某个项目,而将他们的钱汇集起来,投资于某项事业。产权理论将这种商业组织的公司形式视作每个人享有的产权和契约权的延伸。正如个人有权用自己的资产进行商业活动一样,他们也有权与他人共同建立公司实现同样的目的。因为他们共同拥有某个企业,因而有权得到全部收益,尽管这个公司是由某个人单独管理的。然而,最早的股份公司也是英国国王出于特定目的赋予那些宠臣的特权,这个事实正好与社会机构理论相符。如今,之所以可以组建一家公司,是因为政府允许这种商业组织形式存在,某种程度上也是因为其对社会福祉有贡献。进一步讲,政府有权出于公共利益考虑对公司进行监管部分是基于以下观点:公司财产会“影响到公共利益”[①]。因此,公司并不是完全私有的,它们具有某些社会功能。

但是,产权理论的“股东是公司的所有者”这一前提在1932年受到了一本书的挑战,这本书深刻改变了人们关于公司治理的所有理念。该书就是由小阿道夫·A.伯利(Adolf A. Berle Jr)和加德纳·C.米恩斯(Gardiner C. Means)所著的《现代公司与私有财产》(*The Modern Corporation and Private Property*),它记录了美国商业史上发生的巨大变化。[②] 大公司股权分散,拥有很多基本不参与公司事务的投资者,伴随着的是一个行使实际管理权的职业经理人阶层的兴起,这就导致了所有权和管理权的分离,这种分离产生了深远的影响。特别是,所有权和管理权的分离改变了公司财产与股东所有权的性质。

严格说来,财产并不是像土地那样看得见摸得着的物品,而是一系列权利,规定所有者用其拥有的物品(比如一块土地)能做什么和不能做什么。股东们向公司提供资本,以换取特定权利,如表决权和分红权。但是,完整的所有权涉及财产的管理和责任的假设,而股东们却放弃了这两种权利。通过这种做法,那些公众持有的大公司的股东们已经不再是完整意义上的所有者,而成为公司所需资源的众多提供者中的一员。因为所有权和管理权的分离,管理层充当了现代公司大量资源的受托人的角色,在这个新位置上,他们面临着一个问题:作为受托人,公司经理 33

---

① Munn v. Illinois, 94 U.S. 113; 24 L. Ed. 77(1876).

② Adolf A. Berle Jr and Gardiner C. Means, *The Modern Corporation and Private Property*(New York: Macmillan, 1932).

人为谁服务？伯利和米恩斯指出，管理层“已经把社会放在心头，要求现代公司不能仅仅为所有者服务……还要为整个社会服务”①。

尽管伯利和米恩斯记录的所有权和管理权的分离动摇了产权理论的根基，但完全成熟的社会机构理论并没有取代它。一个“准公共机构”的公司概念反而出现了，该理论认为，管理层在为雇员、客户和社会大众利益服务时，处置手中资源的自由裁量权是有限的。在规模很大的公司里，管理层被呼吁要平衡竞争性的公司各方利益。为了胜任这个角色，他们已经形成一种作为公共责任职业人士所应具备的管理观念。管理层不再是股东们个人的仆人，而是成为有公德心的引领者。

现代金融流行的企业理论是契约理论。根据该理论，企业被视作公司所有利益相关者之间的契约集合（nexus of contracts），每个不同的群体（包括投资者、雇员、供应商和客户）都与企业签订一个契约，提供企业所需的某种资源以换取某种利益。管理层在这种契约集合型企业中的作用就是协调好各种关系。与之形成鲜明对比的是，社会机构理论认为公司是政府批准设立为社会福祉服务的。契约理论与产权理论更类似一些，与后者相比，契约理论并不认为企业是股东的私有财产。更确切地说，股东和其他投资者、雇员等一起，分别拥有公司资产。因而，企业产生于公司各组成方的产权和契约权，而不是仅仅产生于股东们的产权和契约权。

企业契约理论源于经济学家罗纳德·科斯（Ronald Coase）的著作。② 科斯众多的深刻见解之一是，企业是作为市场交易较低成本的替代品而存在的。在一个

① Berle and Means, *The Modern Corporation and Private Property*, p. 355.

② Ronald H. Coase, "The Nature of the Firm," *Economica*, NS, 4(1937), 386—405.契约理论已经由一些经济学家从代理或交易成本的角度予以发展。参见 Armen A.Alchian and Harold Demsetz, "Production, Information Costs and Economic Organization, *American Economic Review*, 62(1972), 777—795"; Benjamin Klein, Robert A. Crawford, and Armen A. Alchian, "Vertical Integration, Appropriable Rents, and the Competitive Contracting Process," *Journal of Law and Economics*, 21(1978), 297—326; Michael C. Jensen and William H. Meckling, "Theory of the Firm: Managerial Behavior, Agency Costs, and Ownership Structure," *Journal of Financial Economics*, 3(1983), 305—360; Eugene F. Fama and Michael C. Jensen, "Separation of Ownership and Control, " *Journal of Law and Economics*, 26(1983), 301—325; Steven N. S. Cheung, "The Contractual Theory of the Firm," *Journal of Law and Economics*, 26(1983), 1—22; Oliver E. Williamson, *The Economic Institutions of Capitalism* (New York: The Free Press, 1985)。公司法方面关于企业理论发展的权威文献参见 Frank H. Easterbrook and Daniel R. Fischel, *The Economic Structure of Corporate Law* (Cambridge, MA: Harvard University Press, 1991)。还可参见 William A. Klein, "The Modern Business Organization: Bargaining under Constraints," *Yale Law Journal*, 91 (1982), 1521—1564; Oliver Hart, "An Economist's Perspective on the Theory of the Firm," Columbia *Law Review*, 89(1989), 1757—1773; Henry N. Butler, "The Contractual Theory of the Firm," *George Mason Law Review*, 11 (1989), 99—123。

无须任何成本(即经济学家所称的交易成本)就能发生市场交易的世界,经济活动完全靠个体之间在自由的市场上签订契约来实现。在现实世界中,洽谈和执行契约涉及的交易成本可能会非常高,而通过等级制形式在企业内组织经济活动,某些工作的协调可以更低的成本实现。因而,经济协调工作就有两种方式:市场和企业。它们分别通过交换和等级制来运行,这两种方式的取舍是由交易成本所决定的。

34

在科斯看来,企业是市场的缩影,那些具有经济资产的各方与企业签订契约,将这些资产用于生产活动。一般来说,个人的资产在与其他人的资产联合起来进行合作生产时更富有成效。当企业的交易成本较低而合作生产又有好处时,个人会得到较高的收益,于是这些个人便选择将自己的资产投资在企业内,而不是在市场上。然而,当这些资产为企业专用(firm-specific)资产时,也就是说它们不能轻易地被撤走再投资到其他地方时,在企业内投资资产就会面临一些风险。企业专用资产能够使任何一个群体(包括雇员、客户、供应商和投资者)获得更多的财富,但这种财富也可被企业本身侵吞。因此,这些群体只有在采取充足的措施防范挪用的情况下,才会把自己的专用资产交给企业使用。那么,契约集合型企业面临的主要挑战是怎样达成这样的契约:提供的不仅是收益,还有充足的措施以保证收益。

三、市场伦理

由于所有市场交换都是在双方自愿的前提下产生的,至少理论上如此,因此人们可能会问:当交易中有一方不公平地对待另一方时,市场交换如何成为可能?有人认为:在所有活动发生在完美市场的情况下(即每个人只通过相互同意来互动),就不需要道德准则。这种情况下可能会出现“道德自由区”①。无论是否成立,这种观点都建立在完美市场这个重要假设的基础之上,因此,当市场不完美时(通常是这样的),道德准则的一个功能无疑就是提供指引。②

1. 强迫和欺诈

在完美市场上,没有强迫或胁迫的生存空间,因为根据定义,各方都自愿同意

① David Gauthier, *Morals by Agreement*(Oxford: Oxford University Press, 1986)。关于这种观点的批判参见 Daniel M. Hausman,“Are Markets Morally Free Zone?” *Philosophy and Public Affairs*, 18(1989), 317—333。

② 关于这个观点的发展参见 Joseph Heath,“A Market Failure Approach to Business Ethics,” *Studies in Economic Ethics and Philosophy*, 9(2004), 69—89。

参加每笔交换。任何不进行交易就受到暴力威胁的强迫交易根本不是市场交易，而是盗窃或没收行为，在任何情况下，这都是不道德的。（一个在胡同里面说“要钱还是要命”的持枪者尽管实现了交易，但其从事的并不是市场行为，同样的道理也适用于谚语“盛情难却”下的交易）。当然，一个人也可仅仅通过出其不意的偷窃而不是强迫来获得物品，但是这种行为也是不道德的，难以构成市场行为。

胁迫通常被定义为：诱使人们在某种威胁下选择其不情愿的结果。而只要权利没有受到侵犯，这种行为就不一定是违法的。[①] 例如，某个银行威胁借款人要取消其贷款抵押品赎回权，除非还清贷款，否则，这可能会迫使借款人到别的地方寻找资金，但银行是在其权利范围内作出这种威胁。借款人也许会被胁迫偿还贷款，但其权利没有受到侵犯。据此逻辑分析，违法的胁迫，涉及权利受到某些侵犯，就像盗窃一样被公认为是不道德的。因此，解决强迫和胁迫的一个市场伦理规则就是“不要偷窃”！

每个市场交换都会涉及承诺或约定以某种方式行事，因此，交易双方都有义务（责任）履行承诺或约定。对于卖方而言，就是交付约定的货物，而对于买方而言，则为按照约定支付货款。任何一方违约都是不道德的，违反了“信守诺言”和“遵守达成的协议”这些最常见的道德规范。由于每笔市场交换都可被看作一种契约，因此没有按照要求去做就可被称为“违约”，这也是一种不道德行为。所有这些错误行为都可用一句简单的道德规则——“信守你的诺言”来解决。

在完美市场上，没有一方会因交易中的得失向另一方撒谎。这种谎言可能包括隐瞒或者没有披露与交换有关的某些事实，或更糟的是，虚假陈述这些事实。在市场交换中，这种行为通常被称为欺诈，它可被定义为实质性虚假陈述，即有意欺骗对方并给那些有理由相信它的人带来损失。例如，当房屋卖家清除掉白蚁活动留下的木屑，不披露问题，甚至更进一步，否认存在害虫时，结果可能导致买家达成一笔不合算的买卖，他将拥有一座低于预期价值的房屋。当市场交换中存在谎言时，交易不仅不会提高双方的整体福祉（这是市场的重要特性），而且一方对另一方犯了错，因为日常道德规范禁止撒谎。众所周知，撒谎是错误的。

---

① Robert Nozick, “Coercion,” in Sidney Morgenbesser, Patrick Suppes, and Morton White (eds), *Philosophy, Science and Method* (New York: St. Martin's Press, 1969), 440—472.

当然,围绕着交换各方按道德应该披露什么信息以及什么会构成虚假或实质性虚假陈述,难题也出现了。房屋卖家有义务披露那些不是很明显的重要缺陷,但买家也自然需要仔细了解房屋可能存在的其他问题,也许要求助于专门的检查人员。对欺诈的道德谴责和法律惩罚,可能要取决于某人是否知道这个陈述是假的并有意去欺骗,还要取决于对方是否相信了该信息并因此遭受了损失。

与欺诈密切相关的是操纵。这通常发生在证券交易中,其时投资者试图使股票价格发生变动以期从中渔利。例如,在典型的"拉高出货"诡计中,投资者通过逼空式买入推高股票价格,然后在其他投资者被飞涨的价格迷惑跳进圈套时卖出。操纵与欺诈的区别在于它没有对重要事实进行虚假陈述;反过来,投资者被操纵后的事实表象所迷惑。发生在金融界(尤其在证券交易市场上)的骗局不断地试探道德边界线和法律容忍度,因而对欺诈和操纵的指控也很常见。但是,在伦理学中和法律上都存在关于信息披露和陈述应该遵守的底线。这方面的简单道德规则就是"说实话"或者"不要撒谎"!

2. 违法伤害

无论是伦理学还是法律,都禁止市场参与者侵犯他人权利、伤害他人。目前为止分析的三种情况都涉及权利,当强迫、失信和撒谎发生时,这些权利在市场交换中都被侵犯了。从法律上来看,这些都是合同法(contract law)问题。市场参与者还有许多其他权利,如在出现有缺陷产品、危险工作环境、种族和性别歧视、隐私被侵犯等情况时受到保护的权利。当上述权利受到侵犯时,一般适用侵权行为法(tort law),它关注的是违法伤害的赔偿,即人们因其他人的违法行为而受到的损害。不是所有的伤害都是违法伤害,通常在某一权利受到侵犯时才能叫作违法伤害。

例如,当银行销售贷款之类的产品时,它和制造商一样,也有道德责任以应有的谨慎确保产品无论如何不能有缺陷。关于这个责任的法律界定并不严格,正如伊丽莎白·沃伦(Elizabeth Warren)发现后所抱怨的,人们不可能买一个可能会将房子烧掉的烤箱,但却可能买一个有同等概率使全家流落街头的按揭。[1] 新成立的消费金融保护局试图弥补法律方面的这一不足。可以说,给房主可能造成巨大

① Elizabeth Warren, "Unsafe at Any Rate," *Democracy: A Journal of Ideas*, 5, Summer 2007.

损失的按揭是个有缺陷的产品，无论从伦理学上还是法律上，银行都应对此负责。类似地，银行没有保管好准确的记录，从而在丧失抵押品赎回权诉讼中给按揭持有者造成很大困难的情形，是侵犯客户权利的疏忽或缺乏应有谨慎的典型案例。适用于违法伤害情况下的道德准则就是“尊重人们的权利”！

3. 市场失灵

市场可能出现问题的最后一个领域涉及市场失灵。导致市场失灵的因素很广泛（其中很多在经济学领域已有大量研究），这些因素导致市场无法按照效率最大化的方式运行。由于市场失灵，市场保护福祉和权利的能力也可能受到削弱。当完美市场条件（例如完全信息和完全理性）不具备时，某些市场失灵就会出现。如果买方和卖方对要交换的商品知之甚少或不能将拥有的信息加工处理，那么市场交换的结果并不会增加福祉或权利。如果市场缺乏竞争（如在垄断和反竞争的交易情形下），也会产生相似的结果。

另一种市场失灵现象就是，市场还有一个众人皆知的特征，即市场会忽视公共品，且偏爱个人而非公共消费。根据定义，公共品是一种人人都能够消费并且无法将他人排斥在外的产品。公共品的例子包括公路和公园，它们对所有人开放，无人能轻易地被排除在外。如果试图对使用公共品收费，那些不能被赶走的人就将成为搭便车者，他们从他人的付费中不公平地受益。由于公共品不能像牙膏那样小包装后再卖给消费者独自享用，没有利润可以获取，因此，这些公共品就会被市场忽视，如果确实需要供给的话，通常由政府提供。

市场失灵的主要原因是存在外部性或溢出效应，即经济生产产生的社会成本。污染就是一个典型的例子。在经济学理论看来，所有生产成本都是由生产者承担并计入产品价格的。当清洁空气或水这些资源不计入生产者成本而被用于生产并以污染了的状态还回来时，其带来的损害成本就由社会来承担了。结果不仅是资源错配（如果由价格体系调节就不会这样了），而且在成本分配和生产收益上也会出现扭曲。如果使用空气或水的成本通过计入产品价格的方式内生化，那么生产者在消耗这些资源时将非常节约，于是成本将由那些受益者承担而不会（不公平地）转嫁给他人。

最后，市场失灵发生在集体选择的情形下。在一个市场体系中，关系整个社会福祉的许多选择源于个体在各个分散的市场交换中作出的选择的加总。经济学理论假设,当个体作出自己理性的选择时,这些选择的总和将是一个理性的社会选择。我们可通过有名的"公共地悲剧"的例子来解释这个假设是不成立的。[①] 在众人拥有的牧场(一个公共地)放牧尽可能多的羊,对于牧民个人来说是理性的,因为任何一个或几个牧民限制自己使用土地的努力将被其他牧民(他们会简单地在牧场空地上放养更多的羊)抵消掉。理性的集体选择应该是每个牧民都限制在公共地上放牧的羊的数量。然而,如果集体选择只是由个体牧民在无力控制他人选择的情况下作出对自己最有利的决策,那么公共地将被毁坏,而这是个非理性的集体选择。

市场失灵可用多种方法解决。大部分商业法律规定关注的是这些市场缺陷或不完美。例如,信息披露规定和各种各样的反垄断法与公平竞争法试图追求完全信息和完全竞争。尽管很难像市场伦理的其他组成部分那样起草简单的规则,但伦理还是有用武之地的。也许能做的事最好是"为有效市场作贡献而不要不适当地利用市场失灵带来的机会渔利"。

金融包含的不仅仅是在市场上买进和卖出。从事金融活动的人还会构成角色和关系,他们会产生特别的职责(责任),也会赋予一些权利。尽管金融业中的市场很重要,但在很大程度上,金融伦理是具有相应职责和权利的角色和关系的伦理。金融业中最重要的两个角色和关系是代理人和受托人,这些道德范畴与市场伦理一起,构成了金融伦理的大部分内容。这样,金融伦理学分析框架就包括两个部分:市场的伦理,角色和关系的伦理。

四、角色和关系

当某个人或组织处于纯粹的市场情况下时,只需将另一方看作素不相识的买方或者卖方,自私自利起主导作用,艰难的讨价还价和精明的交易在伦理上和法律上都是允许的(在市场伦理限度之内)。然而,很多金融活动涉及承担某种角色和达成某种关系的个人和组织,此时市场伦理虽仍然适用,但它涉及更多的职责(责任),这些职责与自私行为常常是相悖的。这些角色和关系对金融活动很重要,因为许多目标不能仅靠市场实现,还需要高度合作和协调。

① Garrett Hardin,"The Tragedy of the Commons," *Science*, 162(1968), 1243—1248.

金融从业人员拥有的技能和知识大多只能通过为他人服务才具有创造性。举个例子,财务顾问假如没有客户咨询将过着贫穷的生活。许多由银行、共同基金、保险公司等提供的金融功能需要通过大机构而不是仅仅通过市场活动来发挥。例如,银行其实可被理解为嵌在各种关系中的角色综合体。当银行按职责从客户支票账户付款时,它成为客户的代理人;而在保证储蓄账户上存款的安全时,银行又充当着受托人的角色。在将客户的存款转变为贷款借给借款人时,银行又在发挥重要的中介职能。

39

角色和关系的一个重要特征在于它们自动被假设为:人们一般通过签订协议担任角色或形成关系(通常是在市场上)。例如,当财务顾问同意为客户服务时,双方不再仅仅是市场参与者(以纯粹的买方—卖方情境对待对方)。该财务顾问成为放弃自身利益(当然要在协议限度之内)而维护客户利益的可信的顾问。因为这种无私服务,财务顾问将得到报酬,而且其中部分报酬就是为了使顾问代表客户做事。此外,成为一名财务顾问的协议本身就是在市场上达成的,顾问可能已适当考虑了其自身利益。

角色和关系的重点是:通过在市场内达成协议,谈及的双方置身于市场外,他们不但以市场伦理为基础行事,而且根据这些新角色和关系属于的(其实是形成的)一系列新职责(责任)行事。总的来说,无论如何,角色和关系的职责(责任)都是双方约定好的。因此,财务顾问根据约定为客户提供确定好的服务,服务内容也可能随客户的不同而有很大的差异。从伦理上讲,任何财务顾问都不会窃取客户的财务信息。因为这将违背市场伦理规则。然而,所花时间的多少和所需关心的程度可能主要取决于所达成的约定,即客户从财务顾问这“买了”多少服务。

例如,有些财务顾问只通过收取顾问费得到报酬,而有些顾问依靠从客户投资中提取佣金得到报酬。收取服务费的财务顾问不会有冲突(他们没有从推荐投资中获益),而基于佣金提成的财务顾问则有动力推荐提成高的投资,但该投资却不一定对客户最有利。只要报酬方式被双方理解并接受,任何一种报酬制度都是符合伦理的。更进一步讲,究竟选择哪种报酬方法由双方自行决定,也就是说,由他们的协议决定。

金融界和商业界最常见的两种角色一般是代理人和受托人,他们都承担着一定的职责(责任)。有些金融从业人员像医生和律师一样还是职业人士,他们都承

40

担着这些角色赋予的特殊职责。尽管代理人、受托人和职业人士有一些统一的职责(责任),但这些角色和关系的伦理还是存在不少差异和环境的特殊性。

第二节　代理人、受托人和职业人士

代理人是指被雇用代表另一个人(称为委托人)做事的人。通常,代理人被委托人雇用并根据委托人的指示代替委托人做事。代理人可以是个人(如房地产代理人)或组织(如房地产代理商)。雇员一般是雇主的代理人。受托人是指被托付保管另一个人的财产或资产,并负责独立对委托人的利益诉求作出判断的个人或组织。在信托关系中的另一方被称为受益人。常见的信托范例有受托人、监护人、遗嘱执行人以及公司高级职员和董事。代理和信托关系在金融业是普遍存在的,因为雇用专业化服务和保管人们的资产有广泛的市场。

代理人和受托人的概念密切相关且有时重合。因而,董事常常被认为是公司和其股东的受托人,同时也是其代理人。一般来说,代理人为了委托人利益做事的职责并不像受托人承担的那样广。比如说,在销售证券中仅仅充当代理人的经纪人通常要比在管理客户资产中充当受托人的经纪人所担的责任要小。因此,代理型的经纪人可能就没有义务建议客户不要从事不合算的交易,他只需按要求执行就行了;而顾问型的经纪人,作为受托人,就有这种职责。两种情况的区别在于雇用范围,也就是客户寻求的服务类别和经纪人同意提供的项目。

而且,受托人承担的责任通常比代理人的更严格。大体上,受托人不履行职责犯的道德错误要比代理人或纯粹的市场交换参与者没有履行职责犯的道德错误更大。正如本杰明·卡多佐(Benjamin Cardozo)法官著名的评论所言:"许多在日常生活中允许有些人若即若离地做的行为,对于那些负有受托人职责的人来说都是禁止的。受托人的道德标准被认为比市场参与者的更严格。行为道德准则不是单有诚信就行了,还包括最敏感的诚信细节。"①

41

一、代理人和受托人的必要性

代理关系产生于对他人专业知识和技能的需要。如卖房子除了需要时间,还

---

① *Meinhard v. Salmon*, 164 N. E. 545, 546(1928).

需要相当多的知识和技能，因此卖方可能雇用一个房地产代理人代表自己行事，如果那个人拥有房地产代理人的知识和技能就可完成卖方要做的事。代理人因而成为委托人的延伸，代替委托人做事，有义务运用其个人能力专一地为委托人的利益服务。代理人可能还会被授权在委托人的法律关系中起作用。例如，一个获授权的代理人也会成为约束委托人的合同的一分子。就像保险代理人是保险公司而不是客户的代理人那样，保单卖方（其通常是独立的签约人而不是保险公司的雇员）也是保险公司的代理人，因为在销售保险时其法律权力归公司所有。一个人也可能因为具有使另一个人承担法律责任的潜在可能性而成为代理人。于是，一个公司的卡车司机会成为代理人，他服从于雇主的指示，而雇主可能会因车祸而要承担相关费用。

受托人为那些由于某种原因而无法管理自己财产或资产的人提供有价值的服务。因而，一个为退休养老存钱的人可能更愿意将钱交给由职业经理人（其担任受托人）管理的养老基金打理。遗产执行人也是个受托人，根据已经去世的人写好但其本人无法实施的遗嘱分配财产和资产。与此相类似，未成年子女信托中的受托人为创立了信托但不再能够对信托进行控制的人管理信托。当股东们选择不亲自管理公司时（这是现代公司典型的做法，形成了所有权和管理权分离的特征），他们就推举董事作为其代表，被推举的董事负有站在股东们的立场上管理公司的受托责任。在所有这些例子中，财产或资产的管理都被委托给得到信任的一方负责，该受信任方有义务为了他人的利益行使这种管理权。

二、代理人和受托人的职责

广义上说，代理人的职责就是利用自己的能力、勤奋和谨慎根据委托人的指示办事。例如，雇员作为雇主的代理人，被分配了工作任务后，有义务按照指示完成这些任务。通常，委托人不可能将对代理人的期待详细地说出来。实际上，代理人之所以被雇用通常是因为他们对应该做什么和如何做比委托人懂得更多。代理人和受托人的职责趋向于开放式，即具体要做的事不是提前完全确定好，在选择何种方法提高他人的利益上，代理人和受托人拥有很大的自由裁量权。代理和信托职责是作为一种手段，来确保这种自由裁量权得到合理使用。

42

代理人除了负有站在另一个人利益立场上做事的积极义务，还负有在关系存续中避免改善自身利益的消极义务。比如,利用委托人的财产或信息获取个人利益一般被视作违反了代理人的职责。在代理或信托关系中牟取个人私利的一个例子就是假公济私,就像董事或总经理从公司买一些资产或者向公司卖一些资产时的情况,除非能够证明这笔交易是公平的并且属于正常发生的。代理或信托关系中的内幕交易或者将保密信息用于私人用途的行为是另一种违反职责的行为。即使受益人没有受损,受托人获取某些个人私利也是错误的,因为受托人不再具有绝对的忠诚。总的说来,受托人的职责就是专一地在关系范围内站在受益人的利益立场上做事,不得获取任何物质利益,除非得到受益人的理解和同意。

每个信托关系都具有两个要素:信任和信心。将某事物委托给一个人保管必须要有信心其会得到恰当的照顾。信托关系可通过契约来创立,比如一方(称为委托人)设立信托,另一方同意成为管理该信托的受托人。但是,信托关系及其伴随的职责也可是法律强加的。例如,管理养老金的法律使得任何养老金基金经理成为意向受益人的受托人,而公司法使得高级职员和董事成为公司及其股东们的受托人。更具体地说,受托人的职责要素包括坦率、小心和忠诚。

1. 坦率

在市场上每个人都有诚实或说实话的责任。说假话或者作实质性虚假陈述都是错误的。但是,市场参与者没有被要求披露其他人可能想知道的所有信息。然而受托人具有坦率的职责,即披露受益人可能认为与其相关的信息的一种更广泛的责任。因而,对一个律师或投资银行家而言,向客户隐瞒重要的实质性信息(除非不这样做会违反对另一个人承担的职责)会被视作违反了受托人的职责。类似地,公司董事如果对正在讨论的决策有着重要影响的事宜保持沉默也是没有履行受托人的职责。

43

2. 小心

当财产或资产被委托给受托人(如信托中的受托人)时,那个人就应该以"应有的小心"(即一个理性、谨慎的人应该具有的小心)管理被委托的对象。尽管超乎寻常水平的小心可能并不需要,但至少不能办事毛躁。虽然市场参与者在涉及有关事宜时也承担着具有"应有的小心"的职责,但这种职责只在乎相关方如何落实选定的行为而不在乎其所选定的行为是什么。例如,制造商在设计和组装其产品时应该保持"应有的小心",但它在所选择要制造的产品上不承担具有"应有的小心”的责任。与此相反,受托人有义务在做事时各方面都要保持高度谨慎。

3. 忠诚

忠诚的职责体现在两个方面:它要求受托人站在受益人利益立场上做事和避免任何利用该关系谋取个人私利的行为。在市场交易中,一方除了真诚努力遵守达成的合同外,一般没有义务去照顾另一方的利益;参与市场交易的重点就是获取某些个人好处。总的来说,站在受益人利益立场上做事就是指,如果受益人拥有受托人的知识和技能,那么他会怎么做,受托人就该像他那样做。与此相反,获取个人好处是指,在没有取得受益人理解和同意的情况下,利用该关系从中获得任何利益。

代理人和受托人都要承担的另一个重要职责是保守秘密。保守秘密的要求源自这样的事实:为了维护另一个人的利益,代理人和受托人必须经常接触一些敏感的、特许的信息,而这种信息一般只有在接触者发誓保密的情况下才能透露给他们。因而,代理人和受托人就要保证该信息会被保密并且只用于提供者指定的用途。最后,根据代理人和受托人站在别人利益立场上做事的承诺,他们有义务避免出现利益冲突,因为冲突的利益将会妨碍他们维护别人利益的能力。

三、职业人士的角色

医生、律师、工程师以及其他职业人士的行为都受到各自特有的职业伦理的约束。哪些工作是职业性的,哪些工作不是职业性的,还是个存在很大争议的问题。从历史上看,三种基本得到承认的职业性工作是法律、医药和神职。不过最近几年,工程师、建筑师、保健师、社会工作者、记者、房地产经纪人以及其他许多职业团体都自称具有职业性身份。当然,并不是所有的金融业从业者都是职业人士,但有些人自称这种身份还是适合的,特别是那些为客户提供专业服务的人,比如财务顾问和保险承保人。在确定是否任何金融业人员都是职业人士之前,我们需要了解一下职业的判断标准。

44

通常被引用的职业特征有三个:

1. 专业化的知识体系

职业人士不仅仅像水管工那样身怀专业技能,而且还拥有非常先进的专业知识体系,这个专业知识体系需要经过多年训练才能获得。

2. 高度发达的组织和自律

职业人士对自己的工作有相当强的控制能力,而这种能力大部分是通过职业团体来实现的,因为他们能够通过职业团体来设定执业标准并对违反的成员进行处罚。

3. 社会服务责任

职业人士所拥有的知识能够满足某些重要的社会需要,因此职业人士承担着利用其知识造福社会大众的责任。

这三个特征是密切相关且相辅相成的。正是因为职业人士拥有专业化的知识体系,他们才被允许对自己的工作有相当程度的控制。也正是出于这个原因,对于需要具备何种知识才能从事该行业,也由职业人士来决定。给予职业人士如此多的独立性和权力会有一定的危险,但是想要享受他们宝贵的专业化知识带来的好处,我们就别无选择。于是,职业人士与社会之间形成了一种隐性的协议:作为对在自己工作上享有高度控制权的回报,职业人士必须保证,他们将利用自己的知识造福全社会。如果没有这种保证,社会不可能容忍一个团体具有这样独立的权力。

职业的行为规范包括能力的技术标准和伦理标准。伦理标准通常是以职业道德行为准则形式出现的,这种职业道德行为准则不仅为职业自律提供了机制,而且也是该职业社会服务责任的明显标志。伦理行为准则不是职业人士可以选择的,而是职业精神自身性质所要求的必需条件。建立伦理行为准则通常是某种职业获得认可的第一步。

45

金融是一种职业吗?仅仅宣告某个工种是一种职业是没有意义的,因此,任何宣称具有职业身份的工种组别必须提供令人信服的依据。最好的例子就是理财规划师和保险承保人,他们都提供高度技术性的服务,这些服务能够满足某些重要的社会需要。诸如注册理财规划师协会(Institute of Certified Financial Planners,该协会授予那些达到要求的人士注册理财规划师称号)和国际理财规划协会(International Association for Financial Planning)之类的组织已经建立了包括执行程序的伦理行为准则。每个协会的成员都被要求遵守各自组织的伦理行为准则,如果违反,他们会受到谴责、暂停或开除成员资格等处罚。保险业的组织能够授予其成员特许财产意外险承保人(Chartered Property Casualty Underwriter)、特许人寿险承保人(Chartered Life Underwriter)和特许财务顾问(Chartered Financial Consultant)等称号,并有详细的伦理行为准则。所有这些伦理行为准则都强调职业对社会服务的责任,并信奉正直、客观、胜任、勤奋和保密等理念,它们也要解决利益冲突问题。①

第三节 利益冲突

马克·S. 费伯(Mark S. Ferber)是投资银行拉扎德兄弟(Lazard Frères)的一位政治人脉广泛的合伙人,他被选派负责管理一个清理波士顿港的60亿美元的融资项目,并有权推荐能够为此项目筹集资金的公司。根据一个秘密协议,获得该项目大部分业务的美林证券同意和拉扎德兄弟平分承销费,在四年内,这两个公司平分了600万美元。另外,费伯得到了260万美元的聘用费(retainer payments),而美林证券从执掌该项目的费伯的其他客户那里攫取了数百万美元。一个证券交易委员会委员形容这种平分承销费的协议是无耻的,并声明:"我雇用一个投资顾问为我提供谨慎客观的建议,但他们能为了一己私利将业务向某个特殊公司倾斜吗？这可麻烦了,换作我是客户的话,我会发脾气的。"②

美林证券和拉扎德兄弟不认为它们之间的秘密协议有何不妥或不认为其有义务来公布这个秘密协议。费伯辩解道:"我并不是说这是件光彩的事,但我没有违反我的受托人职责。"③一位联邦法官并不同意他的辩解,判处其33个月的监禁,另外还处以100万美元的罚金,并终身禁止他再从事证券业。美林证券和拉扎德兄弟各支付1 200万美元来平息证券交易委员会的指控。在庭审最后的讲话中,这位法官斥责了这两家公司和它们的律师,因为它们营造了一种助长猖獗贪污和腐败的环境。至于披露利益冲突的职责,该法官总结说:"如果很多市政债券律师不知道这个,那很抱歉,让我读一遍给你们听:要求每个潜在的利益冲突必须以书面形式详细地披露。"④

46

---

① 进一步的讨论参见 Julie A. Ragatz and Ronald F. Duska, "Financial Codes of Ethics," in John R. Boatright(ed.), *Finance Ethics: Critical Issues in Theory and Practice*(New York: John Wiley & Sons, Inc., 2010)。

② 证券交易委员会委员 Richard Y. Roberts, 引用自 Leslie Wayne, "A Side Deal and a Wizard's Undoing," *New York Times*, May 15, 1994。

③ Wayne, "A Side Deal and a Wizard's Undoing".

④ 引用自 Craig T. Ferris, "Ferber Judge's Words Are Chilling Indictment of Muni Industry," *The Bond Buyer*, January 21, 1997, p. 27。

金融服务几乎都会伴随利益冲突。在充当人们金融交易中介及其金融资产保管人的过程中,金融机构通常会被迫在与他人利益的竞争之间权衡,即将他人利益和自身利益进行掂量。尽管个人利益发挥了某些作用,金融服务中的利益冲突主要还是产生于试图向一些不同当事人提供各种服务——常常是同时。利益冲突内置于我们的金融机构体系,只有克服很大困难才能避免。正如有人指出:"《圣经》上说一仆不能事二主,如果严格遵守,那将使华尔街当前的许多业务都不可能做了。"[①]另外,华尔街人员主要是受利己主义驱动,因而可能被诱使为任何主人服务——只要在限制范围之内。因此,我们面临的挑战不是防止金融业出现利益冲突,而是如何在可行的金融体系内管理好它们。

一、利益冲突的定义

尽管关于利益冲突的定义有很多,但在各种定义中讨论的问题很少涉及金融服务业的冲突。[②] 作为一个有效定义,下面这个就够了:"当个人或机构有伦理上或法律上的义务代表另一方的利益行事,但是该个人或者机构的利益妨碍了其代表另一方利益行事的能力时,利益冲突就发生了。"[③]利益冲突是金融服务业内在的,因为代理人和受托人角色在业内是普遍存在的,其职责就是维护他人利益,而其利益与他人利益存在冲突或阻碍。

利益冲突,尤其与金融服务业相关的冲突一般有三种分类方式。首先区分为实际利益冲突和潜在利益冲突。当个人或机构违背了其发誓要维护的他人利益时就发生了实际利益冲突,而潜在利益冲突是指实际冲突有可能出现的情况。实际利益冲突一般构成不端行为,而潜在利益冲突则因某些情况具有无法避免的特征,

---

① Warren A. Law, "Wall Street and the Public Interest," in Samuel L. Hayes Ⅲ (ed.), *Wall Street and Regulation* (Boston, MA: Harvard Business School Press, 1987), p. 169.

② Michael Davis, "Conflict of Interest," *Business and Professional Ethics Journal*, 1(1982), 17—27; Neil R. Luebke, "Conflict of Interest as a Moral Category," *Business and Professional Ethics Journal*, 6(1987), 66—81; and John R. Boatright, "Conflict of Interest: A Agency Analysis," in Norman E. Bowie and R. Edward Freeman (eds), *Ethics and Agency Theory: An Introduction* (New York: Oxford University Press, 1992), 187—203. 对这些文献的批评参见 Thomas L. Carson, "Conflict of Interest," *Business and Professional Ethics Journal*, 13(1994), 387—404; Michael Davis, "Conflict of Interest Revisited," *Business and Professional Ethics Journal*, 12(1993), 21—41 以及 John R. Boatright 和 Neil R. Luebke 的回应。

③ 该定义改编自 John R. Boatright, "Financial Services," in Michael Davis and Andrew Stark (eds), *Conflict of Interest in the Professions* (New York: Oxford University Press, 2001)。

因此可能需要容忍，当然最好被避免。

其次，利益冲突区分为私人利益冲突和非私人利益冲突。当实际或潜在妨碍一方履行为他人利益服务的职责的利益构成个人或机构的某些收益时，这种利益冲突就是私人利益冲突。因此，当一名律师通过损害客户利益而使个人受益时，该律师就处于私人利益冲突中。但是，发生冲突的利益也可能属于个人或机构有义务服务的第三方。例如，一名律师同时为两个利益相对立的客户服务时也会面临利益冲突，这可被称为非私人利益冲突。[①] 这就是典型的“一仆二主”问题。[②]

非私人利益冲突在金融服务业非常普遍，因为公司有大量客户。举个例子，如果某个管理具有自由裁量权账户的经纪人因为低收益证券能带来更高佣金而选择它，那么该经纪人就处于将自身利益置于客户利益之上的私人利益冲突中。但是，一个管理多个客户账户的经纪人在决定如何分配紧俏证券时可能会被迫在这些不同客户利益之间作取舍。管理多个信托账户的信托高级职员也面临着相似的冲突。这种冲突也会在经纪人和信托高级职员使用市场动态信息时出现。哪个账户该享受这种信息带来的好处？按照什么顺序？共同基金投资顾问可能会被迫决定如何在不同的基金之间分配投资机会。管理多个账户和基金的人员有动力偏爱那些对他们个人或公司更重要的账户，因为这些账户属于大客户或者它们能带来更高的收费和佣金。共同基金投资顾问可能会将紧俏的、利润特别高的投资机会分配给排名落后的基金以提高其业绩，或分配给高业绩的基金以获得更高的关注。

在许多情况下，对不同客户（他们之间可能存在利益竞争）承担的职责不可能都得到履行，这种情况下分配收益和损失时必须要遵循某种优先顺序。不是每个账户或基金都能获得金融机构的绝对忠诚，就像我们期待从私人律师那里得到的那样。另外，解决律师非私人利益冲突的标准方法（即切断两个利益竞争客户中的一个）并不适用于经纪人或信托高级职员，因为他们必须要管理至少数十个账户；也不适用于共同基金公司，因为它们一般要管理各种各样的基金。

最后，利益冲突可能是个人利益冲突，也可能是组织利益冲突。组织和个人一

---

① 美国律师协会《职业行为示范规则》规则1.7(a)列出了律师代表利益正好相反的客户打官司时导致的利益冲突情形。

② 《圣经·新约·马太福音》6:24:“一个人不能服侍两个主人。他不是厌恶这个、喜爱那个，就是忠于这个、轻视那个。”

样可充当代理人并承担受托人职责,而且在没有个人犯错的情况下,组织也可能没有履行为委托人或信托受益人利益服务的职责。举例来说,如果商业银行信托部门的信托高级职员得知该银行的公司客户出现财务困难,他在管理信托账户时可以被允许(要求)使用该信息吗?一方面,不使用该信息会导致信托账户受益人遭受本应避免的损失;另一方面,使用该信息又将违背银行对公司客户本应承担的保密职责。解决方法之一就是通过实施信息使用有关政策将信托和商业银行职能分隔开来,或通过设立"防火墙"来阻止信息流动。

48

因为金融服务主要是通过机构向多个客户提供大量服务实现的,所以这个领域的利益冲突大多是潜在的、非私人的和组织的。它们源自我们金融机构的精心设计,也给负责创立、监管和经营这些机构的人提出了难题。

二、金融领域为何发生利益冲突

利益冲突在金融领域普遍存在,因为这个领域的从业人员和金融机构经常充当代理人和受托人或者别的使自己承担职责为他人利益做事的角色。只要没有这样的职责就不会发生利益冲突。因此,根据定义,纯粹买方-卖方关系中的人们就不可能有利益冲突,因为他们除了为自己利益考虑,没有任何义务为他人利益服务。例如,对冲基金交易员在与交易对手打交道时不会陷入利益冲突境况,因为交易员没有义务为其利益服务。然而,一旦该交易员是代表对冲基金做业务并且可能从中渔利,而这将妨碍其为基金及其投资者利益服务的能力时,就可能出现利益冲突。对于对冲基金而不是其交易对手而言,该交易员担任的是代理人,因此就随之产生了为基金利益服务的义务。

在确定是否会出现利益冲突时,弄清涉及的角色或关系很重要。一方确实有责任或义务为他人利益做事吗?在医药和法律之类的职业里,由于职业性质的缘故,这个问题很好回答。当医生或律师就是去担当起以服务他人为宗旨的职业角色。一旦医生收治了患者或律师承接了案件,就有责任专门为那个患者或客户服务。由于金融从业人员通常不是职业人士,并且其具有的角色或关系是通过合同而不是通过职业性质形成的,因而,关于什么是其应该做的问题就很难回答。医生的职责源于开业行医意味着什么,律师的职责来源也相似。相比之下,金融从业人员的职责(责任)建立在特定的合同基础上,他们之间按照合同履行某种约定服

49

务。因此,我们不能像对待职业人士那样,将关于什么构成了金融机构利益冲突的许多方面一般化,而必须在个案基础上逐一加以判断。

关于为他人利益服务的职责(责任)——这对利益冲突的出现很重要,金融业和医药与法律等职业之间还存在另一个区别。在金融业,利己主义发挥着巨大且合法的作用。职业人士在提供他们的服务时通常会放弃追求自身利益的所有权利。一旦对患者或客户作出承诺,职业人士就应该只考虑他们的利益。(当然,这些职业会对他们的无私行为给予足够的补偿,而且,他们在决定是否担当职业角色时也会先考虑其自身利益。)因而,金融从业人员在担当代理人或受托人之时,常常还会始终以利己主义的经济人身份以自己的名义合法地从事金融交易。

例如,一个有信托部门的商业银行,可在管理企业养老金基金中担任受托人,同时也可在发放贷款给企业时以卖方身份出现。类似地,投资银行可以是某收购项目中的投资者,同时还负责为该项目筹集资金。这样,它就既是代理人(代表收购方筹集资金),又是委托人(以自己的名义进行投资)。共同基金和养老基金的证券投资经理一般被允许用自己的账户交易,这样做时,他们不仅仅是基金份额持有者的受托人,而且是活跃的交易者,与基金竞争。在这种情况下,滥用权力的可能性就变得很大。

在每一种情况下,我们都可以将职能进行分离,并要求那些代理人和受托人放弃利己主义行为。例如,有人建议将信托部门从商业银行剥离开来,或者禁止基金经理用自己的账户进行交易,但这种调整建议一般会出于效率考虑而被拒绝。因为金融从业人员的主要工作是帮助他人赚钱,他们很难轻易地被诱使用自己专业的赚钱技能专一地为他人利益服务。劝说他们将利己主义和利他主义行为结合起来也许是最有可能实现的。

三、利益冲突实例

50

金融服务中的利益冲突的例子举不胜举,由于其活动范围太广,甚至都无法分类。但是,金融业中的利益冲突类型可通过想象一个纯粹市场交易情形来实现(因为这种情况下不会出现利益冲突),然后识别出代理人和受托人或者别的涉及承担为他人利益服务职责角色的需要——这为利益冲突创造了条件。如果个人以自由竞争市场上理性经济人身份从事其金融交易,那就不会存在利益冲突,因为根据定义，市场上每个人追求其自身利益都是合法的。在自由竞争市场上，没有人有义务为其他人的利益服务。在自由竞争市场上存在许多利益竞争，但就是没有利益冲突。但是，出于各种原因，这种情况是不能令人满意的，因此，一旦理性经济人有权去签订有利于自己的合同，他们就会这样做。正是从自由竞争市场上这种签订合同的行为出发，利益冲突的条件产生了；正是从识别需要签订什么合同出发，利益冲突的种类可被确定下来。

在自由竞争市场上，参与者将创立一系列要求双方承担责任的金融工具。比如，很少人能够存足钱买房，因此，不是全款买房，买方和卖方可能会起草一份按揭合同（即得到保证的长期贷款合同）。相似地，农场主和磨坊主可能会寻求减少谷物市场内在的风险。丰年过剩的谷物会压低谷物的价格并可能严重损害农场主的利益，而谷物短缺会提高价格从而对磨坊主不利。与其等到丰收再按市场价交易（这对双方来说都是有风险的），他们不如提前通过期货合同就谷物按照事先约定的价格进行交割达成一致。按揭和期货合约可一次性解决两个关键问题，即如何形成长期金融关系以及如何管理好源自我们对未来认识不足的风险。

金融工具还为各种各样的金融中介创造了处理签约双方的复杂交易的需求。更为重要的是，由于双方可能不会面对面签约而是要求第三方提供服务，因此中介是必需的。例如，储蓄银行从客户那里吸收到存款后，将资金贷给购房者时，双方可能永远都不会见面，他们的“交易”是通过银行达成的，银行兼有储蓄和贷款的职能。与此相类似，农场主和磨坊主可能通过在期货市场上独立操作来达到保护自己的目的。作为承销商的投资银行，在公司发行新证券时需要处理涉及的许多不同任务，包括为证券找到买家的任务。保险公司通过汇集保费的方式使许多人能够免于风险带来的损失，因为它们可被用于满足索赔的要求。

51

在所有这些例子中，金融中介充当的是代理人，从事的是需要专业技能的交易及其他活动，这些专业技能被用于为他人利益服务。在这么做的时候，他们有义务为了委托人的最大利益做事。因此，经纪人有义务实现交易的最佳执行，而基金经理有义务选择能够提供最优执行的经纪人。双方都可能因为个人或公司利益而受到影响，结果作出导致低于最优水平的决策。举例来说，如果商业银行的信托部门通过给经纪公司分配信托账户上的交易佣金以维持其与银行的客户关系（一种被称为报答（reciprocation）的做法，简称为 recip），那么经纪公司的服务质量可能会受到损害。即使某经纪客户提供了最佳的执行,银行仍然运用其分配经纪公司佣金的权利(这应该用于只为信托基金受益人利益服务),以提高银行商业利润为目的。该银行完全可以采用其他某种能保证信托受益人利益而不是银行自身利益的方式来使用这种权利。

就金融中介是基金托管人而言(如信托账户或经纪账户上有尚未投资的现金),中介也是受托人。个人账户上现金余额常常为正,因为卖掉证券还未投资以及为了购买而预先存入资金。尽管每个账户上的钱通常并不多,但汇总起来的金额还是非常可观的。如果商业银行的信托部门将未投资款项放在免息的银行账户上,那么银行而不是个体的信托受益人会得到好处。经纪公司也可将未投资款项存入生息账户上并将利息据为己有,或者将其存放于免息账户以从银行获取其他某种好处。证券交易委员会规则 15c-3 规定,未投资款项只可被用于为客户谋取某些利益,比如为购买保证金和卖空提供资金。然而,信托部门和经纪公司不需要任何生息贷记账户或它们从投资现金中获得其他收益。经纪公司基于以下两个方面为这些现金管理做法进行辩护:首先,存款账户上保留的资金是为了客户而不是公司方便,在任何情况下,这样都可通过新的投资产生的佣金获得更多的收入;其次,他们获得的收益有助于将其费用保持在低水平上,结果客户也会增加收入,虽然是间接的。信托部门处于一个可用其他多种办法提高母公司银行利益的位置。举个例子,在管理信托账户时,信托部门可购买银行重要客户的股票并持有它直到合适时机才卖出。信托部门也可通过支持管理层的代理表决权和帮助管理层反击恶意收购等与银行客户管理层合作。这种做法被称为"客户便利"(customer accommodation)。在它们的其他信托业务中(如在遗嘱信托期间处理资产),银行在出售财产或其他有价值资产时可能会为其客户利益(也许是其自身的利益)提供便利或服务。举个例子,在遗产信托中,信托部门可能会被委托负责出售某个公司的控股权,而该公司恰好是该银行客户的。通过把控股权卖给该银行的另一个客户,持续的客户关系得以保证。

52

除了创立金融工具,自由竞争市场参与者还寻求建立金融市场,这样就可以发行和交易金融工具了。诸如股票和债券之类的证券首先在一级市场上发行,然后在二级市场上交易。比如,债券可以持有到期,但持有人也可能希望将该笔投资兑现,在这种情况下就必须要找到另外一个买家。按揭贷款可在机构间交换,甚至可以汇集起来形成能够在市场上交易的按揭支持证券。金融工具的流动性(即金融工具交易的便利性)会增加其价值并减少持有它的风险——所以二级市场的存在是有好处的。一级市场和二级市场的许多方面(包括各种市场参与者的职责)是法律关注的对象,尤其是《1933 年证券法》和《1934 年证券交易法》。证券市场是由证券交易委员会(SEC)监管的。但是,在法律建立的合法框架内,金融市场上参与者的职责是灵活的并由双方协商确定。

一级市场和二级市场产生了许多不同专业的角色。投资银行的主要业务是承销新的证券发行,不但包括公司股票和债券,而且包括私人公司首次公开发行(initial public offerings, IPOs)。承销本身包含几个不同的各自具有相应职责的角色。承销商扮演着投资顾问、分析师和分销商的角色。作为投资顾问,投资银行是个代理人,就如何对发行进行安排和定价提供建议。作为分析师,投资银行通过证明证券的价值来为自己的客户以及投资大众服务。作为分销商,承销商也会买入证券向其客户出售或者至少主导证券销售,而且它可能保证购买发行中未售出的那部分证券。投资银行承诺销售所承销证券的职责会促使它不顾适宜性向客户推销股票或债券,而且还会被诱惑着将任何未售出的证券置入公司管理的账户。因为任何未售出的证券已被知情的市场参与者认定为不值得购买,所以在客户不知情和同意的情况下将其置入个人账户,就似乎有违公司的受托人职责。

53

承销的角色存在固有的利益冲突。作为公司客户的投资顾问,投资银行应该为发行的证券寻得最高的价格,而站在投资客户的角度应该使价格最低。然而,这是个“善意的”利益冲突,因为结果通常是证券被公平地定价。该投资银行必须像拍卖人那样行事,在为公司客户证券寻找到最高出价时,还要把所有证券卖给其客户。因此,价格对双方来说都必须要公平。但是,当付给发行人的款项与公开发行募集的款项存在价差,并出现用该价差部分地补偿承销商的事实时,可能会导致“恶意的”利益冲突,因为承销商有动力从公司客户那里“低买”并“高卖”给其顾客。

在有组织的市场和交易所中也会产生利益冲突。在美国,存在着一个大的全国性股票交易所(纽约股票交易所)和一些小的地方性交易所。许多小公司股票的交易通过纳斯达克市场(NASDAQ),它是由全美证券交易商协会(National Association of Securities Dealers, NASD,现在改称 Financial Industry Regulatory Authority,

FINRA）以柜台交易市场方式创建的。其他交易所是为了交易债券、大宗商品、期货和其他金融工具而成立的。这些组织为多种成员服务，必须要平衡各方的利益竞争。举例来说，NASD 承认，在其证券交易商协会角色和市场经营者角色之间存在着利益冲突，因此它自己将其剥离出来形成 NASDAQ。①

有组织的市场和交易所内的特殊角色产生了特定角色（role-specific）冲突。比如，商品交易所和期货交易所里的场内交易员对那些市场动态信息是洞悉的，他们能够将其运用于以自己或他人身份进行的即时交易。这种交易构成了秘密或专有信息的滥用，是被严格禁止的。场内交易员在拍卖市场上操作也是这样，这个市场的特征是大量的买家和卖家交易少量的标的物。在拍卖市场上，所有人都知道价格，交易员纯粹以执行交易的代理人身份进行操作。相比之下，在交易商市场上，大宗股票在少数参与者之间交易，交易由一个被称为大宗股票买主的交易商居中安排。在交易商市场上，价格和佣金一般是不公开的，要通过协商来定，交易商可能既是另一方的代理人也是公司的委托人。这些情况形成了潜在的利益冲突。

市场上有个角色值得提一下，那就是做市商，它在一个或多个股票市场上负责维护市场的公平与秩序。每当股票市场上买方和卖方数量不匹配时，做市商就被寄望用其存货入市，以市场有充足买方和卖方的大致方式来买入或卖出。做市商还持有一个有关买单、卖单和限价订单的"本子"。由于做市商进入市场享有特权并能接触到敏感信息，就存在滥用信息的可能性。做市商不仅能操纵股票价格，而且还能以委托人身份从事被称为"无风险委托交易"（riskless principal transactions）的事实上没有风险的买卖。举例来说，一个挂买单的做市商在股票价格跌到某一价位时可按恰好高一点的价格买入，并得到保证，如果价格继续下跌可将股票卖给后面挂买单的客户。只要所得佣金超过交易损失，做市商就没有风险。

在市场上活跃地交易证券以及将持有的资产分散投资将导致自由竞争市场参与者寻求投资顾问，甚至可能需要找投资组合的职业经理人。举个例子，经纪人不仅担当执行交易的中介，而且是能推荐合适证券的投资顾问，如果客户授权经纪人使用其账户自由决定如何进行交易，那么他又成为证券投资组合经理。如果经纪

① 见 Mary L. Shapiro 主席的演讲，NASD Regulation，Inc.，Vanderbilt University，Nashville，TN，April 3，1996。

人仅得到执行交易的报酬，那么他就有动力建议客户频繁交易那些（可能）不值得买的证券，尤其是用能自由决策的账户进行过度频繁的交易，这种做法被称为“频密交易”（churning）。类似的做法在银行业和保险业也会出现，银行贷款客户会被催促用一笔贷款取代另一笔贷款，保险公司代理人会劝说客户用一张保单代替另一张保单，目的都是增加额外的费用和佣金。这些滥用做法分别被称作“贷款翻转”（flipping）和“恶意换单”（twisting）。

投资顾问向大众提供投资建议时，必须按照1940年的《投资顾问法》（Investment Advisers Act）在证券交易委员会注册。由于根据客户实际进行的投资款来支付佣金给投资顾问会产生利益冲突，有些投资顾问试图通过收取定额费用的方式消除这种利益冲突的源泉。投资银行收入的很大比例来自向公司客户提供广泛的咨询业务，包括财务重组、收购兼并和敌意收购等。因为投资银行既会向同一客户提供不同服务，也会向具有利益竞争的其他客户提供服务，所以它们的咨询活动会产生多重利益冲突。最后，共同基金、养老基金和保险公司为大量证券投资组合提供专业化管理。对投资经理来说，当他在自己的账户上进行私人交易，以及按照经纪人交易执行情况分配佣金以换取研究报告与“软钱”（soft dollars）形式的其他非货币收益时，这两种潜在利益会发生冲突。

55

最终，由于供应金融服务错综复杂以及组织巨额资金比较棘手，自由竞争市场参与者创建了大型金融机构，于是在这些金融机构治理中产生了利益冲突。正如公司法具体规定了商业企业的公司治理形式那样，其他法律规定了金融机构的公司治理结构。1940年的《投资公司法案》（Investment Company Act）对包括共同基金在内的投资公司组织框架作了规定，而大部分私募养老金计划是根据1974年的《雇员退休收入保障法案》（Employee Retirement Income Security Act, ERISA）来监管的。每部法律都要求将基金置于对（共同基金）股东和（养老基金）受益人负有信托职责的受托人管理之下。

任何组织的公司治理结构都会产生潜在的利益冲突，不仅是由于负责的人具有私人利益，而且也是由于这些人担任多重角色。比如，当某个投资银行是一个公司的董事或者是一个捐赠基金的受托人时，它就有大量的机会以损害一组人利益的方式来提高另一组人的利益。担任两种或多种角色的个人可能会划分他们的角色及其承担的职责。机构面临的一个更加艰巨的挑战是试图担任多个角色，而这些角色的正当利益却一直是相互竞争的。

例如，共同基金受托人有义务代表基金的股东投资者的利益。但是，有些受托人和那些与基金以各种方式进行业务往来的管理层存在密切关系。有批评者指责这些受托人没有对基金费率和其他投资者关心的事项予以充分重视，因此呼吁增加基金董事会里的独立受托人数量。房地产投资信托计划(real estate investment trust, REITs)带来了特殊的公司治理问题，不仅是由于受托人之间缺乏独立性(他们通常与发起机构有关系)，而且是由于 REITs 流行外部化管理。不像共同基金，REITs 可以承担债务，通过杠杆放大其资产；而且，当管理费建立在信托总资产基础上时，经理人有动力去举借超过对投资者有益的债务。由于 REITs 的管理结构是外部化的(externalized)，管理费没有从 REITs 收益中单独列出，因此股东们通常无法评估费率。结果，REITs 的公司治理结构无法像其他金融机构那样提供可核查程度。

四、利益冲突管理

尽管金融服务业中的潜在利益冲突相当普遍，但实际发生的冲突还是由于采取相对有效的防范措施实现了最小化。这些措施包含在很多金融服务业监管规定和业内习惯做法中。它们可方便地归为以下四个方面：竞争、信息披露、规则和政策以及结构调整。

1. 竞争

金融机构为了争夺顾客进行的残酷竞争，产生了避免实际利益冲突乃至冲突表象的强烈动机。因为在这种竞争中一旦出现上述问题，后果会很严重，所以任何效率低下的源头都必须消除。例如，出于信托账户的收益与其他信托公司和共同基金的收益相比好看的需要，商业银行信托部门的“互换”事实上已经被废除了。经纪公司佣金分配必须要建立在“最佳执行”的基础上，而不是基于其他公司利益考虑。在通过保持低收费来竞争客户时，信托部门和经纪公司也必须要运用负责任的现金管理方法。有人提出，竞争能防止“软钱”的滥用，因为错配它们的基金经理在市场上会付出代价。[①] 金融服务业的某些领域竞争仍然有限,利益冲突也许能够通过去除这些障碍得到进一步减少,比如扩充能够担当养老基金受托人的公司种类。

但是,竞争也会造成利益冲突。正是由于竞争压力导致金融机构拓展到相关服务并与其他服务提供者合作。举个例子来说,发放房地产按揭贷款的银行可能会不顾利益冲突加大的风险,而被诱惑去发起 REITs。零售经纪公司开展承销业务,将会把自己推到与投资银行直接竞争的境况,从而加剧了竞争,但这一招也会产生与原来零售经纪业务冲突的隐患。由竞争压力推动的零售经纪公司与投资银行兼并甚至带来了更多的利益冲突。另外,竞争影响力还要取决于其他因素,其中最明显的是信息披露。比如,除非基金收益被准确披露,否则竞争不可能对公司施加压力以降低利益冲突。

57

2. 信息披露

作为管理利益冲突手段的信息披露一般被理解为相反利益(adverse interest)的披露,就像政客们披露其投资持有的股份那样。在金融服务中,这类信息披露很重要。如证券交易委员会规则 10b-10 就要求向客户披露这类事实。《投资公司法案》第 17 条款要求详细披露涉及"关联人"(即从共同基金行为中获得私利的人)的交易。根据《证券法》,招股说明书必须要有证券发行人关于任何重要利益冲突的说明。

然而,金融业披露的信息远不止相反利益披露。人们已经注意到,包括风险程度的各种经营业绩数据的披露促进了竞争,而这反过来也减少了利益冲突。另外,可通过公开披露公司处理利益冲突的有关政策和程序的方法来避免利益冲突。举例来说,如果信托部门披露了其账户优先考虑顺序或未投资款项处理方法的有关政策,它就没有必要违反受托人职责了,因为形成该职责的合同条款已经假设得到了信托受益人的认可。在这个案例中,已经知情的受益人在其账户受到的关注低于企业养老金基金时就没有理由抱怨了。与此相类似,投资银行可通过提前公告其处理两个客户介入恶意收购情况的相关政策来减少利益冲突。

① D. Bruce Johnsen, "Property Rights to Investment Research: The Agency Costs of Soft Dollar Brokerage," *Yale Journal on Regulation*, 11(1994), 75—113.

信息披露是常常被推荐使用的解决利益冲突问题的良方,但它也有缺陷。首先,由于披露冲突容易而整改要求很少,因此它并不会对已经存在但需要改变的协议构成威胁。正如《纽约客》(*New Yorker*)专栏作家詹姆斯·索罗维基(James Surowiecki)评论的:"在华尔街,利益冲突的不可避免性已成为老生常谈。事实上,其中大部分只是表面如此,因为避免掉利益冲突,他们就很难发财了。这就是全面信息披露突然如此流行的原因:它不需要实质性的改变。"①

其次,信息披露可通过影响披露信息方和被警告方而使利益冲突加剧。信息披露作为解决利益冲突问题良方的有效性建立在这样一个基础上:一旦受到警告,易于受到损害的一方将会采取防范措施,比如对可能有误导性的投资建议不要全信或者要求其他信息。然而,心理学研究表明,信息披露提供的警告通常不会引起充分注意并进而因此采取恰当的防范措施。② 而且,该研究还揭示,披露信息方可能还会因此得到鼓励,从而更放肆地利用机会渔利,因为他们理所当然地认为另一方已经受到了警告。结果可能会比根本不披露信息出现的损害更大。

58

3. 规则和政策

我们可通过禁止那些构成或助长利益冲突的行为来为减少利益冲突制定特殊的规则和政策。这些规则和政策可通过要求人们避免利益冲突或通过禁止各种可能构成利益冲突的行为来直接解决利益冲突。其他规则和政策可通过创造条件降低发生利益冲突的可能性来间接发挥作用。举个例子,任何金融服务企业关于信息流动的政策(诸如谁能够接触什么信息之类)都是非常重要的,原因有很多,其中包括防止利益冲突。有些商业银行规定,只有那些可靠的、有信誉的公司的证券才能被选作信托账户的投资对象。这种政策对信托部门来说,不仅是个好做法,而且也能防止出现可能的冲突,如果该商业银行同时也是这个正处于破产危机企业的债权人的话。在这种情况下,信托部门出售这个企业的股票可能会危及该商业银行的贷款安全,这就产生了利益冲突。

规则和政策有很多来源,包括立法部门、监管机构、行业协会、交易所以及金融

---

① James Surowiecki,"Financial Page: The Talking Cure," *New Yorker*, December 9, 2002, p. 54.

② Daylian M. Cain, George Lowenstein, and Don A. Moore,"Coming Clean but Playing Dirtier: The Shortcoming of Disclosure as a Solution to Conflicts of Interest, "in Don A. Moore, Daylian M. Cain, George Lowenstein, and Max H. Bazerman(eds), *Conflicts of Interest: Challenges, Solutions in Business, Law, Medicine, and Public Policy*(New York: Cambridge University Press, 2005).

服务企业自身。这些规则和政策需要相互协调、相辅相成。但是,防范利益冲突也许最好由金融服务企业自己来实施,即由雇员所在的企业自己实行严格的一线监管。每个企业是不一样的,如果企业可灵活地根据自身情况量身打造防范措施,那么每家企业就能进行更好的监管。而且,任何一种行为是否构成利益冲突也不总是那么好确定的,在对每种情况进行仔细评估时需要判断力。因此,针对整个行业制定的宽泛规则和政策相对每个企业精心设计的规则和政策而言,有效性有些不足。

4. 结构调整

由于金融服务中如此多的利益冲突源于将众多职能集中于一个企业,因此这些冲突可通过分离这些职能的结构调整来减少。商业银行和投资银行、共同基金、保险公司分业经营的目的有很多,其中有一个是避免利益冲突。许多利益冲突可通过信托管理与商业银行职能分离、证券承销与投资咨询职能分离、零售经纪与自营交易职能分离等来消除。但通过这种激进的结构调整来解决利益冲突问题可能是没有根据的,因为这种集中化具有很多优点。比如,承销公司证券需要投资银行既要有相当强的销售能力,也要有分析方面的人才。金融服务业的发展趋势是更加一体化,而不是相反。

59

即便在多职能的机构内,许多结构调整也是可能的,甚至是明智的。其中一个调整就是加强职能部门的独立性和完整性。特别是,可通过采取提高信托高级职员和研究分析人员敬业意识的措施加强商业银行信托部门和投资银行研发部门的自主权。在形成自主权的过程中,信息流管理是个重要因素。这可部分通过建立"防火墙"来实现,也就是说,在职能部门间设立不可渗透的壁垒。也可通过禁止相关人员利用内幕信息渔利的政策构建"防火墙",即使它是已知的。当然,设立"防火墙"这种方式也存在一些缺陷。它将整合不同职能到一个企业的部分好处剥夺了,而且企业可能还会失去一些客户的信任,如有些客户担心投资建议不能反映企业掌握的所有信息。但是,客户也会受益,由于他们可以得到保证,经纪人的投资建议不会因为需要把承销的未出手股票处理掉而受到影响。企业设立"防火墙"的一个重要好处是提高了保护,免于受到内幕交易的指控。

最后,金融机构在它们自己判断力受到损害的情况下,可通过寻求具有独立判断力的第三方介入来避免利益冲突。这些独立的第三方包括:共同基金董事会中的独立受托人、在假公济私情况下确定资产价值的独立评估师、企业养老金基金运营中的独立精算师,以及决定如何代表信托和基金持有股票进行投票表决的独立代理顾问等。

五、小结

本章提出了一个金融伦理学分析框架。使用这个分析框架时,人们总是会问第一个问题:我正在纯粹的市场情形下做事吗?如果是这样,那么市场伦理就适用了。如果不是这样,那么人们会接着问第二个问题:我处于什么角色或关系中?这种角色或关系的伦理要求是什么?在追求个人私利时,市场伦理允许相当多冒险的自私行为存在,但不是允许每一种行为存在。特别是关于禁止欺诈和操纵、尊重别人的权利和在市场失灵情况下应负起的行为责任,与平常可能认为正确的做法相比,还是提出了相当严格的约束。角色和关系,尤其是代理人和受托人的角色和关系,构成了金融活动的大部分内容,而且有非常明确的职责(责任)伴随着它们。代理人和受托人的一个显著的职责是避免利益冲突,这也是本章中显示的特别具有挑战性的伦理关注焦点。

60

第三章　金融零售业务伦理

63 实际上，每个人都是金融服务行业的零售客户。银行业提供的重要业务都是大部分人所需要的，许多人使用信用卡和借记卡、获取贷款、购买保单、进行投资、为退休进行储蓄、寻求理财规划以及其他消费金融服务。对于大部分金融服务行业而言，零售客户是其业务的重点。因此，需要提供者开发并销售能满足客户需求的产品，以获取其忠诚度。

在服务零售客户时，金融服务行业高度依赖人工销售。尽管越来越多的客户开始通过柜员机和网页与银行打交道，将钱装进信封交给不见面的共同基金，通过雇主自助为退休储蓄，但许多人还是选择他们当地的银行，通过熟悉的经纪人买卖证券，面对面地通过保险代理人、理财规划师、税收顾问和其他金融职业人士办理业务。这种人工销售方式给滥用创造了无数机会，尽管金融职业人士为本行业的道德水平感到自豪，但不道德的行为时有发生。因而，一些对投资失败或理赔遭拒感到不满的客户很容易指责产品销售人员，有时还不无偏激。

除了销售金融产品中的滥用行为，批评者还对产品本身有异议。如发薪日贷款被怀疑用高利率剥削穷人，并且这种业务常常形成债务恶性循环。银行通过借记卡的透支费获取大量利润，而且其会通过某种费用计算方式来涨价，而降低透支的机会是不易披露的。64 次级按揭贷款在最近的金融危机中尤其饱受批评，因为该产品成为危机的诱因，并且不向那些经常因处于“水下”（underwater，所欠的按揭贷款高于其房屋价值）而结束按揭贷款的借款人提供证明材料。有些跟这些贷款捆绑在一起的按揭支持证券当时被形容为“有毒的垃圾”。

当然，每个行业都有“烂苹果”。但是许多批评者将责任归之于金融服务行业本身。他们说，人们需要对销售人员进行更好的训练，制定更严厉的规则与程序，进行更严格的监管,披露更多的信息给投资者以及对薪酬制度进行改革。比如,当那些已意识到依赖个人经纪人具有脆弱性的谨慎客户目前有许多可供选择的投资机会时,综合服务型的经纪公司就面临着危机。共同基金甚至银行现在都开始为投资者提供那种不用担心被经纪人“宰”的投资机会。根据2010年《多德-弗兰克华尔街改革和消费者保护法案》成立的新的消费金融保护局,承担的中心任务就是“让金融产品和金融服务市场为美国人服务”。

本章分析金融服务行业正面临的四个问题:满足客户需求、公平对待客户、树立客户信心和确保行业内的高道德水准。不道德的销售手段部分除了分析欺骗、操纵和隐瞒,还分析了经纪人的频密交易以及保险代理人与贷款人员的类似滥用行为。尽管信用卡和借记卡一般是有益的,但对许多用户来说,卡片滥用也可能部分地源于发卡行疏于信息披露和消费者教育。对房主非常关键的按揭贷款也产生了许多问题,包括按揭贷款中的歧视(称为“画红线”),这造成了社区衰退,成为一个重要法律——《社区再投资法案》(Community Reinvestment Act)的主题。这里讨论的是次级贷款问题,它不仅破坏了许多不谨慎借款人的生活,而且在最近发生的金融危机中起了主要作用。最后,许多金融产品和服务要求零售客户将争议诉诸仲裁,而这种要求以及在仲裁过程中产生的滥用带来了很大争议,这也是本章要讨论的内容。

第一节 销售手段

美林证券1987年和1989年发起的两个房地产有限合伙基金给42 000个投资客户造成了近4.4亿美元损失。[①] 这就是所谓的阿维达Ⅰ(Arvida Ⅰ)和阿维达Ⅱ(Arvida Ⅱ),这些高度投机的投资工具募集资金计划用于佛罗里达州和加利福尼亚州的住宅开发项目,预期收益率达到两位数,但是这两个基金却于1990年停止向投资者分红。在1993年年底的时候,每1 000美元面值的阿维达Ⅰ市值为125美元,而每1 000美元面值的阿维达Ⅱ仅值6美元。

65

当然,不是每一笔投资都会成功,而且激进投资者获得高收益是因为承担着高

① "Burned by Merrill," *Business Week*, April 25, 1994.

风险。然而,美林证券销售人员将阿维达基金推销给许多收入不高的退休人员,宣称它们是具有较好收益潜能的安全投资品种。经纪人自己被公司告知,阿维达Ⅰ只具有"中等风险",而公司制作的销售材料几乎未提风险,但却重点强调了预期业绩。美林证券向其经纪人建议,阿维达基金适合那些3万美元收入和3万美元净值或者7.5万美元市值的投资者,也就是说,适合经纪人的绝大多数客户。销售材料省略了这样一些事实:预期收益里包含了返还投资者自己的部分本金;房地产公司记录显示,它是以商业地产而不是住宅开发为主;该房地产公司的9个高管中有8个在阿维达Ⅰ向公众发行前就已经辞职离开了。

美林证券(现在是美国银行的一部分)坚持认为,其经纪人在向客户推销阿维达有限合伙基金时做得没错,但是,人们对该公司的销售手段提出了一些质疑。首先,是否有些投资者是被经纪人销售时说的好话欺骗了?虽然发行说明书一般要通过证券交易委员会和发行公司法律部门的审查,以确保所有法律要求的信息予以全面披露。但是,投资者很少读完所有这些难懂的说明,而且对确实读了的内容也不是都能弄清楚。他们对投资项目的了解大多数来自与经纪人的交流,这就存在着很多欺骗的机会。其次,美林证券的经纪人有保护其客户利益的责任吗?一种极端的看法是,经纪人可被看作产品的销售者,其职责不能延伸到任何销售者职责之外,这当然包括禁止欺骗的职责。另一种极端的看法是,将经纪人看作投资者的代理人,其职责是尽全力增加客户的利益。然而,经纪人的责任并不是这两种极端看法所说的,它随着客户和情况的不同而不同。

由于金融服务行业有许多种销售者,所以具体确定哪些销售手段是符合伦理的、哪些销售手段是违背伦理的非常困难。例如,证券经纪人的情形和保险代理人或理财规划师的情形就不同。销售既通过面对面接触(包括打不速电话)进行,也通过大量匿名大众媒体广告和直接发邮件推广进行。但是,有两个问题一直存在,即销售手段是否是欺骗性的以及销售者对购买者的保护责任范围是什么。

66

一、欺骗与隐瞒

伦理方面规定,对待零售客户,销售人员必须要真实地解释所有相关信息,并且要以通俗易懂和非误导性的方式。一位评论员曾抱怨说,经纪人、保险代理人以及其他销售人员已经创造出一套只能使人糊涂、不会使人明白的新词汇:

> 如今，当你走进经纪人办公室的时候，你不会被推销任何产品，甚至找不到一个经纪人。取而代之的是，一个“财务顾问”会“帮你选择”一个“合适的理财工具”，或者“提供”一系列“投资选择”或“选项”，让你选择一个“配置你的货币”。……（保险代理人）委婉地向你兜售诸如“个人退休账户”“教育储蓄计划”和“善款剩余信托”等产品。……以下就是目前常用的一些文字游戏：当说免税时，实际上只是延迟缴税；当说高收益时，实际上是风险非常大；当说预期收益时，实际上很可能是梦想收益。①

销售人员避而不谈佣金的事，尽管这是他们报酬的来源。共同基金的佣金分为“前端费用”(front-end load)和“后端费用”(back-end load)；保险代理人的佣金可以达到第一年保费的100%，法律上没有要求他们披露这个事实，而他们也很少这样做。某个保险公司的保险代理人将其人寿保险称作“退休计划”，而将保费称为“存款”。②

欺骗(deception)是个广义的概念，没有明确边界。1914年，国会赋予联邦贸易委员会(Federal Trade Commission, FTC)一项保护消费者免受欺骗性广告损害的任务，直至今天，该委员会还在努力为欺骗下个恰当的定义。联邦证券法禁止那些对人们“实施欺诈(fraud)或蒙骗(deceit)”的行为；管理共同基金的《投资公司法案》包含了相似的内容；各州保险法律也禁止在销售保险时进行欺诈和蒙骗。大多数法律诉讼侧重于欺诈，结果导致欺骗这个概念在金融业缺乏明确的法律界定。

尽管欺骗这个词本身的含义很模糊，但人们还是发展了一些识别欺骗的指导原则。一般来说，当一个人因别人所作的声明而持有一个错误的信念时，这个人就被欺骗了。这种声明可能或者是虚假或误导性陈述，或者是在关键问题上不完全的陈述。即使美林证券经纪人所作的各种声明从字面上都是真实的，但如果客户因为其所作的陈述或未作的陈述形成错误的信念，欺骗就可能存在。事实上，有些阿维达基金投资者声称，销售人员没有向他们解释清楚“资本收益”(return on capital)和“资本返还”(return of capital)之间的区别，因而他们误解了预期的现金流。简言之，投资者抱怨说，经纪人的销售手段是欺骗性的。

67

① Ellen E. Schultz, “You Need a Translator for Latest Sales Pitch,” *Wall Street Journal*, February 14, 1994.

② Michael Quint, “Met Life Shakes Up its Ranks,” *New York Times*, October 29, 1994.

除了界定欺骗,还有必要确定道德上何时出了问题并滑向了违法。FTC、SEC 以及其他监管者采用一种三要素测试法:(1)这个被欺骗的人的理性程度如何?(2)一个人避免被欺骗的难易度如何?(3)这个被欺骗的人受到的损害有多大?

首先,有些人比其他人更容易上当受骗,有些声明只能误导少数容易轻信别人的人。那些试图连最无知的消费者也要保护的监管措施将禁止几乎所有声明,除了赤裸裸的欺骗,这将严重损害广告和促销的发展。监管者普遍采取"理性人"(reasonable person)的标准:一个具有普通智力和知识的客户是否会从这个声明中得出错误的结论呢?例如,信用卡和银行的广告通常都会重点介绍其较低的"优惠费率",但这种费率只适用于初期。即使这种有吸引力的费率在广告中被显著地重点介绍,但是人们推定,一个理性人能够读懂繁琐条文并货比三家。另一方面,有一种误导性共同基金业绩比较,甚至导致仔细阅读的人也会得出某个业绩不佳的基金优于同行的错误结论,可以说,这就是欺骗了。

其次,比起那些大多数人光看表面就能接受的声明,那些运用随手可得的信息就能识破的潜在的欺骗性声明的问题就不太大了。获取共同基金业绩相关信息的渠道如此广泛(多得让人眼花缭乱),因此那种单一的误导性比较就没有对某一特定基金收费所作的虚假陈述严重,因为投资者只能从公司自己的材料中获得这种虚假陈述的信息。

最后,相比那些导致人们轻微损失的虚假陈述,监管者更加关注那些使人们遭受重大财务损失或某些其他巨大损害的欺骗行为。正因为如此,监管者对金融和健康方面的声明所作的审查要比对像服装和化妆品等方面的声明所作的审查严格得多,而住房权益贷款方面的误导性声明会使人们的房屋面临风险,因此就会比同样的信用卡或分期付款的误导性声明更容易被认定为欺骗。虚假和误导性声明在伦理上之所以被认为是有问题的,是因为它们是不诚实的表现形式。更成问题的是隐瞒信息,因为声明是虚假的还是误导性的只是事实方面的问题,而什么信息应该予以披露则涉及价值判断的问题。另外,伦理上反对隐瞒信息不是因为隐瞒特定信息是不诚实的,而是这种行为是不公平的。因此,如果不考虑公平市场交易情况(这将在第五章讨论),就很难判断一个销售手段是不是隐瞒导致的欺骗。

68

如果经济交易的每一方都能进行理性选择,或至少有机会进行理性选择,那么这种交易一般就被认为是公平的。结果,当金融手段严重妨碍了人们对金融问题进行理性选择的能力时,它们就是不公平的,因而就是欺骗性的。虽然理性选择的概念在经济学上比较复杂,但是我们这里没有必要关注细节。只要记住一点就足够了:经济理论假设,在任何经济交易中,每一方都会放弃某些东西(成本),作为回报则会得到另外某些东西(收益)。除此之外,经济行为人所选的是为自己创造(或期望创造)最大净收益的结果。简言之,经济行为人被假设为自私自利的效用最大化的追求者。

这种经济理性的概念进一步假定:

1. 买卖双方都能够进行理性选择;

2. 买卖双方都有足够的信息来进行理性选择;

3. 买卖双方都不能被剥夺进行理性选择的机会(例如,这个条件排除了强迫)。

满足所有这三个条件困难重重。一个误导性宣称可能会造成操纵,于是就逾越了合法说服和非法合谋之间的界线。然而,这个界线应该划在哪里呢?这种理性选择能力是一种不确定的标准,不仅因为许多人不太熟悉金融问题,而且因为即使有经验的投资者也可能不会懂得复杂的交易。这三个条件没有具体说明那些不能进行理性选择的人应该如何对待。谁来负责保护脆弱的投资者?应该禁止这些脆弱的投资者进入某些市场吗?必须要进行某些教育吗?最后,什么是充分的信息?谁有义务来确保投资者被充分告知了?

(一)案例分析

在公平市场交易条件中,审查一项声明是否涉及欺骗是件棘手的事,为此让我们看看下面几种情形:

1. 一个经纪公司在发布含有推荐"买入"的研究报告之前,大量买入该种股票,以确保有足够的股票来满足客户的订单。然而,客户们没有被告知他们是从经纪公司自己手上购买的股票,每笔交易是按现行市场价格加上标准佣金收费的,即使没有交易发生也是如此。

69

2. 一个经纪人向客户保证说,在售的某封闭式基金首次公开发行(IPO)不收佣金;并说,在IPO卖出之后,后面的购买者将不得不支付7%的佣金,以催促客户快速下单。事实上,7%的佣金已经包含在IPO的价格中,这种收费在招股说明书中已经披露,但不会出现在购买结算单上。

3. 某些共同基金的名字并未准确反映基金的真实投资目标。一项研究表明,低于三分之二的“成长与收益”型基金在以与其投资风格相一致的方式运作。不过,任何基金的投资目标都写进了招股说明书,所有活跃基金的当前投资组合都可供查询。①

4. SEC 允许销售可变年金的保险公司做广告时附有假设的预期收益图表,但预期收益不得包括作为保险责任范围的“死亡及损失险”(mortality and expense risk, M&E)费用。② 这些费用每年大概在 1.27%至1.4%之间,必须在所有广告内容之中予以披露。保险业声称,为了便于投资者将保险公司的可变年金与那些不含任何保险责任的共同基金可变年金进行比较,从假设的预期收益中省略 M&E 费用是必要的。

首先,我们可以问下讨论中的信息对投资者的购买决定是否有重要的影响。也就是说,该信息是重要的吗? 如果投资者听从“买入”建议而决定购买某只股票,那么是在公开市场上还是从经纪公司手中买入就不那么重要了,反正价格是一样的。投资者也许会感激经纪公司发现的任何分享利润的机会(因为在推荐“买入”的研究报告发布前交易成本较低,股票价格可能也较低),但是该公司没有任何义务来与客户分享利润。而且,这样做将引来对客户厚此薄彼的指责。(然而,这种在发布“买入”建议之前自己囤积大量股票的做法被批评为某种内幕交易行为,因为该公司利用了尚未发布的分析报告信息买入股票。)另外,客户也许会被诱使购买 IPO 的封闭式共同基金,因为经纪人的宣称使他们错误地认为这样可以节省一笔佣金费用。佣金费用已经在证券说明书里面披露的事实通常会使经纪人免受欺骗的指控,除非这种错误信念是由经纪人的声明引起的,这至多是一种打“诚实”擦边球的行为。有人认为,经纪人是出于欺骗动机来作这种声明的,一般谨慎的投资者很容易感觉到存在欺骗的企图。

其次,从任何合理的标准来看,共同基金投资目标的相关信息都是非常重要

① Penelope Wang, "Why Mutual Funds Investors Need a Truth-in-Labeling Law," *Money Magazine*, October 1995; John S. Longstaff, "Has Your Mutual Fund Changed its Personality?" *Money Magazine*, January 1996.

② Ellen E. Schultz, "SEC Staff Supports Limited Disclosure of Variable-Annuity Fees in Ad Charts," *Wall Street Journal*, November 7, 1995.

的,但是证券说明书中的陈述是否达到了完全披露的门槛要求呢?基金的名字会传达一些信息,但是除非证券说明书的描述是极不准确的(比如投机性垃圾债券基金起名为"鳏寡孤独安全收入基金"),否则投资者是否受到严重损害就存在争议了。因为投资目标是很难用一个名字表达的,所以要求投资者阅读证券说明书以获取这方面信息的做法是合理的。一些基金跟踪公司,如 Lipper Analytical(理柏分析)、Morningstar(晨星公司)和 Value Line(价值线)等对共同基金进行归类,结果欺骗的一些责任和部分补救措施就取决于这些公司的归类。美国证券交易委员会(SEC)和全美证券交易商协会(NASD)审查了有关情况,并且得出结论:加强监管给投资者带来的利益没有超过所花的费用,特别是在制定适当的指导原则方面存在实际困难的情况下。(例如,非描述性的基金名字可能会使投资者丧失了解该基金的投资目标的一种形式。)基金的名字是否为描述性的争论主要是围绕着功利主义的分析展开的,即损害的严重程度、避免的容易程度以及按照建议进行补救的成本和收益。

最后,关于是否应该允许保险公司用不包括 M&E 费用的图表来做广告的问题的主要争论集中在保险公司与共同基金"公平竞争"的条件上。可变年金本质上是一种具有税务延期功能的共同基金。SEC 的一位官员解释说:"为了使人们了解什么是可能的税收作用,你们必须要列出(保险公司和共同基金可变年金)不包括任何费用的净收益,这样的竞争环境才公平。"[①]批评者抱怨说,有些 M&E 费用是普通的基金管理费用,共同基金必须要在假设的预期收益图表中反映出来。果真如此的话,那么省略 M&E 费用的做法就会使竞争环境向有利于保险公司的方向倾斜。然而,双方都同意这样一种观点:信息披露规则应该促进可变年金提供者之间的公平竞争,并且使消费者能够在易于理解的促销形式中对各方产品进行比较。

(二) 保护的责任

金融行业的经纪人、代理人或其他销售人员对保护那些购买金融产品的客户利益负有什么样的责任呢?举例来说,经纪人当然不应该利用无知或没有经验的客户,但经纪人是否应该像医生或律师那样负有积极而强烈的责任全面披露并只为别人的利益而行事呢?经纪人的保护责任可能不会到这种程度,但经纪人也不单纯是个销售人员。经纪人可能不是看护一群羊的牧羊人,但经纪人的作用也不

71

① Schultz,"SEC Staff Supports Limiter Disclosure of Varible-Annuity Fees in Ad Charts".

是仅仅剪剪羊毛而已。

任何销售人员的责任可能是顾客自己当心(caveat emptor),也可能是家长式保护(paternalism)。然而,顾客自己当心("让买家自己小心")不是现代市场经济的规则,因为每个销售人员都会受到许多法律的约束,其中之一就是《统一商法》(Uniform Commercial Code),它要求"事实上的诚实并在交易中遵守合理的公平交易商业标准"。根据《统一商法》,销售者还应该保证其所售出的商品质量达到可接受的水平并适合这些商品的日常用途。背后的假设是销售者通常对商品具有更充分的了解,因而将消费者保护的责任置于销售者身上的做法比置于商品购买者身上的做法更节省费用,更有效。如果一个五金店店员在销售扳手时负有保护消费者的责任,那么期望销售基金的经纪人的行为达到至少同样水平的要求就是合理的了。

然而,对销售者责任的关注主要集中于产品本身及其呈现方式上。购买与否的决策交由消费者,因而销售者通常没有义务保证消费者所作的选择是明智的。市场制度的一个隐含假设是:买方是其自身利益的最佳判断者,一旦他们被全面告知信息,就应该自由作出决定。而另一种做法是家长式保护,这种做法一般被谴责为是对人们自由的不合理制约。然而,保护客户的责任(因而带有某种程度的家长式保护)得到了两方面观点的支持。一种观点认为,当经纪人充当财务顾问时,他就不单纯是一个销售者,因为通过某种形式的合同就产生了一种代理关系。另一种观点认为,人们在作投资决定时比在作普通消费决定时更脆弱,因此,对他们的利益不加保护就可能被认为是一种滥用或不公平的优势利用。这两种观点提出了两个问题:销售者和客户之间关系的本质是什么?什么构成了滥用?

遗憾的是,如果不结合具体案例,就很难回答这些问题,因为每个案例都是不同的。除了在买卖情形中所有销售者具有的责任,一些责任由于市场有效性或公共政策方面的原因而被强加给销售者。因而,人们担心,如果投资者没有做好承受长期下行的准备就被推入股票型共同基金,就会危害市场。也许,任何金融产品和服务之销售者责任的主要基础是"挂牌理论"。根据该理论,各种不同的关系都是可能的,但任何销售者在"悬挂起一幅招牌"从而开始营业时,都应该赋予他对所提供产品或服务的一定程度的责任。因此,称某人为经纪人就赋予了其特定的责任和期望:要胜任和公平对待。

72

例如，投资顾问向客户展示了一个客观、独立的顾问形象时，他能够在收取一定报酬的情况下，为人们提供合理的投资建议。有些投资顾问“只收取固定费用”，也就是说，他们通过宣传对代表客户进行的投资不收取佣金或其他报酬的方式来获取客户的进一步信任。是否那些不是“只收取固定费用”的投资顾问就有义务披露佣金和其他报酬，这是个非常棘手的问题。

二、频密交易、恶意换单和贷款翻转

金融服务行业各种各样的滥用已经产生了丰富多彩的词汇，这对骗子来说更加适合，对专注的职业人士来说有点不太适合。业内没有人为这些行为进行辩护，公司也在不遗余力地防范这些行为。但是，一些无赖雇员以及整个公司（机构）偶尔被指控有这些不道德的行为，行业本身惩治违反规则者和补偿受害者的记录也没有给人们足够的警示，那些犯错的个人常常更换工作并继续他们的恶行，而公司一般会卖力地对付投诉，而不是公正地解决问题。频密交易（churning）、恶意换单（twisting）、贷款翻转（flipping）以及其他一些被滥用的行为玷污了金融服务行业的声誉，削弱了公众的信心。

既然这些行为不道德，有时甚至不合法，那么主要的伦理问题是：什么构成了频密交易和恶意换单等行为以及怎样防范它们？频密交易是一种错误行为，但关于投资组合损失是由经纪人的频密交易造成的还是由客户自己的错误或不关心造成的，存在相当大的分歧。由于有些不满的投资者想通过不实地指控其账户被频密交易了来弥补自己的损失，因此经纪人和他们的公司可能就成了受害者。① 恶意换单和贷款翻转也存在类似的问题。那么，这些不道德行为和那些冒险但符合伦理的保单或消费贷款推销行为之间的区别是什么呢？

（一）伦理问题

首先，让我们看一些定义。频密交易被定义为具有账户管理权的经纪人对客户账户进行过度或不当的交易，其目的是增加佣金而不是增加客户收益。恶意换单是指保险代理人劝说保单持有人用新保单代替旧保单的行为，这样基本不会增加客户收益但会增加代理人的佣金。通常，在恶意换单过程中，普通或纯粹寿险险

73

① Stanley Luxenberg, “Who's Churning Whom?” *Forbes*, December 1985.

单的现金价值被用于为新保单融资。在消费贷款业务中与此相对应的伎俩就是贷款翻转。“翻转”客户的贷款人员想方设法用一笔新贷款代替已有的一笔贷款，而该笔新贷款通常能为客户提供一些增量现金。由于新贷款附加了许多费用，因此这些贷款翻转客户最终支付的费用可能远远高于获得的贷款本金。在一个案例中，有个不识字的退休工人办了住房权益贷款，该贷款在四年期间内被翻转了10次，结果原来1 250美元的贷款增长到45 000美元。① 该受害者为了获得贷款23 000美元的特许权而支付了19 000美元的费用，结果费用占到了贷款本金的83%。

穷人往往是贷款提供者其他滥用行为的目标。1989年，ITT消费金融公司(ITT Consumer Financial Corporation)在许多州和解了多起诉讼，都是因为强加给贷款客户各种各样的“选择”，如信贷、财产险、定期寿险以及加入ITT消费者节俭俱乐部(ITT Consumer Thrift Club)会员等而被起诉。② 1997年，西尔斯 & 罗巴克公司(Sears, Roebuk & Co.)被指控存在不公平的信用卡收款行为，因为该公司劝说那些因个人破产而被合法勾销债务的消费者偿还其剩余债务。③ 该公司承认，它通过使用“有瑕疵的法律判决”而没有应法律要求向破产法庭备案(称为“再确认协议”)。

虽然频密交易时有发生，但是关于它的频率或检测率还存在不同的看法。经纪行业认为，频密交易是一种很少见的现象，而且它很容易就会被公司和客户识破。虽然没有频密交易方面的统计，但是向证券交易委员会和各个交易所就未经授权交易和其他滥用行为进行投诉的案件最近几年急剧增加。1995年，对证券行业薪酬制度特别关心的证券交易委员会主席阿瑟尔·列卫特(Arthur Levitt)委托一个委员会对薪酬实践作了一份调查报告，该报告得出结论说，在过去的一年里，

---

① Jeff Bailey, “A Man and His Loan: Why Bennie Roberts Refinanced 10 Times,” *Wall Street Journal*, April 23, 1997.

② Walt Bogdanish, “Irate Borrowers Accuse ITT's Loan Companies of Deceptive Practices,” *Wall Street Journal*, February 26, 1985; Charles McCoy, “ITT Unit Settles Fraud Charges in California,” *Wall Street Journal*, September 22, 1989.

③ Robert Berner, “U.S. Files Suit Against Sears Roebuck Charging Unfair Card Debt Collection,” *Wall Street Journal*, April 18, 1997.

该委员会一直听说,频密交易“是许多问题的关键”[①]。该报告确定了一些能克服频密交易的业内“最佳做法”,包括停止为公司自身产品支付更高佣金的做法、禁止某些特定产品进行销售竞争的做法,以及不管客户账户交易次数而将部分薪酬与客户账户规模挂钩的做法。有些行业批评者将1975年5月1日视为散户投资者待遇的重要转折点,因为经纪行业在那一天(有些忧虑的经纪人称这一天为“救命日”)将固定佣金改为可变的协议佣金。证券交易委员会1995年关于证券行业薪酬的报告得出结论:这种佣金制度“扎根太深了”,很难对其作出重大变革,因而建议经纪公司提供更好的训练,进行更有效的监督。[②]

伦理上反对频密交易的理由非常简单:频密交易违背了受托人义务,在以不符合客户最佳利益的方式从事交易。频密交易不同于未授权交易,只有当客户将自己的账户管理权交给经纪人时才发生频密交易,但是,一旦接受管理权,经纪人就承担了为客户利益服务的责任。保险代理人或贷款人员如果像只向客户提供交易建议的经纪人一样,就没必要代表客户进行交易,他们更像是传统意义上的销售人员。那么,恶意换单和贷款翻转存在的伦理错误在于:它们违反了买卖关系中的伦理。一般来说,这些行为涉及欺骗或利用不公平优势或者两者兼而有之,而且它们常常是以建立信任关系开始的,然后这种信任关系很容易就被滥用了。法院通常会通过采用一种良心测试的方法,拒绝执行那些单方面合同。一个通不过良心测试的协议可以被粗略地定义为那种正常心智人士不愿接受、诚实人士不愿提出的协议。

(二)什么是频密交易?

虽然频密交易这种行为非常清晰,但是很难对其概念进行定义。在法院判决中所体现的一些法律定义是这样的:“为了增加佣金,经纪人对涉及的客户账户进行与其账户规模不相称的过度交易”[③],或者“对客户账户交易频率与规模具有管理权的经纪人所进行的从客户账户性质特征来看过度的交易”[④]。美国联邦法院

---

① *Report of the Committee on Compensation Practices*, issued by the Securities and Exchange Commission, April 10, 1995.

② *Report of the Committee on Compensation Practices*.

③ *Marshak v. Blyth Eastman Dillon & Co. Inc.*, 413 F. Supp. 377, 379(1975).

④ *Kaufman v. Merrill Lynch, Pierce, Fenner & Smith*, 464 F. Supp. 528, 534(1978).

依1934年《证券交易法案》的10(b)条款所受理的诉讼案件已经提出了有必要针对经纪人出于增加佣金而不是增加客户收益目的来设立一个条款的问题。法律术语是故意(scienter),即“意欲欺骗、操纵或欺诈的心理状态”[①]。在厄恩斯特和厄恩斯特诉霍克菲尔德(1976)的案件中,美国最高法院认定,“故意”是频密交易的一个必要要素。频密交易的法律界定包含三个要素:(1)经纪人管理账户;(2)相对于账户性质,交易是过度的;(3)经纪人有意为之(故意)。

经纪人是否对客户账户具有管理权,或者交易是不是根据客户指令进行的,通常会成为争论的源泉。除非客户已经签署书面授权声明,否则在没有客户明确指令的情况下经纪人无权管理客户账户并进行交易。然而,许多已经取得授权管理客户账户的经纪人就某些特殊交易仍然征求客户意见并寻求客户同意。因而,经纪人可能会宣称,那些有问题的交易都是在客户知情且同意的情况下进行的。当有些经纪人经理察觉到不寻常的交易活动时,经纪公司会通过向客户寄送“安慰”或“满意”信函的方式来进行自我保护。这些信函通常会感谢客户与公司的合作,表达希望客户满意的期望,并特别征求改进公司服务方面的建议。虽然客户常常将这些信函视为垃圾邮件,但是经纪公司可能会用这些信函来证明,任何过度的交易都是得到客户授权的,而经纪人并不具有管理权。

75

定义频密交易最难的问题在于如何界定“过度交易”。首先,交易是否为过度的取决于账户的性质。一个较为投机、愿意为了获取较大收益而承担较大风险的投资者,应该会有较大的交易量。其次,交易量大并不是唯一的决定因素;没有意义的交易也会被认为是频密交易,尽管其交易量相对较小。例如,“进进出出”交易或以相似性质股票代替原有股票的“转换”(switching)交易和大量股票在两个相似账户之间进行转让的交叉交易(cross trading)。另外,在客户买权到期时并不取消它而是行使期权然后迅速卖出股票的经纪人可以获得两笔佣金,而不会使客户的投资组合发生变化。最后,那种始终喜欢进行高佣金交易的交易模式可能表明在进行频密交易。这三点总结一下就是:从投资的角度来看,交易是否有意义?那些亏钱的大额交易也可能被人们认为是明智但不成功的投资策略,而那些除了产生佣金却显示不了任何策略的投资都会被认为是有问题的,不管输赢多少。

---

① *Ernst & Ernst v. Hochfelder*, 425 U.S. 185, 193(1976); 96 S. Ct. 1375, 1381(1976).

在投资组合年换手率（annualized turnover ratio，ATR）的基础上，人们尝试着用几种方法对过度交易进行量化。[①] 一种经常使用的衡量方法是 2—4—6 法则，也就是说：当某一时期内的买卖成交额等于一年内投资组合总值的 2 倍（ATR=2）时，就有频密交易的嫌疑；当年换手率为 4 倍（ATR=4）时，可以推定存在频密交易；当 ATR=6 时，就是存在频密交易的决定性证据。这种 2—4—6 法则没有考虑账户性质导致的成交额变化。另外一种衡量方法就考虑了该因素，它建立在投资目标与投资者目标相一致的共同基金年换手率平均值的基础之上。[②] 具体说来，当 ATR 等于同类共同基金 ATR 平均值与 2 倍标准差之和时，人们就可以断定发生了频密交易。如果冒险的增长型共同基金的 ATR 平均值为 0.9，标准差为 1.3，那么这个想要冒险性增长的客户的投资组合 ATR 就不能超过 3.5［ATR=0.9+(2×1.3)］。

所有这些量化方法都不能用来定义频密交易。[③] 首先，这些方法具有随意性。虽然 2—4—6 法则看似有道理，但为何不是 1—3—5 法则或任何其他数字排列呢？其次，有时换手率大大低于任何既定标准，频密交易也可能出现；而有时换手率大大高于既定标准，频密交易反而没有出现。简言之，人们还应该考虑交易的合理性问题。再次，使用任何数字衡量方法都有潜在的危险，因为它会促使那些佣金驱动型交易达到允许的极限。最后，僵化的量化衡量方法可能会抑制那些对客户账户进行合法而可能获利的交易，因为经纪人害怕被诉涉嫌频密交易。正是因为这些理由，某个法院在某个重要的案例中作出了下面的宣布："频密交易不能也不需要通过任何精确的规则或公式来决定。"[④]

76

（三）适当性

频密交易、恶意换单、贷款翻转和其他一些滥用行为显示出来的不仅仅是交易量，还有交易的适当性。一个具有大量适当交易的经纪账户可能不会被认为是频密交易情形，而一个具有少量不适当交易的经纪账户则可能会被认为有频密交易

---

① 公式是 $ATR=P/E\times 365/D$。这里，P 为某一时期内买卖的总金额；E 为同一时期账户上证券的平均金额；D 为某一时期的天数。

② Marion V. Hercock, Kendall P. Hill, and Seth C. Anderson, "Churning: An Ethical Issue in Finance," *Business and Professional Ethics Journal*, 6(1987), 3—17.

③ 反对这些量化方法的观点参见 Robert F. Almeder and Milton Snoeyenbos, "Churning: Ethical and Legal Issues," *Business and Professional Ethics Journal*, 6(1987), 22—31。

④ *Hecht v. Harris, Upham & Co., 238 F. Supp.* 417, 435(1968).

之嫌。当然,一个没有频密交易之嫌的推荐也可能被认为是不适当的。一般来讲,经纪人、保险代理人以及其他销售人员都负有只向客户推荐适当证券和金融产品的责任。然而,和频密交易一样,适当性也是很难精确定义的。

NASD 的规定是:“在向客户推荐购买、出售或交换任何证券时,协会成员应该有合理的依据相信他所推荐的证券适合该客户,其所作的判断应该建立在该客户披露的关于他持有的其他证券以及财务状况与需要等方面事实的基础上(如果有的话)。”①一个涉嫌有违适当性的法律诉讼案件必须通过三个测试:(1)经纪人已经进行了推荐;(2)所涉及的证券是不适当的;(3)经纪人在知道的情况下做的(具有故意的特点)。

NASD 的规定及其所含的法律诉讼条件测试引发了几个难题。首先,这个经纪人在什么时间进行了推荐?在与客户就某个投资问题进行讨论后,经纪人可能会认为,客户已经作出了选择,尽管他已经对这个客户进行了风险警示,但客户可能会认为其是在经纪人的催促下操作的。经纪人和客户之间的对话显然易于导致误解。其次,该规定表明经纪人有向客户了解其金融工具与目的等方面信息的义务。但是,经纪人应该打听这些信息到什么程度?经纪人如何能确保他所获的信息充分且准确?人们经常提出忠告“了解你的客户”,要求经纪人努力了解客户的基本情况。然而,此背景下的尽责调查标准常常又是很难确定的。最后,故意是很难证明的,因为它涉及经纪人对客户的金融工具与目的和证券性质两方面的了解,经纪人可能会说他对其中一个或两个方面信息的了解不充分。推荐不合适的证券可能是由于能力的不足或者疏忽,不一定带有欺骗意图,而这两种情形之间的界限也是很难划清的。不过,如果一个胜任的经纪人本应该知道某证券是不适当的却给客户买了该证券,那么这种不负责任的行为常常足以被认定为故意。

77

当然,最难的问题是:一种证券在什么时候不适当?单独一个证券很少是不合适的,除非将其放在投资者整个投资组合中来看。那些涉及过高风险的投资常常会被认为是不适当的投资,但在一个配置非常合理、一般被认为保守的投资组合中,有几个风险较大的投资仍然是适当的。另外,如果风险没有得到预期收益的补偿,即使一个冒险的、风险承担型投资组合也会包含一些不适当的证券。

---

① NASD *Rules of Fair Practice*, art. III, sec. 2.

现代资产组合理论通过引入有效边界(efficient frontier)的概念为检验资产组合的适当性提供了一种方法。① 有效边界是用每个风险程度对应的收益最大的所有投资组合绘制而成的一条曲线。远离有效边界的可能投资组合包含明显的不适当证券,因为投资者在同样风险程度上可获得更高的收益,或者在同样收益时承担更小的风险。那些在有效边界上或离边界很近的投资组合只有在风险程度不是投资者的期望值时,才可能包含不适当的证券。在那种情况下,适当性可通过上下移动那条标明有效边界的曲线来获得。如果证券风险与投资者的期望值或者与预期收益相比过高,那么这些证券就是不适当的。

导致不适当性最常见的原因是:(1)不适当的证券种类,例如,当债券更符合投资者目的时所推荐的却是股票;(2)不适当的证券级别,例如,当高评级的债券更适当时所选择的却是低评级的债券;(3)不适当的分散化,这使得该投资组合易于受到市场变化的影响;(4)不适当的交易技术,包括保证金或期权的使用,这会使账户具有杠杆效应,产生更大的波动和风险;(5)不适当的流动性,涉及证券出售或变现的容易程度,例如,有限合伙基金不能很自由地在市场上销售,因而对于那些可能急需资金的客户来说就是不适当的。

需要明确的是,向特定投资者推荐适当的证券涉及很多因素,但是金融服务行业的从业人员愿意用自己专业的知识和技能为我们服务。既然我们希望从医生、律师和会计那里获得适当的建议,为什么我们就担心从金融专业人士那里会获得较差的建议呢?

第二节　信用卡

78

信用卡深受持卡人和发卡行的好评。② 对于数百万使用者来说,这些无所不在的塑料卡片不但是便利的支付方式,而且是即时的信贷来源——对于重要的按

① Harry M. Markowitz,"Portfolio Selection," *Journal of Finance*, 7(1952), 77—91; Harry M. Markowitz, *Portfolio Selection*(New Haven, CT: Yale University Press, 1959).

② 信用卡的发行人主要是银行或信贷联盟,尽管有些大的零售商也发行自己的信用卡。由于银行是信用卡的主要发行人,因此这里"发行人"和"银行"两个词交替使用。信用卡还需要一个支付系统来处理顾客和零售商之间的交易。主要的两个支付系统是万事达和维萨,但有些发行人(如美国运通公司和发现金融服务公司)提供自己的支付系统。本节讨论信用卡时不讨论支付系统的作用。

计划购物是如此,对于轻率的即兴购物也是如此。作为精心培育的收入来源,发卡行也严重依赖信用卡(以及其对等物——借记卡)。当客户使用任何一种银行卡购物时,卖家要付一笔“刷卡费”(swipe fee)作为对发卡行提供服务的补偿。当信用卡用户任凭账户余额增加时,他们要支付很高的利息,而当延迟还款、突破信贷额度或恶意透支发生时,持卡人将要被收取高额的费用,这将大大增加发卡行的收益。

持卡人对信用卡的依赖程度证明了信用卡对用户的价值。2012 年,68%的美国家庭拥有至少一张信用卡,尽管这些持卡人中 40%没有循环余额,但是剩下的 60%的信用卡的总负债额达到了 8 540 亿美元。① (这个数目已从 2007—2008 年间超过 1 万亿美元的最高峰值降下来了。)而且,40%的持卡人用这种负债方式为其基本生活费融资,因为他们的支票和储蓄账户上缺少足够的资金。② 这些低收入和中等收入群体 2012 年信用卡平均债务额略微超过 7 000 美元,造成其债务负担的主要是失业支出和医疗账单。如果无法通过信用卡负债,这些依赖信用卡的家庭将遭受贫困或者被迫转借发薪日贷款以及其他负担更重的债务方式。数百万人依赖这个塑料卡片安全网。

虽然信用卡给发卡行带来的盈利状况的有关数据不可得,但有人估计 2011 年这个行业的总盈利为 185 亿美元,比 2010 年的 136 亿美元盈利增加了。③ 尽管在《信用卡问责、责任和信息披露法》(Credit Card Accountability, Responsibility, and Disclosure Act, CARD Act)提出许多需要进行的改革之后,有人预测信用卡盈利能力将下降,但结果还是出现了增长。④ 发卡行利润规模在美联储关于信用卡运营盈利能力的 2012 年度报告里也得到了反映。根据该报告,大的信用卡发卡行的资产收益率为5.37%,而所有商业银行的资产收益率仅为 1.18%。⑤ 这两个数字之间的差距深刻地阐释了信用卡对发卡行盈利的价值。

---

① Board of Governors of the Federal Reserve System, *Consumer Credit*, Statistical Release G. 19, January 2013.

② Amy Traub and Catherine Ruetschlin, *The Plastic Safety Net: Findings from the 2012 National Survey on Credit Card Debt of Low-and Middle-Income Householders*, www.demos.org.2012.

③ BCS Alliance, *Credit Card Profits*, http://www.bcsalliance.com/creditcard_profits.html

④ Public Law Number 111—24, 123, *United States Statutes at Large*, 1734.

⑤ Board of Governors of the Federal Reserve System, *Report to the Congress on the Profitability of Credit Card Operations of Depository Institutions*, June 2012.

用户对信用卡的依赖和发卡行对其带来利润的依赖给滥用信用卡创造了许多机会和动力。急用的用户很难抵抗诱惑或担心没有成本更低的竞争者,从而可能会接受高利率和费用,而发卡行激进地寻找创造性的新手段来在不断完善的法律设定的限制范围内提高收入。一位信用卡公司前 CEO 在一次坦率采访中说的话正好可用来描述发卡行的心态:"银行家们将弄明白要遵守的法律并说,'只要我遵守政府规定,我要做什么,不关任何人的事'……哦,我的意思是,因为你们都不够聪明。你们制定了愚蠢的法律,我将遵守,而且我还能赚钱。"①

信用卡发卡行的定价策略利用了消费者对某些事情不关心、缺乏金融专业知识、理解能力有限以及众所周知的行为偏差(诸如对还款能力过度乐观之类)。②除了信用卡用户因为过高利率和费用导致的直接损失以及由于高负债带来的巨大人力成本,当支付金额与信贷延期和风险承担的实际成本不成比例时,无效率的定价还会加重整个经济的负担。从经济学的角度来看,扭曲的价格阻碍了市场机制的运行,就信用卡的情况而言,这将产生导致消费者低估信贷成本(因而也许会进行过度消费)的效应,结果导致银行错误地分配信贷和错误地管理风险。对信用卡问题的伦理关注不只局限于持卡人可能的滥用,而且延伸到整个经济状况。当信用卡滥用出现时,包括银行在内的每个人或机构都会受到损害。

一、伦理关注

对信用卡和借记卡的伦理关注一般来说非常广泛。首先,就像任何金融产品一样,这些银行卡在被推销给消费者时,应该全面、准确地向其披露相关信息,不带任何欺骗、隐瞒或奸诈。无论用什么术语(例如,在这个例子中使用利息、服务或惩罚费用、付款要求、未经授权使用的责任、争端解决和变更通知等),它们都应该用那种能够被银行卡申请人容易知道并理解的方式清楚地予以披露。这里讨论的伦理原则是透明度。

根据发行信用卡的有关法律规定以及出于对发卡行的法律保护,所有必要的

① 采访普天信金融公司(Providian)前 CEO 沙雷斯·梅塔(Shailesh Mehta),参见 Frontline, *The Card Game*, 2009, http://www.pbs.org/wgbh/pages/frontline/creditcards/etc/script.html。

② 参见 Joshua M. Frank, *Doing Reform: As Some Credit Card Abuse are Outlawed, New Ones Proliferate*, Center for Reponsible Lending, December 10, 2009。另见 Sha Yang, Livia Markoczy, and Min Qi, "Unrealistic Optimism in Consumer Credit Card Adoption," *Journal of Economic Psychology*, 28(2007), 170—185。

细节通常会在信用卡或借记卡标准合约中得到充分表述。主要问题是可读性:由于法律用语比较难懂(通常用小号字体,印刷模糊),消费者完全理解(实际上,甚至只要基本理解就行了)术语的能力受到了阻碍。美国人的平均阅读能力在第九等级水平上,而标准的信用卡协议是用第十二等级阅读水平的语言写的,从而使得五分之四的成年人对此可望而不可即。[①] 这种缺乏可读性可能不是偶然的:发卡行当然可从稀里糊涂、愚昧无知的客户身上受益。然而,业内回应道,为了符合法律规定,法律用语和广泛的协议内容是必要的。不过,美国消费金融产品局(US Consumer Financial Products Bureau)已经完成两页以它认为足以能读懂的语言写成的格式。任何情况下,在正规协议之外,可向申请人提供对条款的简明解释。

除了保证银行卡申请协议条款的透明度(即易于知道和理解),第二个要求是条款的公平性。尽管公平是一般要求而非例外的要求,但在申请人看来,由于多种原因还是很成问题。一个原因是,信用卡协议里涉及很多问题,包括利率与费用、支付条件、争端解决、变更通知等。利率的公平性显然不同于逾期还款费率或账单错误解决方案的公平性。另一个原因是,公平本身可用不同方式判断。特别是,公平通常有程序公平和结果公平之分。公平的程序可能得到不公平的结果,反之亦然,而公平程序的标准与公平结果的标准可能相异。

标准的信用卡或借记卡协议带来了公平程序的问题,因为它们是以"要么签要么不签"的姿态去展示给申请人的,发卡行之间基本没有什么区别;用法律术语来讲,它们是定式合同(contracts of adhesion)。由于权利不对等以及发卡行之间存在某种共谋,申请人事实上没有机会讨价还价或到别的地方寻求更好的条件。因而,在任何意义上,都不能说他们对银行卡申请协议条款满意。换个说法,银行卡产业缺乏理想状态的自由竞争市场。因为其中一方,比如这时的买方,基本没有选择权,而卖方拒绝通过提供更多具有吸引力的条款来竞争。在这种条件下,市场的优点(即其结果是用满意度来评价的)就没有充分实现。即使申请人完全理解了办卡协议,其条款也不可能是他们想要的,或者他们在完全竞争市场上可能得到的那种了。

---

① Connie Prater,"U.S. Credit Card Agreements Unreadable to 4 Out of 5 Adults: Contracts Written at a Reading Level Most Can't Understand," Creditcards.com, July 22, 2010, http://www.creditcards.com/credit card-news/credit card-agreement-readability-1282.php

办卡协议条款的公平性问题主要体现在结果上,尤其是关于利率和费用。不仅收取的利率通常很高,而且其计算方法也是非常复杂的且易于为了发卡行利益而被操纵。比如,持卡人不同时段的透支款,利率通常也不同,发卡行不问该透支款是何时发生的,在持卡人付款时,发行卡优先偿还利率最低的那部分透支款。这种账务处理明显有利于发卡行,牺牲了用户利益。这公平吗?发卡行已经被指控以很易触发的方式设定收费规则,从而提高整体收益。这些规则公平吗?

引起对信用卡和借记卡的伦理关注的第三个因素是其对社会福祉的影响。向不能承担负债的人推销信用卡会带来个人健康问题,比如焦虑和沮丧;导致家庭不和谐,结果出现离婚和小孩被遗弃;因为不良信用记录和缺乏储蓄,导致终生的财务不稳定。特别需要重视的是面向大学生的信用卡推销,大学生不负责任地使用信用卡可能会导致他们辍学或对其造成未来很多年的负面影响。广义上来说,信用卡带来的消费信贷的巨大扩张已经对人们如何消费、储蓄、投资以及经济与社会如何增长和发展产生了深远的影响。①

在关于信用卡与借记卡的透明度、公平和社会福祉的许多伦理关注中,其中两个争议最大的问题我们将在本节剩余部分重点讨论,即向大学生推销信用卡和与银行卡有关的利率和费用。

二、向大学生推销

许多大学生的大学生涯中一个非常熟悉的感觉是获得第一张信用卡时的兴奋感,紧接着的就是当债务不断累积和还款变得越来越紧迫时压倒性的无望和绝望感。大学生不负责任地使用信用卡由于带来了焦虑以及长时间的课外工作而破坏了学校环境。由此形成的负债可能还会产生严重的终生后果,使大学生被迫辍学或者毕业时发现因为不良信用记录而导致难以租房和买房或获得想要的工作。当大学生因为信用卡债务而辍学时,学校也遭受损失,而由于大学生没有顺利完成教育或全面参与经济给社会带来的损失也是很大的。向大学生推销信用卡的人力成本也是个社会福祉问题,已引起普通大众乃至政府相当大的关注。

---

① 参见 Robert D. Manning, *Credit Card Nation: The Consequences of America's Addiction to Credit* (New York: Basic Books, 2000)。

尽管存在这些不可否认的社会福祉问题，但信用卡也带来了支付便利和易于获得贷款的好处，尤其是在紧急情况下。另外，大量负责任地使用信用卡的大学生不仅在大学里获得了有用的财务管理技能，而且开始形成对步入成人社会很重要的信用记录。而且满 18 岁的大学生法律意义上已是成年人，他们中的大多数和不在学校的许多同龄人一样，在财务上独立于父母，并和其他社会成员一样也有信贷的需求。只因为他们是在校生就剥夺其使用信用卡的权利，这公平吗？或者为了保护在校生而剥夺那些不上大学的同龄人使用信用卡的权利，这公平吗？这些都是公平问题。

对向大学生推销信用卡的伦理关注主要针对信用卡发卡行，它们接受学生申请、通过学生信用卡审核和为学生信用卡账户提供服务。然而，推销通常是在大学校园进行的，一般会与学院或大学签署某种协议，通常由学校负责提供校园宣讲的地方，并发布直接进行邮件联系的名称和地址。当学生认为（大多数情况下是错误的）校园宣传的信用卡公司已经通过了可靠性审核，发卡行会进一步受益于与学校合作。作为对其提供服务的回报，学校会得到某种补偿，有时会得到一笔不菲的收入。批评人士宣称，学院和大学不仅没有在它们收费后保护好年轻学子，反而还从其所受损害中渔利。因此，向大学生推销信用卡问题也带来了学校助长甚至从学生负债中受益的责任问题。然而，学生本身以及在某种程度上其父母也负有一定责任。

在向大学生以及其他同龄人推销信用卡中主要的滥用在 2009 年《信用卡问责、责任和信息披露法案》（Credit Card Accountability Responsibility and Disclosure Act，简称 CARD 法案）的条款Ⅲ“年轻消费者的保护”中进行了专门讨论。[①] 在 CARD 法案颁布前比较普遍的违背伦理的做法可以描述，但如果这部法案的确实现了目标，那么这些做法就不再成为伦理关注的问题了。但是，为了理解在这种情况下什么构成了负责任的信用卡推销以及评估 CARD 法案本身是否合适，这些做法仍然值得审查。也就是说，这部法案精确反映了用来规范向大学生推销信用卡

---

① 对于 CARD 法案的分析，参见 Jim Hawkins，“The CARD Act on Campus，” *Washington and Lee Law Review*，69（2012），1471—1534；Kathryn A. Wood，“Credit Card Accountability，Responsibility and Disclosure Act of 2009：Protecting Young Consumers or Impinging on Their Financial Freedom？” *Brooklyn Journal of Corporate，Financial and Commercial Law*，5（2010—2011），159—183；Regina L. Hinson，“Credit Card Reform Goes to College，” *North Carolina Banking Institute*，14（2010），287—308。

的行为的伦理准则了吗？同时，这部法案有效执行这些准则了吗？

关于发卡行在伦理方面受到的批评主要集中在两个领域：向支付能力有问题的年轻人提供信贷延期，以及通过预先邮件送达和向申请人派送小礼物等活动在校园促销。信用卡公司与学院和大学之间签署的协议助长了这些受到质疑的推销方式，从而也为人们所诟病。

1. 信用评估

由于大多数大学生是全日制或者最多只有兼职工作，他们不可能有充足的钱支持大额的信用卡余额。因为这个缘故，作为一个群体，大学生不太可能被视作信用卡前途有望的目标市场，因而，对于大学生信用卡申请者，发卡行在审批时自然需要严格评估其信用能力。对于大学生申请人至少应该按照老年人的信用标准来审查，如果不高于后者的标准，提交的信息应该按同等标准进行严格的审查，初始授信额度应该按照同等标准来确定。遗憾的是，这些常见的防范措施却被信用卡公司在争夺学生客户的激烈竞争中忽视了。

大学生市场之所以对发卡行有吸引力是因为这是个暂未开发的、每年都会被新录取的班级补足的市场。信用卡用户的忠诚度通常较高，因此收到的第一张卡通常会导致其终生使用以及未来与发行公司长期发展业务。大学生客户的长期价值也许远远大于短期内获得的收益（当然短期收益可能仍然是重要的）。尽管这个市场上有时会发生重大损失，尤其是当债务由于无法收回或者破产而必须要勾销掉时，但大学生用户产生的利息和费用对发行人来说仍然是有利可图的。另外，虽然大学生没有收入，但这不代表他们没有钱，他们花费起来还是非常随意的。从父母那里获得生活费是很典型的方式。父母通常也会帮他们填窟窿，也会被诱使帮他们偿还债务，尽管法律上并不要求如此。通过这种方式，父母成了事实上的共同签名人。出于以上种种原因，信用卡公司有强烈的动机盯住这个市场，并在没有强有力的、明确的证据证明申请人有偿还能力的情况下增加信贷额度。

信用卡公司验证信息的能力也是有限的，即使它们努力去做到这一点，渴望获得信用卡的大学生通常还是会通过作假方式来逃避，申请者有时将奖学金和学生贷款资金作为收入，甚至通过它们来偿还信用卡账单。发行人通常没有意识到申请人拥有几张信用卡，可能已有很高的额度，尽管仔细的信用检查可能会发现这个事实。支付能力不仅与收入有关，而且与所欠金额有关。申请人可能会被断定有能力应付小额债务但无法应付实际上所欠的大额债务。一旦被要求还款,用户可能会通过透支一张卡还另一张卡的最低还款额从而瞒过还款问题。这样,发行人就可能无法意识到用户已经开始出现支付困难(通过这种方法形成的良好信用记录有可能导致发行人提高其信贷额度,通常不需要申请),这就使用户的支付问题更加复杂化了。

在典型的贷款过程中,没必要坚持要求放款人对借款人的资信进行评估,因为放款人承担风险(主要是违约风险),一般来说,确保借款人不能过度借债符合放款人的利益。在没有任何特殊情况下,放款人可能会为那些所需贷款超出偿还能力的借款人设定条件,以保护借款人。因此,放款人自然不需要考虑对借款人的损害,因为其谨慎做法会自动地保护借款人。信用卡,尤其是大学生用户构成了这种情况的例外(发薪日贷款是另一种例外)。在这种情况下,动机已经改变了,此时允许借款人承担超过谨慎状态下的债务符合放款人的利益。

对上述情况的分析产生了两个问题。首先,是否有什么错误存在?其次,如果有的话,怎么做才能纠正错误?对第一个问题的回答是肯定的,如果在向大学生扩大额度时没有对他们进行信用评估,就犯了一个错误,产生通常所说的后果。这种情况下的错误与伤害消费者的缺陷产品问题以及破坏环境的污染问题没有多大的差别。处理此类问题的伦理原则是避免伤害。不过,任何情况下的伤害都需要与主要的收益相权衡,大学生使用信用卡也是如此。信用卡推销具有不公平地利用那些需要保护的脆弱人群的负面作用。虽然从法律上来说 18 岁已经成人了,但有很多文献表明他们缺乏金融知识,并且其金融行为呈现出冲动性。① 如果该人群确实容易被不公平地利用,那么就应该通过某种方式保护他们。

美国国会通过 CARD 法案的理由是:这方面的伤害足够大且年轻人非常脆弱足以需要批准法律保护。国会提供这种保护的主要手段是:禁止向任何未满 21 周岁的人发行信用卡,除非由其父母或其他能负责任的成人作为共同签名人。但是,对那些能够证明"有独立手段来偿还源自所推荐信贷展期任何债务"的人可以例

① Haiyang Chen and Ronald P. Volpe, "An Analysis of Personal Financial Literacy Among College Students," *Financial Services Review*, 7(1998), 107—128; James A. Roberts and Eli Jones, "Money Attitudes, Credit Card Use, and Compulsive Buying Among American College Students," *Journal of Consumer Affairs*, 35(2001), 213—240; Jacquelyn Warwick and Phylis Mansfield, "Credit Card Consumers: College Students' Knowledge and Attitude," *Journal of Consumer Marketing*, 17(2000), 617—626.

外。显然,什么算作“独立”偿还手段至关重要,而法律没有要求对任何收入来源的可靠性进行评估,以至于有个临时工作就符合条件了。更重要的是,如果讨论中的“债务”只是仅仅偿还最低额,那么申请人不需要充足的收入来偿还全部透支余额,于是随着时间的推移,就会积累起金额巨大的无法偿还的债务。①

85

2. 校园推销

据一名评论员的观察,信用卡公司“每年秋季扑向美国大学校园,寻找新生或者‘鲜肉’”。该评论员继续评论道,“在震耳的音乐和免费食物营造的‘狂欢气氛’中,信用卡公司支起桌子,摊放着光滑的促销小册子和满载的免费T恤、飞盘以及其他小礼品,诱使学生申请信用卡”②。

这些桌子只是一轮攻势的开始。书店的手提袋子里、布告栏上和学校的邮箱里都充斥着申请表。刚入学的新生反映,仅在第一周就收到平均8张信用卡申请表。③ 在一份问卷调查中,69%的学生反馈,过去一周至少收到一份邮寄来的信用卡申请材料④,其他研究发现,学生一学期会收到25—50份促销材料。⑤ 学校不仅允许信用卡公司代表入驻校园,而且还向其提供学生的名字与邮寄地址,和其串通一气。信用卡公司和学校之间的协议通常还赋予信用卡公司排他性权利,以此作为对其向学校支付款项的回报。

一些批评人士指责这种激进的推销(aggressive marketing)是欺骗性的,因为坐在桌子边的代表和派发的材料一味强调使用信用卡的好处而没有提醒负债的负担以及过度负债带来的危害。办卡协议上出现的常见内容一般都不在促销材料中。校园代表通常是独立的承包人,具有强烈的动机利用各种手段和大学生签约,而信用卡公司常常对其行为疏于监督。发卡行也利用了大学生在信用卡使用方面知识的欠缺、对已有资料的不关心以及对某些方面存在的错误观念。尽管信用卡推销

① 美联储在Z条例中对CARD法案进行了说明,声明学生可以使用任何收入或资产来证明其还款能力,他们只需要有能力偿还到期的最低还款额。而且,共同签名人的要求只到学生21岁生日前。*Code of Federal Regulations* § 226.51(2012)。

② Creola Johnson, “Maxed Out College Students: A Call to Limit Credit Card Solicitation on College Campuses,” *Legislation and Public Policy*, 8(2005), 191—277.

③ Johnson, “Maxed Out College Students”, p. 193.

④ Jill M. Norvilitis, P. Bernard Szablicki, and Sandy D. Wilson, “Factors Influencing Levels of Credit Card Debt in College Students,” *Journal of Applied Social Psychology*, 33(2003), 935—947.

⑤ Wood, “Credit Card Accountability, Responsibility and Disclosure Act of 2009,” p. 163.

可能不会涉及错误或虚假信息（这是欺骗的通常元素），但大学生们不可能总是作出明智的决策，而且发卡行和学校都没有在帮助学生更好地决策方面多做工作。不管大学生是否真的被激进的推销欺骗了，结果通常是一样的。

更常见的批评认为大学生们是操纵的牺牲品，在大量预先筛选的邮件资料与“狂欢气氛”的刺激和免费礼品的诱惑相结合的情况下，推销会显得无法抗拒——至少对部分大学生来说如此。一项研究得出结论：“办了信用卡的大学生大部分不是积极地寻求从中脱身，而是在信用卡发行人通过邮件发送资料和校园促销活动的刺激下陷得更深。”[①]另外，研究表明，那些处于财务困境中的大学生（包括那些相对收入而言负债过多的学生）比其他学生更可能会通过校园促销或通过邮寄资料获得信用卡。[②] 尽管信用卡推销中的操纵本身可能不是令人反感的，但由其导致的高负债却是如此。

那些允许信用卡公司在校园内揽客的学校饱受诟病的原因，不仅在于没有保护学生避免信用卡的危害，而且在于其从中渔利。罗伯特·曼宁（Robert Manning）将学校行政部门愿意“为了信用卡行业的短期财务诱惑而牺牲其学生和单位的长期利益”归咎于教育领域过分强调创收。[③] 现在，只要学校从学生使用信用卡中得到一定数量的收入，就说明它在不断上升的学生债务负担中获得了既得利益。[④]由于学校负有保护学生的义务，因此这种利益使得学校在制定决策时就会产生利益冲突。

CARD 法案运用多种手段来解决校园内推销信用卡带来的伦理问题。针对主动提供的预先筛选信用卡推销的最直接的解决办法是在法律上禁止向不满 21 岁的人群推销。然而，CARD 法案通过禁止信用局在未经本人同意的情况下对外提供大学适龄人群的姓名和地址间接地触及了问题。这个措施对信用卡发行人的一个重要信息来源进行了限制，但是如果发卡行通过其他渠道获得姓名和地址或者

① Warwick and Mansfield, “Credit Card Consumers,” p. 623.

② Angela C. Lyons, “A Profile of Financially At-Risk College Students,” *Journal of Consumer Affairs*, 38 (2004), 56—80; and Norvilitis, Szablicki, and Wilson, “Factors Influencing Levels of Credit Card Debt in College Students,” p. 941.

③ Manning, *Credit Card Nation*, p. 162.

④ Roberts and Jones, “Money Attitudes, Credit Card Use, and Compulsive Buying Among American College Students,” p. 234.

取得本人同意,还是允许发卡行邮寄促销材料的。在此约束下,学校提供这种信息的意愿就显得尤为重要。

根据 CARD 法案,发卡行还被禁止在学校内或者学校附近向任何年龄段的学生发放任何“有形物品”以换取其填写信用卡申请书。但是,这种规定被通过发放礼品而不填写信用卡申请书(如向经过桌子的任何人发放免费比萨饼)以及无形奖励(如购物折扣或促销信用卡条款)规避了。而且,CARD 法案规定学校与信用卡公司签订的所有协议都要向公众披露。这一条款假设,没有学校会为了被公之于众的货币利益而牺牲学生的福祉。这一理由遵循的是格言“阳光是最好的消毒剂”。然而,一项对依据该法案进行信息披露的调查表明,当初关于学校获得的货币金额和发卡行因此增加的业务的担忧被高估了。尽管少数学校签订的协议有高额利润,但调查统计的款项均值不到 6 000 美元,而且 87%的协议所带来的新增信用卡账户数低于 100 个。[①]

87

三、利率与费率

2009 年 8 月 25 日,杰西卡 · 杜瓦尔(Jessica Duval)用她的美国公民银行(Citizens Bank)借记卡支付其在 JCS 时装店的 178.2 美元购物款。由于当日早前两笔总计 139.05 美元的购物款已经将其余额从最初的 229.68 美元降至 90.63 美元,最后一笔购物款将出现透支以及相应的费用 39 美元。[②] 但是,该银行按照其标准做法是先借记金额最大的那笔,而不管使用卡的时间顺序,结果导致先前的两笔购物款每笔都触发独立的透支费。这样,杜瓦尔女士就要为她那天超出其账户余额 87.57 美元的消费特权支付 78 美元的费用。

如果杜瓦尔女士已经仔细阅读存款协议,她应该记得美国公民银行保留“以任何我们确定的顺序”记账的权利。但是,那种措辞并没有揭示银行计算机程序是按照最大化透支笔数的方式来录入交易的。因而,交易总是按照从高到低的顺序录入以使费用数目增加,从而使银行的收入最大化。交易有时会被扣留几天以便对它们进行批处理,这进一步增加了透支的次数。存款协议中允许这种做法的条款

① Hawkins,“The CARD Act on Campus,” pp. 1504—1505.

② In Re: Checking Account Overdrafting Litigation, United State District Court, Southern District of Florida, Miami Division, Case No. 1: 09-MD-02036-JLK.

与它前面六款中的一款不符，其规定“我们将不允许从贵账户扣款，除非账上有充足的资金”。然而，存款协议也为自动透支提供了保障且没有提及任何退出的可能性。实际上，无论用户是否愿意，甚至是否意识到这一点，用户都会获得透支保障。另外，透支费用表只用一个单独的小册子列出，该小册子并没有经过持卡人签名。

以杰西卡·杜瓦尔为牵头原告的集体诉讼导致美国公民银行花费 13 750 万美元实现庭外和解，而且美国公民银行的一些滥收费的做法根据 CARD 法案现在也是非法的了。[①] 特别是，美国的借记卡持有人现在必须通过选择加入（opt-in）系统明确表示接受透支保障，而原来的系统，当账上资金不足时，如果持卡人不希望银行补足金额达成交易，则必须通过选择退出（opt-out）来实现。然而，在发卡行对待持卡人的方式上仍然存在广泛的伦理问题，不仅包括利率和费用自身的金额与数量，而且包括它们的决定因素以及收取和披露的方式。从银行卡获取收入的机会很多，发卡行在利用这些机会时花费了相当大的心机。

有些做法可能因为虚假、误导或不恰当的信息披露而被批评为欺骗性的。从这个意义上说，借记卡和信用卡的滥用与其他对消费者有潜在危害的金融产品伦理上有问题的做法相差不大。但是，即使其他做法被彻底和真实地披露给用户甚至为用户所理解并接受，它们也可能会被认为在伦理上是不能接受的。按照金额高低处理借记卡交易就可看作一个例子，因为它与合理预期正好相反，似乎是专门为最大化从透支费得到的收入而设计的，忽略了或没有考虑用户的利益。可以说，即使持卡人知道并同意，银行也不应该这样做，更何况用户基本没有选择权，协议是在要么接受、要么放弃的基础上提供的，各个发卡行之间基本没什么区别。另外一个例子是，几个世纪以来，人们都认为收取过高的利率（称为高利贷）是不道德的并且应该在法律上加以禁止，因此从伦理上和法律上一直对利率设定限制。即使借款人愿意接受高利贷，这种做法仍然是不恰当的。

撇开欺骗不说，围绕利率与费用的伦理问题分成两个。第一个问题是，持卡人在发卡行采取的各种努力最大化其收益的行为中是否受到了公平待遇。即使银行是在根据与用户签订的协议权限范围内行事，用户能够说受到某些做法的损害了

---

① Beth Healy and Todd Wallack, “Citizens in $137.5 M Overdraft Settlement,” *Boston Globe*, April 25, 2012.

吗？第二个问题是，某些做法可能会受到指责，因为它们对社会福祉产生了负面影响，将对银行卡用户个人福利的影响外溢到了整个社会。这种负面影响是指经济生活中产生的无谓损失，既有当人们浪费宝贵收入在不必要的费用与附加的利息支出上时产生的，也有信贷成本畸高时产生的。出于经济效率的考虑，价格应该反映发卡行信贷延期和为银行卡使用提供服务的实际成本，包含正常费用以及对所承担风险进行的补偿。当市场上的经济商品出现价格错位时，结果导致的低效率将成为每个社会成员都要分担的成本。实际上，与借记卡和信用卡相关的所有有问题的做法都会产生这两种问题——公平和社会福祉。由于这些做法非常多，接下来我们就集中讨论什么构成了银行卡服务中的公平性，以及是否需要对利率进行限制以防止出现高利贷现象。

1. 银行卡的公平性

发卡行可用多种方法来保护用户甚至使其受益——如果它们选择如此做的话。然而，与所有商品和服务一样，卖方的伦理职责是有限的，而消费者承担着保护自己和决定买什么的责任。消费者应该明白：买者自己负责不是市场规则；同样，卖者自己负责也不是市场规则。找到一种符合伦理的责任划分方法是个艰巨但必要的工作。

89

比如，发卡行在一笔交易可能导致借记卡透支时，可通过提醒他们的方式来帮助用户。大多数刷卡记录很快就被传送到发卡行，当没有透支保障的账户资金出现不足时，交易通常在销售网点就被否定了。用同样的方式，有透支保障的用户可以轻易地被提醒正在刷卡支付的购物款可能会产生透支。这种提醒可给予用户选择以其他方式进行支付、决定取消刷卡购物或者自愿地承担相关费用。但如果以这种方式帮助用户，银行可能就要放弃用户因疏忽造成的透支带来的收入。另一个例子和使用信用卡有关，用户所欠信用卡总债务不同比例的部分通常适用不同的利率。在这种情况下，还款总是先用于支付利率最低的那部分而不问这笔债务是何时产生的，将利率高的债务留着以便继续为发卡行兹生利息。

CARD 法案没有涉及并继续存在的其他做法的例子包括：对那些在一定时期内不使用银行卡的客户收取闲置费（inactivity fee）；当小额的债务技术上到期时，

征收最低的财务管理费。[①] 可变利率的计算一般复杂难懂且含糊其辞，尽管最初的利率可以上升，但这个利率通常构成最低利率，可变利率不会降到该利率之下。账户余额结转时，要对原来免费或收费很低的预付现金以及其他交易收取新的费用或者提高旧的收费标准。虽然发卡行可能会突出显示一个很低的滞纳金，但实际收取的金额可能会随着余额的大小而变化（称为“分层滞纳金”），对非常普遍的低结余收取最高费用。这种方式使得发行人利用突出显示的低费率吸引客源，然后通过对大多数结余实际上适用高费率从而增加收入。

这些例子只不过是众多能列举的例子中的一小部分而已。如果这些做法被披露且用户赞同的话，这些例子还有什么伦理问题吗？在充满浓厚法律语言的冗长协议临近结束时，才出现用细微的小号字体写的条款，这种披露方式是否恰当也是存疑的。似乎设计标准协议的目的是遮掩而不是揭示。对新用户来说，发卡行在买方-卖方关系中拥有大部分权力，这使得它支配着条款的制定，新用户除了拒绝签字，没有谈判的余地。这种定式合同从伦理上来说是有问题的，因为它们允许强势的一方将对自己十分有利的条款强加给另一方。那我们有理由相信发卡行利用其优越地位把对自己非常有利的条款强加给用户了吗？

90

首先，在银行卡申请协议中，许多条款似乎是专门为使发卡行收益最大化而设计的，对用户利益考虑较少或者几乎没有考虑。银行辩称，在借记卡中将金额最大的交易首先处理对用户有利，因为它可能是用户愿意优先处理的更重要的交易（比如说支付租金）。但是，这种处理交易的顺序只对那些没有透支保障的用户有利，因为对有透支保障的用户来说，无论如何所有交易都将得到认可。有透支保障的用户收到的无非是更多的费用账单而已。如果这种处理方法确实对用户有利，那么当选择退出是默认选项时，他们将更愿意选择加入（其将给用户提供更多的保护）。滞纳金可能也会对用户有利，因为它可以促使用户及时付款，但实现这种有益的激励作用无须通过分层滞纳金表之类复杂的工具——其将使成本估计变得几乎不可能，而且主要起误导作用。一般说来，银行卡申请协议条款越对用户真正有利，发卡行越不会被人说滥用其优越地位。

---

① 相关例子可参见 Joshua M. Frank, *Dodging Reform: As Some Credit Card Abuses Are Outlawed, New Ones Proliferate*, Center for Responsible Lending, December 10, 2009。

其次，银行卡申请协议和月度账单似乎是为了增加用户保护自己和充分利用这个重要支付与信贷体系的难度而设计的。保护不仅包括避免更高的利率与更多的费用，而且包括提前准确估计成本的能力。即使用户承担保护自己的大部分责任，也没必要人为地把这种任务弄得很艰巨，特别是在备选方案很容易获得的情况下。在此情况下，主要的备选方案是简化利率和费率结构，以使之能容易地被一般用户理解。这种结构发卡行很容易设计，只要满足合法需要(legitimate needs)，得到足够的收入将其成本抵补掉，包括对风险的补偿。但是，这将使得发卡行无法从银行卡获得丰厚回报，于是产生了“合法需要”的程度问题。

再次，发卡行利用人类心理弱点的做法各种各样。相比一笔大额收费，人们易于对许多小额的收费不太注意，即使它们的总金额是一样的。对待多种多样的小额收费也是如此。人们的注意力是有限的，某些事物会较其他事物更有吸引力。举个例子，在决定利率时，复杂的方法不仅不太可能被理解，而且因为复杂，甚至一开始也不太可能吸引注意力。信用卡账单中的最低还款选项巧妙地考虑了心理因素。将其放在显著的地方，提醒用户他们只需偿还这笔最低还款额而且还能保留一定的体面。它传递的信息是，“只要支付最低还款额就行了”。同时，列出的金额(其通常是比较适中的)提供了一个心理学家称之为“锚定”的效应，即根据它决定应该支付多少金额。研究表明，最低还款额对实际还款额具有因果效应：规定的最低还款额越低，人们还得就越少。①

最后，当利率和费用与发行人实际成本基本没有关系时，合理期望就被违背了。用户之所以愿意支付透支费是因为银行实际上在提供小额信贷，银行将发生管理费用并拥有要求一定回报的权利。但是，一项研究发现，透支费从10美元到38美元不等，其均值为27美元。② 如果一个银行卡用户一笔20美元的透支款被收取了27美元的透支费，而且他在两个星期内会偿还这笔款项，则该透支款产生的利率年化将高达3 520%。这与任何“合理”的定义都很难吻合。

2011年愤慨的客户迫使美国银行撤销了对借记卡每月收取5美元费用的宣

① Neil Stewart, “The Cost of Anchoring on Credit Card Minimum Repayments,” *Psychological Science*, 20: 1 (2009), 39—41.

② Federal Deposit Insurance Corporation, *FDIC Study of Bank Overdraft Programs*, November 2008.

告,这一事例鲜活地展示了合理期望的力量。[①] 尽管收取这笔费用的意图实际上只是弥补由于法律变更而失去的一笔收入(即免除了客户长期以来一直支付的一笔费用),但还是引发了公愤。借记卡每月 5 美元的收费不仅与许多信用卡收取的年费相似,而且与以前的收费总额相比,借记卡用户也无须再多付任何费用了。明白这个后,可以说,拟收取的每月 5 美元的费用并非不合理。然而,它触动了客户的神经,迫使银行放弃了该计划——也许银行会找到其他不那么明显和令人不安的收入来源。

2. 利率上限

世界上很多国家都有相关法律对信用卡和其他消费信贷收取的利率强制设置上限,而且在美国和其他地方时不时有人提出实行更加严格的利率上限的建议,尽管通常不会很成功。不仅当今时代限制利率是个流行的看法,而且甚至对货币借贷收取利息的做法历史上一直被认为在道德上是有疑问的,事实上所有文化和地区都这样认为。在高利贷的标签下,对贷款收取利息在古希腊受到柏拉图(Plato)和亚里士多德(Aristotle)的谴责;在犹太教(Judaism)里,按照《旧约全书》前五卷中的律法(Torah),高利贷是被禁止的,据说是摩西(Moses)提出的;而托马斯·阿奎那(Thomas Aquinas)为中世纪天主教派(Catholic Church)反对高利贷提供了权威资料。[②] 最早一些禁止高利贷的观点出现在起源于印度的吠陀文本(Vedic text)和佛教教义(Buddhist teachings)里,而伊斯兰思想(Islamic thought)直到今天还坚决地反对高利贷。

92

在现代,随着资本主义的兴起,因为意识到资本形成在经济增长中的重要性以及信贷在消费经济中的必要性,绝对禁止收取任何利息已被废除。有些历史学家将这种重要转变归功于新教改革(Protestant Reformation)。[③] 当今高利贷通常指收取非常高的利息。因而,收取利息本身在道德上是可接受的(在当今的用法里,这

---

① Tara Siegel Bernard,"In Retreat, Bank of America Cancels Debit Card Fee," *New York Times*, November 1, 2011.

② Carl F. Taeusch,"The Concept of 'Usury': The History of an Idea," *Journal of the History of Ideas*, 3 (1942), 291—318.

③ Max Weber, *The Protestant Ethic and the Spirit of Capitalism*, trans. Talcott Parsons(London: Unwin University Books, 1968); and R. H. Tawney, *Religion and the Rise of Capitalism: A Historical Study*(New York: Harcourt Brace and Company, 1926).

不算是高利贷),但要避免收取高利贷,利率应该保持在某一上限之下。确定一个可接受的、非高利贷的利率很困难,但赞成将利率上限定在某一比率的观点和完全反对收取任何利息的传统观点十分相似。不赞成对信用卡或者任何消费信贷利率设置上限的观点不仅包括传统的反对意见,也包括呼吁更多建立在当代经济学基础上的思考。

尽管限制利率的法律近乎普遍存在,但由于法律允许的利率上限水平高且存在多种规避利率上限的方法,它们对今天收取的实际利率几乎没有什么影响。在美国,目前利率监管是各州的职责,但各州对信用卡设定利率上限的能力实际上被1978年的一个法院判决废除了。通过允许发卡行收取本州允许的最高利率而不考虑客户所居住的州的法律规定,明尼阿波利斯州马凯特国民银行诉第一奥马哈服务公司(被称为"Marquette")判决基本上解除了信用卡利率管制。[①] 毫不奇怪,信用卡公司现在都位于基本没有或者没有利率管制的州,这些州互相竞争以提供有吸引力的场所。另一个法院判决宣布滞纳金是一种利率,因而它们也享受同样的优惠待遇。[②] 在美国,州层面利率管制的无效推动了在国家层面统一监管利率的倡议,但直到今天还是成效甚微。

赞成利率上限的观点。在古代,将任何有息货币放贷视作高利贷加以反对的观点,部分是基于一种狭隘观点,认为货币只是交换媒介,是易货贸易(即用一种商品交换另外一种商品)的替代物。若货币本质上如亚里士多德所宣称的,是"不生育的",那么以钱生钱就是一种非自然行为,恰好和货币的自然使用结果相反。贷出货币收取利息不是生产性贸易(就像用一种商品交换另一种商品或货币),而是非劳动所得,更像小偷和皮条客所获得的,其行为不会增加任何价值。从货币放贷在当时是一种游离于公众视野之外邪恶行为的事实来看,这种观点貌似获得了市场。

尽管这种建立在货币自然使用概念基础上的观点一直流行到中世纪,但其主要观点——也是犹太教、伊斯兰教和其他传统宗教谴责高利贷的核心所在——认为,贷出货币收取利息涉及经济上的强者剥削经济上的弱者。这种不公平地利用

---

① *Marquette National Bank of Minneapolis v. First of Omaha Service Corp.*, 439 U.S. 299(1978).

② *Smiley v. Citibank*, 517 U.S. 735(1996).

优势的行为不仅损害了穷人，而且不公正地使有钱人更富裕，从而更进一步扩大了社会不平等。在此过程中，高利贷通过鼓励贪婪恶行和阻碍慈善美德使放贷者堕落。这一点在伊斯兰教中尤其明显，它非常鼓励帮助穷人：应该将钱给需要帮助的人而无须对等的义务。因此，高利贷（阿拉伯语为 *riba*）破坏了建立在仁慈和无私（这是伊斯兰教的核心）基础上的社会基础。

总的来说，传统观点包括三条：(1) 利息是涉及非生产性活动的非劳动所得；(2) 利息涉及剥削穷人和鼓励贪婪；(3) 利息通过把穷人的财富转移给富人而扩大了不平等，会产生不良的社会后果。第一条反对意见的理由已经不再充分，因为古人没有意识到货币在投资中的生产性作用，以及利息作为对放贷人所承担的风险和损失了将钱用于其他用途的机会（即金融理论里所说的货币的时间价值）的补偿。但后两条反对意见属于合法的伦理问题。剥削和不平等应该是任何公正社会都要解决的问题。①

在处理这两个伦理问题时，有两个问题必须要回答。首先，什么程度的剥削和不平等是道德上不能接受的？剥削尤其是个道德上背负包袱的概念，隐含着不公平地利用优势，但没有说清楚放贷人在收取利息时是否完全在利用优势，而且如果是这样的话，何时（即在什么利率水平上）这种利用优势的行为变得不公平了。当借款人是自愿接受高利率的贷款时，这个问题尤其难以回答。无论从伦理角度还是从法律角度，任何禁止都似乎构成了一种家长作风，即试图将人们保护起来，防止其自己作出错误的判断。不平等被公认为是市场经济的结果，而且它是多种因素造成的现象，高利率充其量只是一个次要因素。因此，多大程度的不平等应该被容忍以及其中多少是由高利率导致的问题还存在争议。

其次，即使高利率涉及剥削并产生（某些）不平等，问题还是存在：设定利率上限是解决这些伦理问题最好的方法吗？更一般地说，无论伦理上还是法律上，禁止高利贷是防止剥削和缩小不平等的有效方法吗？假设放贷收取利息的理由是利率为合理水平，只有无法找到更好的方法时，发现利率恰好在某一水平变得不合理并实施由此产生的利率限制的尝试才说得过去。如果法律给利率设定上限有经济成

94

① 对这些观点的进一步发展，可参见 Vincent D. Rougeau, "Rediscovering Usury: An Argument for Legal Controls on Credit Card Interest Rates," *University of Colorado Law Review*, 67(1996), 1—46。

本的话(正如反对这种法律的观点所宣称的),这种观点显得尤为正确。围绕高管薪酬也会出现类似的问题,许多人认为高管薪酬过高。对 CEO 报酬设定法律上限的尝试已证明不仅无效,而且适得其反①,于是有人提出,增加透明度和股东的话语权可能会提供解决此问题的更好方法。也许解决信用卡利率高的问题也是如此。

反对利率上限的观点。不赞成对信用卡利率设置上限的人给出了三个依据。首先,各种各样的信贷利率是在竞争市场上以反映放贷人成本的方式制定的,因此高利率之所以是合理的是因为它们只是反映了高成本。信用卡的高利率源于无担保借款人的违约风险(在很多情况下,银行并没有对借款人的资信进行充分评估,就向其发放贷款)。延期和为小额短期贷款提供服务的成本也很高(尽管这些成本也会由向接受信用卡的零售商收费以及对滞纳和超过信用额度收费而得到部分弥补)。如果发行人收取的利息无法用成本作出合理解释,竞争者肯定会介入,从那些利率过高的发行人手中抢走业务——至少理论上是这样。

其次,这种主张在信用卡定价中发挥市场优势的观点进一步得到了自由选择理念的支持。消费者愿意接受高利率以换取便捷地获得信贷。对他们来说,高利率的信用卡债务必定仍然具有良好的价值。只要发行人和用户都觉得这个协议是可接受的,为什么法律要阻止达成一个双方共同赞成的交易呢?这样做又将构成一种家长作风,目的是使人们避免受到自身行为导致的损害。

最后,设置利率上限可能会损害信用卡用户的福利,由于最重的收费落在了那些已经贫穷的人身上。如果法律允许的利率导致来自信用卡的收入低于其成本或低于其他投资收益,那么发行人会通过提高收入、削减成本或改变投资来作出反应——也许是三种方式的某种组合。尽管结果是不可预测的,不过美联储一项关

---

① 美国 1993 年的《综合预算调和法案》对《国内税收法典》进行了修订,增加了第 162(m)节,删除了对公司支付给其高管的薪酬补贴超过 100 万美元部分可不受限制地进行税收抵扣的规定。批评人士认为,该法规的主要作用是使得 100 万美元成为 CEO 薪酬的标配,并促使公司采用股票期权作为现金报酬的替代形式,从而恶化了高管薪酬过高这一问题。参见 Nancy L. Rose and Catherine Wolfram,“Has the ‘Million Dollar Cap’ Affected CEO Pay?” *American Economic Review*, 90(2000), 197—202; and Brian J. Hall and Jeffrey B. Liebman,“The Taxation of Executive Compensation,” in James Poterba(ed.), *Tax Policy and the Economy*, vol.14 (Cambridge: NBER & MIT Press, 2000)。

95 于对信用卡利率设定上限结果的研究还是确定了最可能的结果。① 为了削减成本,发行人可能会收紧资格要求,拒绝向低收入家庭发放信贷。作为应对措施,那些无法获得信用卡的家庭将转向更加昂贵形式的信贷,诸如发薪日贷款机构、典当行和租赁公司(所谓的"替代假说")。② 可通过提高费率或增加新收费项目的方式来增加收入,这甚至将殃及没有结存的用户。向零售商收取的费用可能增加,这将影响所有消费者,包括那些现金结算者,如果销售商品涨价的话。虽然最终用户支付的总成本可能不变,但利益分配和使用信用卡的负担可能会因为市场上有了监管干扰而改变。

这些反对设定信用卡利率上限的观点已经受到了挑战。一些支持设置上限的人怀疑信用卡市场竞争在何种程度上足以确保利率与成本相一致。一项研究发现,信用卡业务的回报是银行其他领域业务的三到五倍,并将这些超额利润归结于消费者的非理性,尤其和结余规模有关。③ 信用卡市场缺少竞争可能也是发行人之间合谋的结果,它们遵循在利率上不竞争的默契。类似这样的减少市场竞争的因素普遍通过政府管制来解决,比如设置利率上限。有人不赞成这些断言,并提出信用卡市场竞争非常激烈,而且用户对利率的明显不敏感可能是理性的,部分是由于很多账户结余很低。④ 其他研究表明,低收入家庭在使用信贷时非常理性。但是,这项研究的一个结果发现,替代假说(即他们会被迫使用更高成本形式的信贷)没有得到验证,这暗示利率上限可能带给穷人的损害被夸大了。⑤

如果信用卡市场竞争程度没有激烈到足以证明收取的利率是合理地建立在成

---

① "The Economic Effects of Proposed Ceilings on Credit Card Interest Rates," *Federal Reserve Bulletin*, 73 (January 1987), 1—13.

② Todd J. Zywicki, "The Economics of Credit Cards," *Chapman Law Review*, 3(2000), 79—172.

③ Lawrence M. Ausubel, "The Failure of Competition in the Credit Card Market," *American Economic Review*, 81(1991), 50—81. 研究的时期为 1983—1988 年。

④ Thomas F. Cargill and Jeanne Wendel, "Bank Credit Cards: Consumer Irrationality versus Market Forces," *Journal of Consumer Affairs*, 30(1996), 373—389. 也可参见 Glenn B. Canner and Charles A. Luckett, "Developments in the Pricing of Credit Card Services," *Federal Reserve Bulletin*, 78(1992), 652—666; and Zywicki, "The Economics of Credit Cards"。

⑤ Angela Littwin, "Beyond Usury: A Study of Credit Card Use and Preference among Low-Income Consumers," *Harvard Law School Faculty Scholarship Series*, Paper 8(2007); and Angela Littwin, "Testing the Substitution Hypothesis: Would Credit Card Regulation Force Low-Income Borrowers into Less Desirable Lending Opportunities?" *University of Illinois Law Review*, 2009(2009), 403—455.

本基础上的,那么补救措施就不需要用利率上限。全国消费金融委员会(National Commission on Consumer Finance)在1972年的一份报告中提出,第一优先考虑的是出台促进竞争的有关政策。这类政策的重点之一应该是增加透明度,这样用户能够轻易地货比三家。该报告总结道:"随着可行的竞争市场的发展,用利率上限来对抗集中市场(concentrated market)上的市场势力的需求会减弱,这种上限就可能提高或者取消。"①在这种情况下,信用卡市场上的有些利率上限可能还是必需的,但只是为了防止出现严重欺诈弱势的借款人的情况。

第三节　按揭贷款

雷曼兄弟(Lehman Brothers)的一个行政主管在拜访完加利福尼亚州一个名叫第一联盟(First Alliance)的按揭公司潜在客户后,写下了这段话:"绝对不能讲究伦理道德。"②他将该公司比喻为血汗工厂,在公司内安置满了销售人员,大部分来自汽车行业,他们正在推销住房贷款,主要针对没有经验的年老客户。他接着写道,在一些情况下贷款,"借款人没有真实还款能力",而第一联盟是次级信贷市场上的"二手车销售员"。无视这些警告和无数不满客户的未决诉讼,雷曼兄弟坚信该公司已经整顿好了其运营方式,因此,在任何情况下,它一直没有做违法的事。接着,雷曼兄弟贷了5亿美元左右给第一联盟继续经营,还以发放给该按揭公司的贷款为支撑发行了7亿美元证券。

和这段时期的许多银行一样,雷曼兄弟深陷次级信贷危机之中,结果不仅给借款人带来很多不幸,包括个人破产和失去房屋,而且导致银行系统因为抵押贷款支持证券损失近乎崩溃。雷曼兄弟本身也在2008年9月惊人的破产中灭亡了,这也是金融危机中的一个重要事件。雷曼兄弟倒闭的主要原因是,该公司大量持有不可靠的抵押贷款支持证券。2003年6月,加利福尼亚州的一个陪审团发现,在第一

① *National Commission on Consumer Finance*, *Report on Consumer Credit in the United States*(1972), p. 149.

② 关于雷曼兄弟和第一联盟的资料,来自 Monte Morin,"Lehman Disputes Charges about First Alliance," *Los Angeles Times*, February 19, 2003; E. Scott Reckard,"Lehman Aided Lender's Fraud," *Los Angeles Times*, May 9, 2003; E. Scott Reckard,"Lehman Bros. Held Liable in Fraud Case," *Los Angeles Times*, June 17, 2003; Diana B. Henriques,"Lehman Aided in Loan Fraud," *New York Times*, June 17, 2003; and Michael Hudson,"Lending Hand: How Wall Street Stoked the Mortgage Meltdown," *Wall Street Journal*, June 27, 2007。

联盟通过使用高压销售策略诱导客户使用那些被隐瞒或歪曲的高费用和高利率贷款再融资时,雷曼兄弟提供了"实质上的帮助",是有罪的。在某些情况下,收取的费用高达贷款本金的24%。一位女士寻求用两笔按揭贷款为14 000美元信用卡债务再融资,结果被收取了18 000美元的费用。到对雷曼兄弟提起诉讼时,第一联盟已于2002年3月在同意支付6 000万美元和解联邦贸易委员会对其的消费者欺诈指控后停业了。

一、次级贷款的兴衰

金融危机前的十年的显著特点是发放给美国房主的次级抵押贷款的数量大幅增加。从1996年到2006年,次级抵押贷款在所有抵押贷款中的比重从9.5%上升到23.5%。[①] 然而,2008年次级抵押贷款的比重降至1.7%,由于放贷标准的提高和信贷短缺,这个数字后来保持在低位。大多数发放了巨量次级抵押贷款的独立贷款发放公司已经停业或者被大的银行吸收合并。其中起了很大作用的按揭经纪业务也大都不复存在了。尽管由这种次级抵押贷款暂时兴起和突然衰落造成的损害继续存在,但这种短暂插曲对当今的影响似乎微乎其微,它只不过戏剧性地诠释了潜在有益的创新如何可能被滥用,尤其是当它与重要驱动因素相结合的时候。

97

事实证明,次级抵押贷款的出现具有巨大的社会潜在效益。1970年前,抵押贷款只发放给"优质"借款人,其具有三个重要特征:信用评级高、有充足的收入轻松还款和至少支付售价20%的首付款。通常可提供的产品仅有传统的15年和30年固定利率抵押贷款。市场将借款人限制为优质客户的原因有很多,其中之一是银行(主要放款人)发放按揭贷款的能力是受其自身存款(一般由其提供资金)约束的。由于贷款通常记在银行自己的账上,因此银行办业务时高度谨慎,只接受最有信誉的借款人并坚决要求其提供出现违约时能够扣留的合格抵押品。另外,资产评估很保守以降低放贷人的风险。而且,出售贷款的市场,主要是政府资助企业(government-sponsored enterprises, GSEs)房利美和(1970年后的)房地美,要求所谓的"合格抵押贷款"(conforming mortgages)。它们指的是在信贷质量、贷款价值

① *Financial Crisis Inquiry Commission Report: Final Report of the National Commission on the Causes of the Financial and Economic Crisis in the United States* (Washington, DC, January 2011), p. 70.

比率和金额方面满足一定标准的15年和30年固定利率抵押贷款。

由于住房抵押融资只面向优质借款人,而且产品品种有限,根据美国统计局(US Census Bureau)的数据,1970年美国家庭的住房拥有率比63%稍低一点。排除在房主行列之外的是潜在买家(尽管可能需要一些努力,但他们有充足的收入还款)和那些缺少充足时间积累足够储蓄的人。另外,有多种不稳定收入来源的人通常不符合优质抵押贷款条件。更为重要的是,优质抵押贷款的要求不考虑人们的收入增长潜力。从经济的角度来看,有效资本市场应该能使人们基于他们一生的财富来消费而非仅仅基于当前的收入水平和储蓄来消费。这种时间约束的去除是有效市场上信贷的重要功能。

由于排除在房屋抵押贷款市场之外的许多人是少数族群,这些信贷限制会加剧根深蒂固的种族歧视问题。而且,住房对大多数家庭积累财富来说都非常重要,因此,这么多的人(其中主要是低收入群体)被排除在抵押贷款市场之外加剧了贫困和不平等问题。住房也与稳固的家庭和社区发展相关联,因此它也是美国和其他各地政府政策数十年来一直支持的一个重要社会目标。

98

从1970年开始,按揭贷款领域的创新极大地扩大了以前被排除在外、无法进入房主行列的人的机会。这些新产品包括可调整利率抵押贷款(adjustable-rate mortgages, ARMs)、漂浮式付款和优惠初始付款(所谓两三年后重新设定的"诱惑利率"(teaser rate)抵押贷款)、零首付贷款、二次抵押贷款(通常要提供必要的首付款)以及房屋净值信贷额度(home equity lines of credit)。美国经济研究局(National Bureau of Economic Research, NBER)的一项研究发现,非传统贷款从1970年到2000年极大地提高了住房拥有率,尤其是年轻人和少数族群的住房拥有率,而且没有明显地损害贷款质量。[①] 到2000年,住房拥有率已提高到66.2%,并且极大地推动了少数族群(他们在抵押贷款中通常会受到歧视)的参与。与此同时,次级按揭的违约率一直很低,在1970年至2000年间只有不到10%。直到2005年,违约率仍低于11%,尽管该部门已在衰退,但相当长时间内没被人注意到。

次级抵押贷款的社会效益引人注目:许多本来无法购买合适住房的人现在已

---

① Kristopher Gerardi, Harvey S. Rosen, and Paul Willen, "Do Households Benefit from Financial Deregulation and Innovation? The Case of the Mortgage Market," *National Bureau of Economic Research*, Working Paper 12967, March 2007.

经能够购买了,而且,社会上许多亟待解决的社会问题也同时解决了。次级抵押贷款产生了巨大的风险,不仅对放贷人如此(因为违约率上升),而且对借款人也是如此(如果他们无法还款,在中止还贷的情况下可能会赔钱)。但是,高违约率可以计入收取的利息,并可通过按揭保险(这是次级贷款通常的要求)来抵消。借款人的风险也是有限的,如果出现财务困难时房屋可出售或容易地进行再融资并且房产价格大幅上涨的话。更重要的是,信贷仅限于优质借款人的主要影响因素(即有限资金和银行风险)被一个新的创造——住房按揭证券化——克服了。这个创新一下子为住房按揭敞开了全世界的信贷供给并将风险转移给了全世界的投资者。

二、证券化

99

通过把任意多种资产组合形成一个共同资金池,然后将这个池子分割为具有不同特点的部分,最后将每个部分的资产所有权卖给投资者,这种金融工具创新过程就叫作资产证券化。证券化中最常见的资产是来自住房抵押贷款、汽车贷款、助学贷款和信用卡债务的预期还款。最简单的证券化形式是资产支持证券(asset-backed security, ABS),或者当支持证券的资产为抵押贷款时称为抵押贷款支持证券(mortgage-backed security, MBS)。在 ABS 或 MBS 中,贷款池充当证券的抵押物,该证券代表投资者对扣除付给协调人或证券化机构(securitizer)的费用后所有未来还款的权利。更常见的是一种被称为抵押债务凭证(collateralized debt obligations, CDOs)的复杂证券,其共同资金池被分割为具有不同收益率和风险水平的部分或级(tranches)。不同级的风险源自还款的顺序,于是具有最低收益率的风险较低级的投资者首先得到还款,而具有最高收益率的风险最高级的投资者则最先遭受违约带来的损失。

在金融危机中,CDOs 产品与次级抵押贷款的发放深深地纠缠在一起,因为巨额的费用付给证券化机构(往往是大的投资银行),导致它们需要不断增加住房抵押贷款的供给。反过来,由于 CDOs 收益高,这些费用因全球范围内的投资者对 CDOs 的旺盛需求而成为可能。尽管随之发生的住房抵押贷款(包括优质和次级抵押贷款)信贷质量恶化导致了危机,但证券化本身还是有很多益处的。

首先,通过将贷款违约风险转移给 CDOs 持有者,证券化将风险从本土银行

(其业务相对单一因而对风险更加厌恶)中移除,并使风险转嫁给全球的投资者(他们更愿意并能够承担风险)。这种更有效地承担风险的能力也降低了贷款发放中风险承担的成本,从而降低了利率。

其次,这种风险转移也使得银行能够发放更多住房贷款,不仅是因为它们不再承担风险,而且是因为贷款资金来自全球的投资者而不仅仅是银行自己的存款人。尽管信誉低的借款人违约率可能较高,但许多借款人还是能顺利地偿还贷款的,而且只要违约率已知,就可通过收取更高利率来补偿更大的风险。而且,在一定假设条件下,贷款给信誉低的借款人的风险并非很大。只要房产价格持续上涨,无法还款的借款人就可以再融资或者出售其房产,而如果贷款得到很好抵押的话,对放贷人而言风险则相对较小(当然,这些情形在金融危机期间不再存在)。

最后,证券化提供了充足的高收益、高评级证券供给来满足投资者需求(这种需求在危机期间很快也枯竭了)。这种将有风险的次级抵押贷款转化成3A级证券的看似神奇的能力也许是CDOs最显著的特点。这种能力的关键在于形成抵押贷款池,每一个单独的抵押贷款只能获得较低的评级,但池子中只有一定百分比的抵押贷款会违约。如果优先级资产首先从没有违约的抵押贷款得到支付,那么在损失影响这些优先级资产之前,池子中几乎所有抵押贷款都将不得不违约。由于如此高的违约率是不可能发生的,因此即使处在都是次级抵押贷款的池子中,这些分级资产也非常安全,因而配得上3A评级。

100

这种看似神奇的"点石成金术"的缺点在于:第一,劣后级资产首先受到违约影响,风险非常大;第二,违约率远远超出预想,因此对中间级的资产也有影响;第三,优先级资产变得很难估值,由于没人知道它们的价值,因此用它们作为贷款抵押物变得一文不值。在危机中,许多CDOs虽然保留了其价值和3A评级,但已变得缺乏流动性。

三、什么地方出错了?

尽管潜在社会效益巨大,但美国的短暂次级抵押贷款繁荣最终转向了破灭。什么地方出错了?次级贷款危机的原因有多种,有些源自贷款本身以及它们是如何销售的,而其他涉及更大的影响力,包括房产价格泡沫、证券化存在问题以及银行承担的风险。同样,导致新近的金融危机发生的因素也有很多,次级抵押贷款只是其中之一。整个危机是众多影响因素相互作用的复杂结果。这里的重点只限于讨论次级抵押贷款如何没能实现自己的初衷,反而导致数以百万计的人因为中止还贷而失去他们的房屋,还常常导致人们丧失所有储蓄,或者最后处于"水下的"(underwater)状态,所欠的抵押贷款高于其房屋价值。这些影响因素只有部分涉及伦理过错,但这些都是重大失误,从中可吸取一些重要教训。

1. 掠夺性放贷

次级贷款危机最明显但也许最不重要的原因是第一联盟实行并得到雷曼兄弟帮助的那种掠夺性放贷。掠夺性放贷对受害的借款人造成的损害可能是非常大的,尤其是在大规模进行的情况下,当放贷人明知贷款无法偿还并可能严重损害借款人时还处心积虑地推销贷款,危害更加令人震惊。然而,掠夺性放贷和各种各样的贷款一起在大多数经济体中已盛行多年,并没有造成像最近经历的那样广泛的破坏。掠夺性放贷造成的后果通常仅限于受害者,基本没有或没有产生系统性影响,例如房产价格的崩溃,后者对经济体中的几乎所有人都有影响。而且,许多房主陷入抵押贷款(既有次级也有优质)困境,他们完全没有受到任何掠夺。因此,即使没有任何掠夺性放贷,次级贷款危机也很可能会发生。

掠夺性放贷缺乏精确定义,但当放贷人用不正当手段诱使借款人举借放贷人知道或应该知道可能会损害借款人的贷款时,这种贷款基本是掠夺性的。这种状况下的损害可能源自当不能偿还贷款时因中止还贷而导致的损失,或者当合格的借款人被引导向利率更高的贷款时而失去情况好转的机会。不仅仅是在完全欺诈的情形下,所使用的手段可能是不正当的,当使用高压销售策略时也是如此。确定贷款何时是掠夺性的比较困难,尤其是在次级贷款的情况下,借款人要获得贷款必须要承担更大的风险。次级抵押贷款对借款人来说本来就存在风险,因此何时风险大到不能承受?谁来作这个判断?此外,当贷款申请人有意隐瞒一定事实的时候,放贷人也可能是掠夺性放贷的受害者。

联邦监管机构已识别出掠夺性次级贷款或遭滥用次级贷款的三个要素。[1] 第一,当贷款重要条款被隐瞒、掩盖或不告知,特别是针对不知情或没经验的借款人

[1] Office of the Comptroller of the Currency, Board of Governors of the Federal Reserve System, Federal Deposit Insurance Corporation, and Office of Thrift Supervision, "Subprime Lending: Expanded Guidelines for Subprime Lending Programs," June 12, 2000.

时,就出现了掠夺性或遭滥用次级贷款。这种行为一般包括欺诈,当条款包含过高的利率、过高的点数或费用以及繁重的限制(包括高额的提前还款罚金)时情况会加剧。第二,诱使借款人重复通过不必要的新贷款重新融资以收取额外费用,这一过程被称为“贷款翻转”,此时贷款就是掠夺性的。第三,不是根据借款人的还款能力而是根据抵押物的价值来判断其信誉。之所以将此做法视作掠夺性的,是因为放贷人发放贷款的目的是在借款人出现意料之中的违约时夺取争执中的财产。这种贷款只是偷偷获取别人财产的不正当手段。

其中的第一个要素(隐瞒或虚假陈述重要信息)提出了关于放贷人应该披露什么信息的问题,也许还要确保借款人能够理解。这些信息就包括:漂浮式付款;付款可能因为利率根据可调整利率抵押贷款或者优惠初始“诱惑利率”抵押贷款重新设定而增加;可能发生的费用或罚款,尤其是提前偿还贷款和一次性预付清保费的抵押贷款保险;以及税收和保险的费用,特别是如果这些费用没有被托管和包括在每月还款之内。这些方面的信息非常重要,它能确保借款人对住房支付的所有成本有个准备,不至于对收取的金额感到惊讶。另外,不披露借款人可能满足条件更优惠的抵押贷款(包括优质贷款)方面的信息,是一种被称为“操纵”(steering)的掠夺性放贷,通常在放款人缺少能带来更多收费收入的贷款时使用。

掠夺性放贷一般是非法的,因此,次级贷款危机的一个诱因是没有有效实施已有的法规。美国联邦和州层面有很多法律禁止某些滥用行为,并有许多负责实施这些法律的监管机构。掠夺性放贷的受害者也可通过法院提起诉讼,很多人就这样做了。引起次级贷款危机的一个主要原因是监管机构没有有效实施已经成文的法律。美国联邦储备委员会认为没有充足的资源来防范滥用,因此明确地拒绝采取行动。[①] 美国银行监管体制的各自为政进一步阻碍了法律的实施,在某些情况下,那些采取积极行动的州监管机构被宣称有管辖权的联邦机构要求停止。另外,大多数次级抵押贷款是由非银行机构发放的,它们游离于银行监管之外。爱德华 · M. 格拉姆利克(Edward M. Gramlich)将次级贷款部门(最需要的地方)这种缺乏监管

---

① 参见 Edmund L. Andrews, “Fed Shrugged as Subprime Crisis Spread,” *New York Times*, December 18, 2007; and Binyamin Appelbaum, “As Subprime Lending Crisis Unfolded, Watchdog Fed Didn't Bother Barking,” *Washington Post*, September 27, 2009。

的状态形容为“类似于一个城市有法律但却没有警察巡逻”①。

2. 有毒产品

2006年，美国国家金融服务公司（一家臭名昭著的次级抵押贷款公司，现在是美国银行的一部分）的CEO安杰尔·莫齐洛（Angel Mozilo）写了一份备忘录，将为住房总价值提供按揭的贷款描述成“现有最危险的产品和不能再毒的产品”②。在背景中，莫齐洛呼吁在销售这种产品时要高度谨慎③，但他仍然认为其公司最畅销的一款产品具有内在的危险。只有通过发展金融创新产品，次级抵押贷款放贷（其在造福人类方面具有巨大潜力）才能成为可能，但这些产品同样也会成为炸毁市场的火药。也许有些金融产品天然就是“有毒的”，因此不应该卖给任何人，但次级抵押贷款存在的主要问题不仅在于它们是如何卖的（即掠夺性放贷问题），而且在于它们被卖给谁了（即合理性问题）以及卖了多少。所有这三个因素在次级抵押贷款危机中都非常关键。

也许没有单个按揭产品配得上贴“有毒的”标签，即使是美国国家金融服务公司的100%零首付贷款，对某些人来说，也可能是合适的。确实，大部分次级贷款创新是为了适应特定借款人（通常是优质借款人）的需要而设计的。例如，所谓的可选择ARMs最初是为那些希望受益于低即期付款的富有房主而设计的，它允许借款人支付少于规定的利息，将缺口部分加到本金上（负的分期付款）。④ 这种产品对那些目前现金短缺但未来有前途的房主来说也是有益的。他们希望赢得时间来积累财富。而且，可获得的次级抵押贷款都是有意义的，当然是在一定的前提假设下，其中就包括房价上涨。（它们曾经跌过吗？哦，是的，但我的记忆中没有。）其他前提假设包括能获得再融资和易于出售。按照一直流行到2006年的状况，借款人和放贷人甚至在最与众不同的抵押贷款上都很少见到下行风险。

103

次级抵押贷款中包含的有些风险不能轻易地预见到，但不可否认有些借款人

---

① Edward M. Gramlich, “Booms and Busts: The Case of Subprime Mortgages,” Federal Reserve Bank of Kansas City, *Economic Review*, Fourth Quarter 2007, pp. 105—113, 109.

② Securities and Exchange Commission, “Excerpts of E-Mails from Angelo Mozilo,” at http://www.sec.gov/news/press/2009/2009-129-email. htm

③ 全文为：100%的零首付次贷产品是“现存最危险的产品和不能再毒的产品，因此不能无视环境偏离规定的指引”。

④ “Nightmare Mortgages,” *Bloomberg Businessweek Magazine*, September 10, 2006.

在估计其支付能力时粗心大意,而放贷人只是太急于想帮助他们了。发放人和抵押贷款经纪人推销的都是不必要的复杂产品,即使是老练的客户也会被搞得晕头转向。不管怎样,必然的结论是:抵押贷款被卖给了当初就不该成为房屋买家的人。问题不是没有考虑适当性(获得正确的抵押贷款),而是资格审查不到位(获得的简直是任何按揭)。放贷人在审查申请人的资格时要么放松了标准,要么在某些情况下伪造了信息。后者显然是一种欺诈。

放松担保标准会将好产品变成有毒产品,因为会用错地方——被那些根本不该获得它们的人用了。这种标准放松可以多种不易识别的方式表现出来。第一种方式是没有充分地提供资格证明材料(如果纠正了就合格了)。这种"低资质""无资质"或"宣称的收入"贷款可能形式上符合担保标准,但掩盖着信息的虚假。这些贷款品种是为那些收入不稳定且很难验证的人(比如自由职业者)提供的,但它们最终被不合适地拓展到了正常工薪阶层(他们的收入可能被夸大了)。

第二种方式是,借款人可能满足那些低首付抵押贷款的条件,但没有考虑利率重新设定后的成本;或者仅仅满足抵押贷款而没有考虑房屋产权的其他相关成本,比如税收、保险和维护成本等。

第三种放松标准的方式是"风险叠加"(risk layering),即无数较小风险因素结合起来形成大的风险。因此,一个借款人可能不会有一个不合格的风险特性,但如果足够多的较小风险特性被忽视了,那么可能严重误判其信誉。与此相类似,一个借款人可能满足一种风险特征的贷款条件,但如果几种风险"叠加"起来,那么对该借款人而言这一贷款风险可能就太大了。

3. 不恰当的激励

104

如果不提导致抵押贷款发放人从事掠夺性放贷和提供有毒产品的诱因,就无法理解次级贷款危机。[①] 一句话,这些不恰当的激励主要源于证券化。和次级抵押贷款一样,证券化也是个具有潜力的有益创新,如果不是错误使用的话也不会有危害。

当银行发放抵押贷款并将其持有在账上时,它们有非常强烈的动机只选择最

① 更完整的讨论参见 Robert W. Kolb,"Incentives in the Financial Crisis of Our Time," *Journal of Economic Asymmetries*, 7(2010), 21—55。

有信誉的借款人，并且去核实借款人以及所要购买房产的相关信息。这种1970年前盛行的制度可被称为放贷并持有（originate-to-hold）模式。在证券化中，贷款池被打包在一起并以证券形式卖给投资者。当20世纪90年代这种方式变得普遍时，放贷和持有之间的联系被分开了：相关按揭现在不再由放贷人持有，而是被世界各地的投资者所持有。结果就产生了放贷并出售（originate-to-distribute）制度。在从放贷并持有模式向放贷并出售模式过渡的过程中，放贷人的动机发生了根本变化。而且，证券化引入了许多新的参与者，包括证券化机构和最终投资者，他们都有自己的动机。

在放贷并出售制度中，放款人的一个动机是走量。由于放款人卖给证券化机构的每笔抵押贷款都会收到它们支付的费用，而且还可以向借款人收费，因此发放的贷款数量很重要。持有抵押贷款的银行需要发放一些贷款，但是数量受制于其可得的资金；因而更多不一定更好。既然放贷并持有模式中的放贷人基本没有兴趣去吸引借款人（事实上，他们常常被拒绝），贷款就可能发放给那些比较有信誉的人，而不是那些必须要经劝说才再融资或者第一次成为房主的潜在借款人。而将贷款卖给证券化机构的抵押贷款发放人的情况就不同了，这就解释了它们为何在高峰期掘地三尺以找到越来越多的借款人，常常通过直接邮寄和打陌生电话的方式进行推销。很少有潜在客户会被拒绝。

在放贷并出售制度下，借款人的信誉是无关紧要的，只要它是准确表达的。如果风险已知并能准确地定价的话，任何信用等级的贷款都能被证券化。事实上，由于其回报更高，具有高收益的高风险次级抵押贷款在高峰年份的证券化需求很大。尽管在把抵押贷款卖给证券化机构时描述风险的准确性很重要，但和那些贷款保留在账上的银行相比，发放人缺少积极性，因为一旦贷款出售了，任何不准确都是买方的问题了。而且，在放贷并出售制度下，买方（证券化机构和最终投资者）和卖方（发放人）之间确保准确性的责任被分开了，这就降低了对各方的激励强度。

105

虽然进行融资的房产的价值对所有放贷人都很重要，但两种制度下的激励变化很大。放贷并持有模式下的银行有积极性确保房产和其所宣称的金额相符，因为这是贷款的抵押物，因此它通常会雇用可靠的评估师来确定其价值。而且，评估师会根据银行的要求保守地进行估计，以便在发生违约时所贷金额能够从扣留的抵押物中收回。当银行不愿意发放超过评估值80%的贷款时，贷款金额将低于保守的评估值并要求借款人按照实际售价的至少20%支付首付款。

但是,当发放贷款的目的是出售时,放贷人就不太关心准确评估了,其原因和借款人信誉准确性相对不重要一样。更为重要的是,放贷并出售模式下的放贷人对推高房产价值感兴趣,因为这样贷款的面值会更高,而放贷人从证券化机构获得的费用是以贷款面值为基础的。更高的面值也可通过降低首付金额来实现,这样可增加贷款的本金。因而,给一处评估言过其实的房产发放100%的抵押贷款,对放贷并出售制度下的放贷人很有吸引力,而对放贷并持有制度下的放贷人来说则是十分讨厌的事。

在两种制度下,放贷人都有动力发放利率最高和收费最多的抵押贷款,因为这些是收入的主要来源。收入也可通过设计一些可能需要再融资的贷款来增加,但是,如果苛刻的条款导致违约,那么持有贷款的银行就会遭受损失,而放贷并出售模式下的放贷人则不受影响。因此,在前一种情况下放贷人有动力规避苛刻的条款,而在后一种情况下放贷人则没有此动力。同时,持有抵押贷款的银行更加植根于社区并要维护其声誉,这样会产生节制其行为的附加动力。

此外,当贷款是卖给证券化机构时,放贷人对贷款种类(优质还是次级,合规还是不合规)更感兴趣。持有抵押贷款的银行一般对次级贷款没什么兴趣,但当这些是证券化机构更感兴趣的对象时,放贷并出售模式下的放贷人将会寻求更多的次级贷款,也许通过操纵使优质借款人举借次级贷款。事实上,证券化机构在高峰期对不合规的贷款也有需求,因为它们正在寻求从政府资助企业(房利美和房地美)那里抢占市场份额,而政府资助企业至少初期时只收购合规的贷款。

106

尽管证券化主要影响放贷人的积极性,但借款人也会受到影响。由于证券化大大降低了获得抵押贷款的成本并扩大了信贷供给,这一事实和不断上升的房价相结合,把许多投机者拉进投资性房产市场,指望房产能够快速地“翻番”从而获得可观的利润。同样的因素也诱使许多房主采取房屋净值贷款或转成本金更高的贷款以获取现金,从而把房子当成“储蓄罐”。于是,掠夺性借款人利用欺骗和虚假陈述来获得在某些情况下他们本来不满足条件的贷款,从而加入了掠夺性放贷人的行列。

放贷并出售制度还创造出一个新职业——抵押贷款经纪人,其在借款人和发放人之间牵线搭桥。他们在抵押贷款发放中的作用迟至1960年都微不足道,但在

21世纪初的市场高峰期,经纪人发放了差不多所有按揭的三分之二。[1] 今天,抵押贷款经纪人几乎消失了。[2] 与许多借款人的信念相反,抵押贷款经纪人只对自己负责。他们只是借款人和放贷人之间的中介,对双方都没有信托责任。由于他们由放款人付费,他们的积极性基本上与放款人一致("得到他们想要的东西!"),但他们的主要兴趣在于以任何条件促成交易,因为只有那时他们才能得到提成。但是,经纪人也有可能与借款人合谋来进行虚假陈述或隐瞒信息以帮助其获得贷款,或者促成那些对借款人和放贷人都不利但能够使自己牟取私利的贷款。

4. 余波

尽管次级抵押贷款市场如今基本上已经成为过去,但其影响仍然存在。在大银行为了保证证券化有稳定的抵押贷款供应而收购了主要的独立抵押贷款公司后,次级抵押贷款业务在金融危机期间崩溃了。这些抵押贷款公司的不当行为现在还长期困扰着收购了它们的大银行,因为房主、投资者和政府仍在向它们提起诉讼。当银行在帮助痛苦的房主应对其艰难境况的过程中应承担什么责任的问题出现时,次级抵押贷款中的伦理问题已从发放转向中止还贷。

虽然美国政府拨款资助中止还贷,但大银行基本没有采取行动,而其却从纳税人的钱中大大受益,这些资金本来是为了避免银行倒闭而注入的。房主们抱怨道:"银行获得了救助,而我们却完蛋了!"然而,解决中止还贷问题的努力受到两个合法伦理问题的制约。其一,公众认为有些房主的困境是因为自身的贪婪所致。许多人赞同电视名人里克·桑塔利(Rick Santelli)不合语法的咆哮,他在电视上责问道:"多少人愿意为其邻居有超大浴室却不能支付账单的抵押贷款买单?"其二,许多有问题的抵押贷款已经被分隔成无数被世界各地的人持有的证券,其收益是由合约来保证的。许多房主可能被冤枉了,但纠正这些错误可能会侵犯这些合约持有人的产权,这也是一种错误。

107

在次级贷款危机余波中最后一个伦理问题是当房主有能力偿还贷款却在抵押贷款中违约所涉及的伦理问题。这已成为众所周知的"叮当邮件"(jingle mail),意思是当房主将装满钥匙的信封寄给按揭服务机构时发出的声音(现在它是你的

① Kolb, "Incentives in the Financial Crisis of Our Time," p. 29.

② Jeff Swiatek, "Mortgage Brokers Are Becoming a Vanishing Breed," *USA Today*, August 29, 2010.

了！）。在无追索权司法制度下，债权人不能扣押除充当抵押品（住房抵押贷款情况下的房子）以外的资产，对于“水下的”房主（其所欠抵押贷款超过了房子的市值）来说，简单地一走了之、任由银行接管房产在经济上是有意义的。很少有“水下的”房主实际这样做的事实是需要解释的。一种可能是：羞愧、内疚和害怕混合起来阻止他们去采取本应合理的行为。① 其他人认为，一走了之或者“叮当邮件”并不像乍看起来那样在经济上是理性的行为，在道德上也是不被允许的。②

虽然银行业力争道，房主已经承诺要偿还贷款（当然，诺言必须要遵守），但该行业还辩解道，合同就是契约，理应得到遵守，无须考虑伦理（这正是在中止还贷的情况下合同不应修改的原因）。银行业在这方面是否犯了前后不一致的毛病？而且，讨论中的合同（抵押贷款文件）为出现违约时所提供的补救措施，一般仅限于银行扣押房产。也许有人认为，银行事实上已经向房主卖出了一个有权卖回房产的看跌期权，因此房主只是行使该期权而已。难道银行会说它有义务因为伦理考虑而拒绝行使期权的权利？毕竟，在执行中止贷款期权过程中没有考虑人力成本以及一些房主的痛苦，有人认为这种痛苦压根就是由银行造成的。因此，它们有权在修改抵押贷款合同也是可行的情况下通过对房产实行取消抵押品赎回权而加重这种伤害吗？次级贷款危机造成的余波留下了许多悬而未决的伦理难题。

第四节　仲裁

108

美国幽默大师亚历山大·伍尔科特（Alexander Woollcott）曾经调侃道，经纪人是“将别人的财产管理消失的人”（a man who runs your fortune into a shoestring）。不幸的是，很多投资者都将自己终生的积蓄委托给经纪人，到最后发现，自己曾经相当可观的养老金逐渐被频密交易、未授权交易、经纪人没有按照指令下单等行为或者干脆被经纪人的不称职耗费殆尽。问题不仅限于经纪人。银行客户、信用卡持有者、共同基金投资者、保单持有人以及广大普通民众发现，他们都遭受过金融

① 该观点可参见 Brent T. White,“Underwater and Not Walking Away: Shame, Fear, and the Social Management of the Housing Crisis,” *Wake Forest Law Review*, 45(2010), 971—1023。

② “The Morality of Jingle Mail: Moral Myths about Strategic Default,” *Wake Forest Law Review*, 46(2011), 123—153.

服务提供者可能的不端行为所造成的损失。

从正义的要求看,那些滥用或不称职行为的受害者应该得到赔偿,那些作恶者应该得到惩罚。当然,投资者可能试图将自己的失败和不幸归咎于金融服务提供者,因而,争端解决方法还是需要的,以免不公正落在任何一方头上。设立法院制度的目的就是以公平的方式来解决此类争端,但是昂贵和冗长的法律诉讼通常对双方都没有好处。对于一些财力不足或者损失相对较小的个人来说,如果法律诉讼是他们唯一的选择,那么他们在寻求赔偿方面将受到阻碍;同时,如果每个不满的客户都提起诉讼的话,那么金融服务企业将面临无休止的官司。

与诉讼相比,仲裁(arbitration)似乎是一种快捷、低廉的争端解决方法,对涉案各方来说都有好处。例如,大多数劳动合同都规定强制仲裁,因为仲裁比诉诸法院有优势。与此相类似,在证券行业中,争端前仲裁协议(predispute arbitration agreements, PDAAs)是一种非常通行的做法,这样就会强制客户(以及雇员)接受仲裁的制约。于是,许多投资者被剥夺了向法院起诉的权利,被迫将争端提交给仲裁小组裁决。另外,那些本可以到法院起诉的受到歧视和其他非法待遇的雇员常常被迫接受仲裁,而且信用卡客户、保单持有人以及其他金融服务用户也越来越多地被要求通过仲裁来解决争端。尽管仲裁有很多优点,但仲裁程序易于被滥用,批评者指责许多受害者没有得到公正的待遇。他们认为,仲裁在很大程度上是偏袒行业的,结果那些曾被不诚实或不称职金融从业人员伤害的人会再次受到飞扬跋扈的金融机构的欺凌。法定诉讼程序最基的一些本原则没有得到仲裁小组的遵守。另外,这种争端解决方法的快捷、低廉优势也并不是总能实现,因为仲裁有时和法院诉讼一样艰难。行业本身也抱怨说,无法预见的惩罚性损失赔偿会使公司背上潜在的沉重债务。争议的各方都意识到,仲裁需要彻底的改革。

109

1994 年,当时负责处理证券行业 85%的仲裁事务的 NASD 任命了一个由八个成员组成的仲裁政策特别行动小组,其负责人是前 SEC 主席大卫 · S. 鲁德(David S. Ruder),该小组的任务是对现存体制的全面改革提出建议。1996 年 1 月,该小组发布了名为《证券仲裁改革》(Securities Arbitration Reform)的报告,该报告包含了七十多条建议,根据一次新闻发布会的说法,这些建议代表了"为解决投资者争端而建立证券行业仲裁制度一个多世纪以来最全面的改革"①。这个所谓的鲁德委员会调查了人们关注的四个主要方面:(1)通过使用PDAA实行强制性仲裁的要求;(2)证券公司的"强硬"法律策略;(3)仲裁员的能力和责任;(4)惩罚性损失赔偿的允许性。

一、强制性仲裁

在经纪公司开立账户的投资者往往被要求签订一个PDAA。几乎所有保证金或期权账户以及超过60%的货币管理账户都被要求签订这种协议,但对现金交易账户通常不作要求。那些拒绝放弃诉讼权利的客户一般会被告知另寻他处,但他们会发现,在其他任何公司,同样形式的协议在等着他们。如果签订PDAA是在经纪公司进行交易活动的前提条件,那么还能说投资者是自愿接受强制仲裁的吗?一名美国国会的仲裁批评人士将这种"公平强制"形容为矛盾修饰法(oxymoron),并主张:"投资者不能为了在我们的金融市场上进行投资而被迫进行浮士德式交易(Faustian bargain),签字放弃诉讼的权利。"②

自律机构(self-regulating organizations, SROs)法(NASD就是依据这个法律建立的)和NASD的规则都允许客户坚持任何争端必须仲裁,而不管是否已经签订了PDAA,但是从法律上来讲,客户仍有权提起诉讼,当然,除非客户放弃了这种权利。但是,围绕强制仲裁协议,至少有两个问题必须要问。法律应当允许金融机构要求投资者签订PDAA作为开立账户的前提条件吗?特别是,如果强制性仲裁不能使投资者享受法律赋予的权利,那么这种PDAA是否具有法律约束力?

1987年,美国最高法院在希尔森/美国运通有限责任公司诉麦克马洪一案中解决了这些问题。③ 该法院一致支持证券行业有权要求客户通过仲裁解决争端,因为(为仲裁提供依据的)法律仅仅支持鼓励自律机构通过仲裁解决争端的联邦政策。简言之,这正是国会的看法:在证券行业中,更符合美国公众利益的是仲裁,而不是诉讼。这种要求签订PDAA的权利并不适用于通过欺诈签订的协议,除了这

110

① "Arbitration Task Force Issues 70 Recommendations in Largest Revamping of Securities Arbitration Since Its Start More than a Century Ago," NASD Press Release, January 22, 1996.

② 马萨诸塞州Edward J. Markey议员,引自Shirley Hobbs Scheibla,"See You in Court," *Barron's*, June 5, 1989。

③ 482 U.S. 220(1987), cert, denied 483 U.S. 1056(1987).

个特例,PDAA是具有法律约束力的。根据证券法,投资者也有不被经纪人欺诈的权利。PDAA是否要求投资者放弃这种法律保护呢?没有!法院在麦克马洪一案中判定,只要仲裁对加强投资者在证券交易中的权利相当有效,这种协议就没有取消投资者的这种法律保护。仲裁是否提供了足够的保护这一问题应该由国会而不是法院决定。然而,本质内容是,只有当PDAA有效地保护所有投资者的权利时,它们对投资者来说才是公平的。

其他伦理和法律问题是:投资者是否应该被告知,通过开立账户,他们在接受强制性仲裁?他们是否应该完全理解签订PDAA意味着什么?顾客抱怨说,这些协议条款是用难以理解的法律术语来表述的,并且被隐藏在开立账户的文件中。许多人不会意识到,仲裁的规则和法院的规则不同。鲁德委员会报告特别建议,PDAA应该置于显著位置加以突出,并且最好要求投资者以书面的形式承认这个协议。另外,下面这些信息披露应该被显著地列示:

1. 仲裁是最终的,所有各方都受此约束;
2. 各方都放弃其通过法院寻求补救的权利,包括诉诸陪审团审判的权利;
3. 仲裁中的举证一般比司法程序中的举证更为有限,而且十分不同;
4. 仲裁书并不要求包含事实发现或法律推理,各方上诉的权利或者寻求变更仲裁决议也是严格限制的;
5. 仲裁小组通常要包括少数与证券行业曾经或正在有关系的人士。①

有些州(尤其显著的是纽约州)不允许在证券仲裁中附有惩罚性损失赔偿。在其他州,涉及顾客和金融企业的仲裁协议是否能包括惩罚性损失赔偿的弃权声明还不是很清楚,但不管怎么说,有些投资者在毫不知情的情况下已经签订了放弃惩罚性损失赔偿的PDAA。1995年之前,许多经纪公司在它们的PDAA中加进一个条款,特别规定,在仲裁过程中,适用纽约州的法律。当然不会加以说明,纽约州的这些法律禁止惩罚性损失赔偿。芝加哥一个名叫安东尼奥·C. 马斯特罗布奥诺(Antonio C. Mastrobuono)的大学教授与希尔森·莱曼·赫顿有限责任公司(Shearson Lehmann Hutton, Inc.)签订了这样一份协议,而他几乎没有意识到该协

111

① *Securities Arbitration Reform: Report of the Arbitration Policy Task Force*, January 1996, p. 15.

议的含义，当他从仲裁小组那里赢得惩罚性损失赔偿时，这个经纪公司提起诉讼对这个仲裁结果进行阻止，认为马斯特罗布奥诺已经放弃了接受惩罚性损失赔偿的权利。在1995年的判决中，最高法院发现了有利于马斯特罗布奥诺的理由，认为合同不够明确，尽管高等法院没有对裁定惩罚性损失赔偿的优点或用晦涩语言隐瞒弃权申明的伦理问题发表意见。作为但丁(Dante)学者的马斯特罗布奥诺教授提供了更多的信息，他说："允许华尔街从客户那里盗窃钱财，然后又在其所选的仲裁机构那里限制客户理应获得的赔偿，这是一种制度性罪恶，应该受到但丁《神曲》中第四层地狱的惩罚。"①

二、强硬法律策略

虽然仲裁本来要比法院审判非正式些，但是仲裁已经成了一个法律战场，双方的律师在仲裁程序的每个层面都进行着激烈的争斗。尽管经纪公司公开承诺诉诸仲裁，但它们已经急切地到法院来实现自己原本要通过仲裁达到的目的。于是，那些只能通过仲裁寻求公正的投资者不得不面对一个能同时在两种场合战斗的对手。

仲裁以及诉讼争论的主要焦点为：(1)仲裁申请是否符合仲裁条件，特别是申请的时效是否已经过期；(2)应该遵守的规则，特别是那些主导证据确认和适用法律的规则；(3)在举证中应该公布的文件。投资者已经指责经纪公司拒绝提供相关文件或尽可能拖延的行为。虽然仲裁小组有传唤的权力，但是他们很少使用这种权力，或者对不服从行为根本不采取强制执行。许多争端在到达仲裁小组之前就已经和解，有些无疑是以慷慨的条件达成的，但众所周知的是，经纪公司利用投资者缺乏资源和对前景不确定等方面的劣势而廉价地与投资者达成和解。几乎所有和解都包括保密协议，以防止对涉案经纪人及其公司不利的曝光。总之，那些进入仲裁的客户可以预料到来自经纪公司的强硬法律策略，因为这些公司会尽可能使其法律责任最小化，无论在公平对待客户这一问题上使行业声誉付出什么代价。

鲁德委员会报告对解决这些问题提出了三个主要建议②：

---

① Margaret A. Jacobs and Michael Siconfolfi, "Investors Fare Poorly Fighting Wall Street—And May Do Worse," *Wall Street Journal*, February 8, 1995. 引自《华尔街日报》的是马斯特罗布奥诺教授的演讲的节选。

② NASD Press Release, January 22, 1996.

112 (1) 禁止将仲裁程序问题同时提起法院诉讼,直到裁决书的出现。该委员会建议,仲裁各方应该寻求通过仲裁庭解决程序问题,并延迟所有法院诉讼,直到仲裁小组作出裁决之后。

(2) 停止实行6年时效性规则,并且更加大力地通过采用合适的州和联邦法律限制来解决仲裁申请是否过时的问题。在现行规则下,仲裁申请必须在涉嫌不当行为发生后的6年内提出。除了有些投资者在这段时间内可能不会发现欺诈活动这一事实,6年的规则在实施上也很困难,因为侵害行为发生的时间不确定。

(3) 简化文件生成程序以及其他举证程序,尽早解决举证方面的争端。该委员会通过调查总结说,从对方那里获取文件的程序是仲裁实现快捷、低廉的主要障碍,而且也是许多并行法院诉讼的主要来源。举证这一程序也被一些律师滥用,有些律师利用民事诉讼中常用的"真空吸尘器"(vacuum-cleaner)策略来寻求获取所有可用的证据,同时用提供文件的沉重要求来增加对方的负担。

三、仲裁员的问题

仲裁的批评者抱怨说,有些仲裁员不专心进行仲裁,不了解相关的法律和仲裁程序,在仲裁过程中多变且不统一、抱有偏见以及偏袒行业,等等。反过来,仲裁员感觉负担太重且报酬偏低,感叹缺少时间和资源接受更多的训练。有些对仲裁员的抱怨由于仲裁规则而更加复杂了,例如,至少一个仲裁员必须与行业有关这条规则就使人产生了作弊的印象。仲裁小组人数的限定以及各方选择仲裁成员的机会有限都降低了人们对这个制度的信心。仲裁小组通常不解释他们的理由,并且也不允许对他们的裁决进行上诉。因而,仲裁各方都被剥夺了判断裁决过程是否合理或判断裁决制定者是否胜任的权利。

鲁德委员会报告注意到,仲裁员的传统模式和仲裁员的最新模式之间存在着矛盾关系。传统的仲裁员就像同行一样,充分利用自己的知识与经验;而最新的仲裁员是职业化的全职仲裁员,很像法官。[①] 在过去,传统仲裁员模式可以很好地为证券行业服务,但报告建议,现在应该是转向职业仲裁员模式的时候了,这种模式已经在处理劳动关系和大的商业纠纷中流行了。除了在完善仲裁员培训与报酬以 113

① *Securities Arbitration Reform*, 88.

及增加仲裁员人数方面提出大量建议,鲁德委员会报告还建议:那些涉案金额较小的争端应该用简化的程序来进行仲裁;同时,应该更多地使用调停与斡旋以及“早期中立评估”(early neutral evaluation, ENE)来解决争端。

四、惩罚性损失赔偿

鲁德委员会报告观察到,“在投资者和证券行业之间,引发争议最多的非证券仲裁中的惩罚性损失赔偿话题莫属”①。行业将消除惩罚性损失赔偿作为自己的主要目标,而投资者却竭力希望保持惩罚性损失赔偿裁决。

行业的观点是:仲裁的目的是要补偿投资者所遭受的实际损失,而不是因为过去的错误行为惩罚个人和公司或者阻止他们将来的错误行为。如果仲裁小组着眼于惩罚和防范,那么他们就必须要考虑手头案件之外的许多因素。而且,惩罚与防范是政府的事,应该由监管者来保护公众,而不应由那些解决私人纠纷的仲裁员来执行。由于惩罚性损失赔偿可能会是巨额的,因此通过一个缺乏重要程序保障(如考虑所有相关信息和上诉的权利)的仲裁来强行收取这些巨额赔偿是不公平的。最后,惩罚性损失赔偿的存在增加了经纪公司的利益关系,因而会导致它们采取强硬的法律策略。

投资者的观点是:惩罚性损失赔偿防范的是经纪公司的掠夺性行为。既然麦克马洪判决允许经纪公司将签订 PDAA 作为开立账户的前提条件,强迫顾客通过仲裁的方式解决争端,那么投资者就不应该再被剥夺本可以通过民事诉讼得到补偿的权利。简言之,投资者通过仲裁得到的补偿应该和通过法院得到的补偿一样,特别是因为他们在渠道选择上基本没有发言权。而且,这个原则在 SEC 和 NASD 制定的规则中有明确表述:在裁定种类和金额问题上,禁止对仲裁员施加任何限制。

鲁德委员会对这两种观点的优点都予以承认,不偏向任何一方。取而代之的是,该报告提出了一个折中方案:允许惩罚性损失赔偿,但应该有个上限。具体来说,该报告所建议的上限不超过损失补偿的两倍或 75 万美元。设置上限(无论金额多大)的做法的主要好处是减轻了行业对现行制度中存在的无限风险暴露的担

114

① *Securities Arbitration Reform*, 10.

心。该报告所建议的上限已经足够高了,很少有投资者将因此受到影响。另外,鲁德委员会报告还建议,仲裁中是否使用惩罚性损失赔偿应该由法院诉讼中是否存在惩罚性损失赔偿来决定,也就是说,同样的仲裁索赔申请,依据投资者提出索赔申请时其所在州的法律,如果法院对同样的索赔要求作出惩罚性损失赔偿的判决,那么仲裁也就可以作出惩罚性损失赔偿的仲裁。"按照这个标准,"该报告指出,"投资者在仲裁中得到的结果与他们将索赔申请提交司法诉讼得到的结果差不多。"①

投资者和经纪人之间出现争端是不可避免的事,因此必须要有一些公正解决争端的手段存在。然而,证券行业还应该努力消除争端产生的根源,而不是仅仅在争端发生时疲于处理问题。正如一位评论员在《商业周刊》(*Business Week*)上所指出的,"对于已存在的问题来说,该行业所提建议仅仅是杯水车薪。相反,最有效的解决方法应该是该行业从一开始就防止滥用行为的出现"②。

五、小结

金融服务的零售业务客户特别脆弱,因为这些服务的提供者一般都拥有很容易被滥用的巨大权力,而且它们也有强烈的动机去这样做。对它们来说,客户的金融知识和经验差异很大,而且给定金融服务在我们生活中的重要性,每个人都应该不用担心它们被滥用而使用它们。尽管市场为客户提供了相当多的保护(比如,如果离开了高度信任与忠诚,没有银行能够生存),但大量的监管还是必要的。由于产生的问题主要与金融服务供应商对客户的义务(职责)以及客户的权利有关,因此这种监管通常是由伦理来指导的。另外,善待客户已经超出了市场和监管提出的要求。供应商必须确定在对待客户时什么是伦理的要求以及如何在其行为和政策中贯彻这些伦理标准。本章的主题(销售手段、信用卡、按揭贷款和仲裁)并没有穷尽那些影响零售业务客户的因素,而本书中的大部分内容实际上与我们在和金融界打交道时感觉到的脆弱性有关。

---

① *Securities Arbitration Reform*, 45.

② Michael Schroeder, "Wall Street Should Stop Playing the Bully," *Business Week*, December 20, 1993.

第四章　投资伦理

金融服务对于我们个人福祉的重要性一目了然，而那些管理着大量资本的机构投资者作出的投资决策则深深地影响着我们社区、国家乃至世界的生活质量。这些决策对社会来说非常关键的原因在于，它们遴选可用的机遇并决定着未来发展的方向。这些投资有些涉及个人资产管理，尤其是共同基金和养老基金，因而对像零售业务客户一样的人有着直接影响。不过，其他机构投资者（例如，捐赠基金、保险公司、银行信托部门、对冲基金和主权财富基金）进行的投资间接地影响着每个人，而且，在理想状态下，通过把资本配置到最具生产率的用途上促进所有人的福祉。 120

投资决策一般建立在对风险和收益进行客观计算的基础上，而不是基于对公共利益或社会福祉的考虑。不过，根据亚当·斯密（Adam Smith）的著名比喻，一只“看不见的手”悬于市场之上，促成了一个不随任何人意志而改变的目标。因此，合理的投资决策倾向于造福每个人。但是，市场易于出现人们熟知的许多失灵，而且市场机制并不会推动诸如社会平等这些目标的实现。于是，在作投资决策时，符合伦理的经济是否应该和繁荣的经济一样，允许在某种程度上忽略其对公共利益或社会福祉的影响，这一点引起了质疑。

机构投资者（尤其是大的养老基金经理）在代表其资产交由他们管理的人们行使其股东责任时，面临着伦理的挑战。关系投资（relationship investing）的发展是对这些问题的一个反应，机构投资者在改善公司绩效方面发挥了积极作用。他们的直接目标一般是获得收益，但在这么做的时候他们也会提高社会福祉。有些投资者寻求通过投资过程本身来实现社会正能量。这种被称为社会责任投资（socially responsible investing）的现象，产生了一些重要的伦理问题，即对这种投资应该如何 121

进行以及它能带来什么作用的思考。一种被称为小额信贷(microfinance)的运行模式在扶贫投资方面很有潜力,尤其是在欠发达国家。一个需要解答的重要问题是:小额贷款是否会实现这个值得追求的目标并成为扶贫的可行方法?

第一节　共同基金

2011 年,共同基金为美国 5 300 万或 44%的家庭掌管着超过 11 万亿美元资产,为这些家庭服务的共同基金资产中位数达到 12 万美元。[①] 这些数字表明,共同基金服务的领域基本上是许多不愿意在资产管理上费神但又想获得超过银行储蓄存款账户收益的中产阶级个人投资者。这些基金将便利性和灵活性与低风险和低成本结合起来,而这对相对较小的资产组合来说是很难获得的。

客户对共同基金的满意度一般较高,可能是因为滥用或疏忽的机会较少,也可能是因为不满意的客户可以很轻易地转变态度。这个行业需要非常谨慎地采取措施来吸引和留住客户。但是,最近几年,这个行业的某些做法出现了一些伦理问题,虽然基金股东可能没有注意,但仍会对其收益产生影响。最引人注目的是一个与市场择时和盘后交易有关的丑闻,它在 2003 年年初震惊了整个行业。一直困扰共同基金业的伦理问题是利益冲突,当基金经理还用自己的账户投资交易时就会产生利益冲突问题。尽管防止这样的交易可能很困难,同时也不受欢迎,但这是个需要谨慎管理的冲突。最后,软钱经纪行为是个可能符合伦理(其实甚至有利可图)的做法,但它仍然受到了相当多的批评。这三个话题是本节共同基金部分所要分析的。

一、市场择时交易

2003 年的报告显示,许多共同基金允许少数受到优待的客户(大多数是投资基金)从事市场择时交易(market timing)。在这种做法中,大量投资用于短线交易,以从证券价格的临时性变化中获利。通常,它涉及在几天内购买并赎回的快速“买进卖出”(in-and-out)交易,或称“往返”(round trips)交易。尽管个股的择时交

122

① Investment Company Institute, *2012 Investment Company Fact Book*, 2012.

易很常见(实际上这是短线交易者的主要策略),但经纪费用往往会挤占利润,而且择时交易不适合利用全面的市场变动来获利。共同基金的快速“买进卖出”交易同时解决了两个问题:如果基金没有前期费用或后端费用的话,经纪费用可以免除,而多元化的基金一般反映了更全面的市场。择时交易在国际型基金中特别有吸引力,因为不同市场存在着时间差。举个例子,当某国际型基金在纽约收盘时,日本的股票价格已经提前半天公布了,而欧洲的股票价格也已经公布几个小时了。结果“陈旧的”价格产生了择时交易——也称为“陈旧价格套利”(stale price arbitrage)——的机会。

2003 年另一种为大家所熟知的做法是盘后交易(late trading),是指在美国收盘(即纽约时间下午四点钟)后下单。盘后交易使投资者能够利用全天交易活动的信息和收盘后发布的公告,而这在美国是严重违法的。在某些情况下,抵消交易(offsetting trades)在白天就进入盘口,然后在收盘后取消掉一笔交易,只留下想要的交易被执行。择时交易仍然涉及某些判断和风险,而盘后交易却是稳赢的赌局,有点像在结果已知之后押注赛马。

在 2003 年 SEC 对 88 家大型共同基金公司进行的一项调查中,超过半数的公司承认它们允许择时交易,且有 25%的公司承认存在盘后交易。[①] 根据另一项估计,2001—2003 年,超过 90%的基金公司至少在一个基金中允许择时交易,而且 30%的公司允许盘后交易。[②] 同一时期,据估计,择时交易每年花费投资者 50 亿美元[③],而盘后交易则花费 4 亿美元。[④] 尽管这些金额分摊到每个投资者身上不大,但总和却构成了一笔重大的收益损失。

和违反了已有交易规则的盘后交易不同,只要共同基金发起人认可择时交易,它就是合法的。但是,择时交易在伦理上却是有问题的,当只有少数受优待的客户被允许从事该行为并对其他不被鼓励或禁止按照相同条件进行交易的客户造成损

---

① Paula Dwyer and Amy Borrus, "The Coming Reforms," *Business Week*, November 10, 2003.

② Testimony of Eric W. Zitzewitz before the United States House of Representatives, Committee on Financial Services, Subcommittee on Capital Markets, Insurance, and Government-Sponsored Enterprises, November 6, 2003.

③ Eric W. Zitzewitz, "Who Cares about Shareholders? Arbitrage-Proofing Mutual Funds," *Journal of Law, Economics, and Organization*, 19(2006), 245—280.

④ Eric W. Zitzewitz, "How Widespread Was Late Trading in Mutual Funds," *AEA Papers and Proceedings*, May 2006.

害时,这种行为可能就是违法的了。可以认为,根据政策规定,这种对大多数投资者实行差别性对待的做法违反了基金发起人为所有投资者利益服务的信托职责。因而,对于一个基金来说,允许所有证券持有者公开进行择时交易是符合伦理的,秘密地只允许少数受优待的人开展这种交易是违反政策的做法。那么,主要的伦理问题就是:如果存在错误的话,这两种共同基金交易的做法错在哪里,以及应采取什么措施进行防范。在解决这些问题之前,需要先对择时交易是如何运作的多作些介绍。

(一) 择时交易是如何运作的?

2003 年,当纽约州大法官艾略特·斯皮策(Eliot Spitzer)调查爱德华·J. 斯特恩(Edward J. Stern)领导的金丝雀资本的交易活动时,共同基金的滥用成为公众关注的热点,因为它与 30 家共同基金公司签署了择时交易协议,包括最臭名昭著的美国银行及其国家基金系列(Nations Founds family)。[1] 金丝雀资本管理着斯特恩家族的财富,其建立在由爱德华·斯特恩的祖父创建的哈茨山(Hartz Mountain)宠物食品王国之上——他在 1926 年带着 5 000 只金丝雀到美国售卖(金丝雀资本由此得名)。金丝雀资本创立于 1998 年,从一开始就从事择时交易,赚取的收益远远跑赢市场。1999 年,标准普尔 500 指数上涨了 20%,而金丝雀资本的收益率高达 110%;其 2000 年和 2001 年的收益率分别为 50%和 29%,而同期的市场平均收益率则分别下降了 9%和 13%。

在 20 世纪 90 年代期间,对于共同基金公司来说,被大约几百个投资者大规模使用的择时交易是个轻度刺激,因为其通常不鼓励或在某种情况下禁止这种做法。许多基金的招股说明书强调它们想成为长期投资工具,投资者被限制每年只能进行少数几次短线交易(最常见的是 4 次),而且,在多数情况下,会对短线交易收取赎回费(redemption fees)。大多数基金公司设有"定时报警员"(timing police),负责识别市场时机把握者(market timer)并实施相关规定。到了 2000 年,原来通过保持低调和从一个基金跳到另一个基金来设法避免被发现的市场时机把握者现在发现,如果没有共同基金的合作已经很难进行操作了。同时,日益上升的大额投资(常达上千万美元)也使得操作很难不被发现。

---

① Peter Elkind, "The Secrets of Eddie Stern," *Fortune*, April 19, 2004.

尽管许多共同基金公司拒绝了市场时机把握者的主动请求[比如,富达投资(Fidelity)坚决地拒绝与他们中的任何人有业务往来],而其他公司则接受了。2000年开始的熊市提高了共同基金公司允许旗下基金进行有损普通投资者利益的择时交易的意愿,这场熊市使基金公司管理的资产缩水,进而减少了这些资产带来的管理费。共同基金公司拼命地寻找方法来维持其最红火时期的收入水平。于是,当埃迪·斯特恩之类的市场时机把握者提供了一些来自短线交易利润的机会时,有些公司就动心了。

它是如何运作的呢?正如一位作者解释的:

> 择时交易的对冲基金(还有经纪人和其他中间人)谈判达成秘密的"容量"协议,这样它就获得了运营一笔事先约定金额的资金进出基金的权利,并且能豁免短期赎回费。作为回报,市场时机把握者将第二笔事先约定金额的资金投入基金,称为"黏性资产"(sticky assets),它保持不动,从而给基金公司带来一笔额外的管理费。通常,黏性资产投资于低风险的货币市场或政府债券基金。但有时它们也会出现在该基金的经理们运营的对冲基金中,为基金经理及其公司带来更丰厚的报酬。①

金丝雀资本和其他一些择时交易基金还想出了如何与共同基金进行卖空。(卖空利润来自价格下跌,首先卖出借入证券,然后在价格下跌之后从市场上买回证券用来归还所借证券。)该方法包含设计一个市场工具来复制共同基金持有的能够做空的证券。但是,设计这样的工具需要知道该基金持有的证券,但这种信息每年通常只发布两次。金丝雀资本能够与基金公司达成让后者随时提供持有证券清单的交易,从而允许市场时机把握者(而不是其他投资者)做空共同基金。

在2000年到2003年间,金丝雀资本与一些大的共同基金公司,包括斯特朗资本管理公司、太平洋投资管理顾问公司(Pimco Advisors)、骏利基金、联合资本管理公司(Alliance Capital Management)、第一银行(Bank One,现在是摩根大通的一部分)和景顺投资公司(Invesco),都有择时交易协议。百能投资公司的名声也因允许其他市场时机把握者在其基金内进行交易而严重受损。不过,没有哪个共同基

① Elkind,"The Secrets of Eddie Stern."

金公司像国家基金——现在是哥伦比亚管理公司(Columbia Management)的一部分——的发起人美国银行那样不遗余力地迁就金丝雀资本。2001年,美国银行专门给金丝雀资本提供了自己的电子交易终端,安装在其办公室,这样交易指令可迟至下午6:30进入系统。由于可直接进入美国银行的交易系统,金丝雀资本能够通过把自己的交易指令和银行本身的交易流混在一起来掩盖其交易的本来面貌。美国银行为金丝雀资本提供了3亿美元的信贷额度,供其在自己的基金内进行择时交易融资,该银行还把基金持有的证券组合泄露给金丝雀资本以便利它从事卖空交易。

最终,美国银行同意支付1.25亿美元罚金和向投资者赔偿2.5亿美元,从而和解了所有指控。金丝雀资本支付了4 000万美元罚金,而且埃迪·斯特恩同意与检察官合作提供和其签订择时交易协议的共同基金公司的有关信息。其他大多数违规的共同基金公司都已经进入法律和解阶段,并采取措施赔偿投资者的损失和恢复其深受损害的名声。另外,一些共同基金公司的个人还因为自己与该丑闻有染而面临着犯罪的指控。

125

在共同基金交易的滥用中,有一个人提供了鲜明的例子。理查德·S.斯特朗(Richard S. Strong)是斯特朗资本管理公司(Strong Capital Management, SCM)的创始人、董事长和投资总监,同时也是管理着71个SCM基金的27个投资公司的董事长。当斯特朗先生在1974年创立斯特朗资本管理公司时,他希望公司能成为"金融业的诺德斯特龙(Nordstrom)",坚信该公司能向客户提供最好的服务。带着这个目标,到2004年,他已把SCM打造成一个管理着338亿美元共同基金和养老基金的投资公司。然而就在那一年,SCM和理查德·斯特朗因为择时交易(不仅仅是外部投资者的择时交易,还有斯特朗先生自己的择时交易)而受到审查。

无视公司对择时交易的政策,理查德·斯特朗在SCM共同基金内进行择时交易,1998—2003年间做了1 400笔短线交易,包括1998年在他自己担任基金经理的一个基金做了22笔往返交易。2000年,SCM的定时报警员监测到了董事长的交易活动,在发现他的交易与公司对择时交易的立场以及对其他市场时机把握者的处置不一致后,总法律顾问也和他谈了话。在答应停止后,他竟增加了交易,2001年达到了创纪录的510笔交易。他总共净赚了180万美元,在同样的SCM基金中比普通投资者获得了高出许多的收益。理查德·斯特朗的择时交易不仅对

SCM 来说代价高昂,对斯特朗本人而言也是如此。该公司同意支付 4 000 万美元罚金和附加的 4 000 万美元赔偿,并在之后的五年间对 SCM 基金削减总额接近 3 500万美元的收费。斯特朗本人同意支付 3 000 万美元罚金和同等金额的赔偿,并接受终身禁止进入金融服务业的处罚。[①]

正是 SCM 与金丝雀资本有染最终导致了这两个公司的垮台。在 2001 年和 2002 年,金丝雀资本赚了如此多的钱并吸引了如此多的新投资者,以至于在允许择时交易的共同基金中获取充足的“容量”变得非常困难了。为了努力获取高盛(Goldman Sachs)的关注,金丝雀资本雇用了高盛的前雇员诺琳·哈林顿(Noreen Harrington)。高盛没有动心,而且哈林顿在发现金丝雀资本的钱是如何赚的之后也沮丧地走了。她并没有打算揭发,直到有一天她的姐姐抱怨说她的共同基金如何损失了很多钱以至于她再也不能退休了。“在此之前,我压根没有彻底地考虑过这件事情。”哈林顿说道。[②] 一个打向纽约州大法官办公室的电话启动了同时针对金丝雀资本和理查德·斯特朗的调查。

126

(二)择时交易犯了什么错?

不像盘后交易,虽然择时交易没有违反法律明文禁令,但它在伦理上是有问题的,而且可以说是非法的,理由有几个。

首先,它允许少数几个受到优待的客户按照其他绝大多数普通投资者无法获得的条件进行交易。如果一个基金公开提供进行短线买入并卖出交易的机会(即使有限制的话也很少),于是所有的投资者都能平等地利用择时交易的机会,那么没有人会受到不公平的待遇。这种择时交易基金就具有透明度,即所有的投资者都将知道规则;而且它也提供了平等待遇,即同样的规则将适用于所有人。这种条件下的择时交易在伦理上将没有主观性,并且完全合法。不过,很少有基金公开允许择时交易,尽管少数基金已这样做了。大多数基金通过劝阻、设置往返交易次数限制和对短期投资征收赎回费来积极地阻碍短线交易。而在大多数共同基金反对择时交易时,有些投资者却在使用差异化的、更加优惠的规则(不平等待遇),其他投资者却毫不知情(不透明)。

---

① Riva D. Atlas, “Fund Executive Accepts Life Ban in Trading Case,” *New York Times*, May 21, 2004.

② Elkind, “The Secrets of Eddie Stern.”

例如,和大多数共同基金公司一样,SCM 鼓励持有五年以上的长期投资,并建议不要进行择时交易。1997 年年初,SCM 警告股东,频繁交易可能会被禁止:“因为次数过多的交易可能会对基金造成损害,每个基金保留终止任何每年交易超过五次或每个季度交易超过三次的股东交易特权的权利。”和其他大多数共同基金公司一样,SCM 也有定时警报员,负责监控频繁交易活动。从 1998 年到 2003 年,数以百计的市场时机把握者被识别出来,并被禁止在 SCM 基金中进行投资。当发现有些 SCM 雇员在利用自己的账户进行择时交易时,公司颁布了明确的指令,SCM 基金不允许被用于短线交易,违反者的交易特权将受到限制。根据这些事实,理性的投资者可以推断,择时交易在 SCM 共同基金中不会发生。

其次,允许择时交易会通过增加基金成本和减少基金收益来损害共同基金的长期投资者。短期内大量资金流入和流出会增加交易费用和其他间接费用。另外,有活跃市场时机把握者的基金的经理可能不得不持有更多的流动性头寸以满足赎回指令,或者进行不同的投资决策,从而其采用的交易策略,对于长期投资者而言可能不是最优的。同样,为了满足市场时机把握者的赎回指令而频繁卖出证券,可能会产生资本收益,结果导致所有基金投资者税负提高。此外,如果市场时机把握者的钱投进来后导致基金价值上涨,而在基金购买任何新证券之前交易者迅速套现,结果就会稀释基金的盈利。在这种条件下,盈利完全归功于其他投资者提供的资金,但是市场时机把握者却分享了收益。所有这些可能性,对投资者而言都意味着损失,却无相应的回报——市场时机把握者除外。简言之,市场时机把握者可以将其交易行为的成本加于每个基金投资者,却只有他们自己受益。

127

最后,由于择时交易对普通投资者来说是不公平和有害的,可以认为共同基金公司的董事和高管违反了为所有投资者利益服务的信托职责。从法律上来看,每个共同基金都是一个独立的公司,都拥有董事会和董事长(尽管同一个人可能是由一个基金管理公司设立的几十个——如果没有几百个的话——基金的董事和董事长)。投资者是每个共同基金的股东,每个基金自己购买并拥有的证券构成了基金的资产。虽然很多基金都是由一个基金管理公司发起设立的,但从法律上来说,董事会挑选基金的发起人并与之签订合约。共同基金公司仅是基金董事们雇用来为基金提供行政管理或咨询服务的。因此,共同基金的董事和高管们对其投资者同样承担着信托职责,就像公众公司的董事和高管们对其股东承担着信托职责一样。

其实,所有公司员工都有克制可能伤害基金投资者的行为的职责。在 SCM 分发给所有雇员的伦理行为准则里,理查德·斯特朗总结出处理客户关系的“三个最重要原则”:

- 你一定要公平并真诚地对待客户。
- 你一定不能将公司利益置于客户利益之上。
- 你一定不能损害个人品德,或给人留下这样的印象。

因此,根据法律对共同基金董事和高管们的信托职责要求以及共同基金公司采用并颁布的伦理行为准则,投资者有权期待自己的利益不会受到公司与市场时机把握者之间容量协议的损害,尤其是不会受到公司自己员工择时交易的损害。

128

那么,择时交易的过错不在于这种做法本身,无论是由投资者频繁交易还是由共同基金公司允许这种交易带来的。过错在于,对于相对没有经验的投资者来说,被当作安全、可靠的投资工具的共同基金言行是不一致的;同时,它还从市场时机把握者那里收取额外的收入,而且允许其以牺牲普通投资者的利益为代价来获利。从允许市场时机把握者存在可以看出,共同基金公司公开宣称要按照某套规则行事而暗地里遵循的却是另外一套,这其实是一种欺诈。说到底,共同基金公司辜负了人们对它们的信任(这是共同基金行业的基石),而正是市场时机把握者诱使基金从业人员背叛了这种信任。

(三)应该采取什么补救措施?

如果择时交易是错误的,那么最明显的补救措施是各方应避免这样做。这种解决方案忽视了最初诱发丑闻的条件。未能见效的原因不仅仅是对什么是正确的做法、什么是错误的做法缺乏认识,而是一些综合因素共同作用的结果。当违背伦理的行为同时在如此多的金融机构(包括一些非常显赫和成功的共同基金公司)中出现时,其潜在的深层次原因可能就比较复杂了。

在这种情况下,原因是比较好找的。共同基金业相对年轻,在 1940 年《投资公司法案》颁布后才开始出现。只是在最近,由共同基金和养老基金进行的机构投资才超过个人的股份所有权。伴随着 20 世纪 90 年代的牛市,共同基金的普及性大幅提高。由于发展历史短,大部分时间该行业规模小,且有讲信用和诚信的名声,因此对它的监管就不太严。尽管共同基金公司没有像大的交易所(比如,纽约证券交易所和纳斯达克)那样被视作自律性组织,并且它们接受 SEC 的正式管辖,但它们的运行基本没有受到多少监管,国会和 SEC 都觉得没有必要实行全面监管。共同基金业得到一个大型国家行业协会,即创立于 1940 年的投资公司协会(Investment Company Institute)的支持,它大力维护其会员公司的利益,对加强监管的建议一般都予以反对。

择时交易丑闻发生于 2000 年和 2003 年之间,由于经济泡沫被刺破,这是个收益下降的困难时期。前 10 年见证了牛市,其间共同基金业经历了惊人的发展,获得了创纪录的收入。然而,包括富达投资和先锋集团(Vanguard)在内的少数几个大共同基金公司已经占据了大部分市场份额,留下大量小公司去竞争剩余的市场份额。2001 年,太多共同基金公司和很少且更加谨慎的投资者叠加给共同基金公司维持高预期收益带来了很大压力。共同基金业的环境注定了一场灾难即将发生。

129

在共同基金丑闻发生之后,人们提出了如下一些改革建议:

(1) 治理结构。当市场时机把握者被允许从事短线买入并卖出交易时,共同基金的董事们哪儿去了? 最终,基金的董事会负责确保投资者的利益得到维护。但是,董事们一般供职于即使不是数百个也是数十个董事会。在有些共同基金公司,每个基金的董事和董事长都一样。许多基金的董事和董事长同时也是公司的高管或者与公司有密切的关系,以至于他们并非真正独立的。于是,他们面临着利益冲突。各种建议被提了出来,有的认为应限制董事供职董事会的数量,有的认为应提高独立董事的百分比,有的认为应要求董事长由与共同基金公司没有关系的独立方来担任。

(2) 信息披露。如果择时交易损害了投资者,那么该损失应该以收益下降的形式反映出来,这些若可察觉的话,将使得投资者回避这些择时交易基金。在信息完全的市场上,投资者将得到充分的保护。但是,信息披露的缺失使投资者很难察觉这种损失或评估基金的成本并与竞争性同行的收益进行比较。有人建议应披露基金费用方面的信息,这样可以使投资者判断他们支付的费用是否得到了合理的价值,以及他们的回报是否被择时交易和共同基金其他交易中存在的滥用损害了。

(3) 定价机制。由于存在滞后价格问题,择时交易是可行的,尤其在国际型基金中。如果在纽约时间下午四点公布的基金净值没有准确反映基金资产组合里证券的当前价格,那么滞后价格套利机会就出现了。除了禁止或试图对这种做法进行保护(比如改变治理结构或信息披露规则),另一种策略是消除这种机会。很多人建议共同基金实行所谓的"公允价值定价"(fair-value pricing),即每天收盘后公布的基金净值应包含任何市场动态变化。然而,一些反对公允价值定价观点的人认为,它给了基金经理太大的自由裁量权,而且不稳定的使用会影响基金收益的公布。①

130

无论最终实行什么样的改革,在2003年前声誉相对无瑕疵的共同基金业,已经显示出其对丑闻不具有免疫能力,因而,某种形式的更严格的监管(无论是行业自律还是政府监管)都是必要的。

二、个人交易

共同基金的爆炸式增长使老百姓也能涉足华尔街了。股票市场曾经是富人的领域,现在成千上万的普通投资者也能随意进入了。这种革命性变化已经引起了管理着数十亿美元资产的男男女女的注意,甚至还造就了一些名人。杰弗里·维尼克(Jeffrey Vinik)是富达(Fidelity)旗下拥有540亿美元资产的麦哲伦基金(Magellan Fund)的一个被偶像化了的基金经理,当他在1995年吹捧硅图公司(Silicon Graphics)时,人们开始关注该公司,其股票价格随之上涨——当然是在该公司突然崩溃之前。财经作家迈克尔·路易斯(Michael Lewis)曾在该公司股票价格上涨之际买进500股,他回忆道:"当我的钱消失的时候,我对杰弗里·维尼克的好感荡然无存。"②这位基金经理选择股票的方式已经成为伦理学上的一个案例。正如路易斯所报道的:"据记者透露,当维尼克在为微米科技公司(Micron Technologies)和固特异轮胎橡胶公司(Goodyear Tire and Rubber)鼓吹时,几乎在同一时间,他却在出售自己在这两家公司的股票。"③

---

① Andrew Caffrey, "Critics Decry Uneven Use of 'Fair-Value Pricing'," *Boston Globe*, September 12, 2003.

② Michael Lewis, "Fidelities Revisited," *New York Times Magazine*, January 21, 1996.

③ Lewis, "Fidelities Revisited." 也可参见 Robert McGough and Jeffrey Taylor, "SEC Boosts Its Scrutiny of Magellan Fund," *Wall Street Journal*, December 11, 1995; Jeffrey Taylor, "SEC Has Array of Tools in Magellan Probe," *Wall Street Journal*, December 26, 1995; and Jeffrey Taylor, "SEC Action Is Unlikely on Vinik," *Wall Street Journal*, May 9, 1996。

约翰·卡韦斯基(John Kaweske)的案例又一次引发了人们对个人交易(personal trading)的关注,他曾是景顺基金集团(Invesco Funds Group)的货币基金经理,1995年他支付115 000美元和解了一项SEC对他及其妻子没有报告57笔个人交易的指控,按照公司规定这些交易应该进行报告。虽然基金经理自己买卖证券并不违法,但是SEC认为他们不应该滥用自己的职位牟取个人私利。法律要求共同基金公司制定个人交易相关政策和程序,不过具体规定由各个公司自己制定。像这样的案例告诉我们,共同基金经理拥有双重身份:他们既为别人管理钱财,但也常常使用自己的账户进行交易。尽管大多数基金经理默默无闻、不辞劳苦并保持克制不提供任何股票消息,但是他们仍然有很多的机会来利用其特殊地位使自己受益。

1940年《投资公司法案》(Investment Company Act, ICA)的制定者们意识到了这种滥用的潜在可能,共同基金就是受这部法案制约的。1970年,国会在原来的立法基础上补充了第17(j)条款,授权SEC制定相关规则,要求每个投资公司都必须制定职业道德规范并完善相应的检查和防止滥用的程序,这些程序包括收集公司员工个人交易行为方面的信息。因为这个长期存在的规定,共同基金业基本没有出现多少个人交易行为滥用的现象,即使偶尔的违反也会受到相当严厉的惩罚。

131

围绕卡韦斯基未按要求公布自己个人交易行为的新闻报道促使国会责成SEC对此问题进行研究,并于1994年9月公布了一个名为《投资公司内部员工个人投资行为》的调查报告。[①] 在SEC报告之前,投资公司协会(Investment Company Institute, ICI)于1994年5月9日公布了自己的调查报告。[②] 投资公司协会是共同基金行业的行业协会,而这份报告是由该协会专门组织的顾问团对个人投资进行调查作出的。这两份报告都得到了相似的结论:个人交易行为不应该予以完全禁止,现行监管体制运行良好但仍需要完善。

除了对个人交易行为滥用潜在可能性的认识和为了防止出现滥用需要加强监管,关于个人交易很少有分歧。因此,主要的伦理问题与监管的合理依据以及合适

① *Personal Investment Activities of Investment Company Personnel*, Report of the Division of Investment Management, United States Securities and Exchange Commission, September 1994.

② *Report of the Advisory Group on Personal Investing*, Investment Company Institute, May 9, 1994.

监管体制的具体内容有关。本节首先要讨论滥用的潜在可能性和现行监管框架；其次，讨论个人交易行为是否应予以完全禁止；最后，讨论其他现存的问题。

（一）问题的范围

投资公司（共同基金公司是其中最有名的一种）常常通过购买股票或其他证券的方式将其资本投资于别的公司。封闭式共同基金有固定的份额，通常可以在市场上进行交易；而开放式共同基金可向公众发售新的份额，并可以随时赎回所发售的份额。和公司的经理人一样，共同基金经理也承担着所有事务只按照投资者利益行事的受托人义务。具体而言，共同基金经理有义务避免利益冲突，也就是避免导致其将自身利益置于他们所服务的人的利益之前的做法。另外，共同基金还担当着投资顾问的角色，这也使得共同基金经理负有受托人义务。

政府对投资公司进行监管的目的之一就是确保基金经理履行其受托人义务。投资公司自身也有强烈的动机维护投资者信心。SEC 关于个人交易的报告指出：

> 投资公司行业的成功很大程度上源于该行业的良好表现结果。……然而，该行业的持续健康成长取决于它对美国投资者期望的满足程度，其中很多投资者都是新近加入这个市场的。只有该行业向人们表明它保持着可能是最高的伦理标准并且其运作不存在滥用和欺诈行为，它才会得到投资者的持续信任。[①]

132

这也就是为什么当发生卡韦斯基案件时，国会和行业协会的反应不仅仅是建议对基金经理不正当个人交易进行防范的原因。

个人交易行为引起的利益冲突只能发生在那些所谓的“知情人士”（access people），也就是投资公司内部员工，比如投资组合经理、分析师、交易员身上，因为他们能够获得关于即将进行的交易的专有研究和信息。[②] 这些知情人士所处的职位能够使他们利用这些信息在基金购买之前进行个人交易——也称为“老鼠仓”（frontrunning），并从任何证券价格上涨中获利。如果“老鼠仓”使得证券价格上涨，那么这个基金购买某只证券就会比没有“老鼠仓”的情况下支付更多的成本。与此

① *Personal Investment Activities of Investment Company Personnel*, p. 1.

② 为了方便起见，“基金经理”和“知情人士”两个词在这里交替使用，适用于资产管理经理、分析师和存在个人交易问题的所有人。

类似,一个提前得知基金将要抛售某只证券信息的知情人士,可以利用这个信息进行该证券的卖空交易来获利。一个知情人士可能处于能影响某些交易的职位,而这些交易主要是为了保护或提升该知情人士在某只证券中所进行的投资。当基金经理在分配紧俏的证券(如首次公开发行的某只“热门”股)或者在不同的基金之间以牺牲某些投资者利益为代价使自己受益的方式分派盈利与损失时,也会产生利益冲突。另外,当基金经理将某个机会(如一个特殊的配售机会)用于自己的个人投资组合而不是基金的投资时,就出现了利益冲突。

分析了 30 家公司个人交易和基金交易数据的一项 SEC 研究报告发现,通过自己账户积极进行证券买卖的基金经理相对很少。1993 年,在接受调查的基金经理中只有 56.5%的人从事过个人交易行为,而且个人交易的中位数为 2。不到 5%的个人交易发生在本公司别的基金为持有该证券对其进行交易的前十天里,只有 2%的个人交易行为发生在基金经理本人负责选取证券的基金进行交易的前十天里。

SEC 研究报告所分析的数据也许低估或高估了匹配交易的发生频率。例如,对大公司股票的交易可能不会有任何搅动市场的效应,而那些成交冷清的小市值上市公司的股票价格很容易受到搅动。当然,个人交易的金额与匹配交易的数量密切反映了监管的力度。如果现行监管体制放松的话,没人能够预测后果会怎样。

20 世纪 60 年代的几项研究揭示出大量的个人交易行为引发了利益冲突,于是国会于 1970 年为 1940 年的《投资公司法案》增加了一个新条款 17(j)。这个新条款赋予 SEC 规则制定权以禁止知情人士在买卖任何证券过程中的任何欺诈、欺骗或操纵行为。运用这种权力,SEC 于 1980 年颁布了规则 17j-1。简单地讲,这个规则包括以下内容:

(1) 禁止投资公司的董事、高管和员工(以及投资顾问和主承销商)在对本投资公司持有或准备合并的公司证券进行相关个人交易时有欺诈、欺骗或操纵行为;

(2) 要求投资公司(及其投资顾问和主承销商)制定合理的职业道德规范和程序,以防止本规则所禁止的交易行为;

(3) 要求每个知情人士在个人交易生效的季度结束前十天内向公司提交其所进行的个人证券交易的相关报告;

(4) 要求投资公司(及其投资顾问和主承销商)保存他们在程序实施过程中的相关记录。①

条款 17(j)和规则 17j-1 反映了国会和 SEC 在处理个人交易的方法上有三个重点。② 首先,对投资公司内部员工个人交易行为的监管最好由公司自己来实行,也就是说,员工自己的公司应该先建立牢固的第一道监管防线。其次,每个共同基金都是不同的,因而如果赋予每个基金灵活地制定适合其自身环境的职业道德规范和特定程序,那么它们会提供更好的监管。最后,国会和 SEC 都有这样一种共识:并不是所有的个人交易都会产生利益冲突,在对每个案例进行谨慎评估时要加以判断。因此,对个人交易完全禁止和实行僵化的规则管理都不是合适的监管形式。

(二) 禁止个人交易

SEC 和投资公司协会的报告都用相当长的篇幅对完全禁止个人交易的问题进行了讨论。虽然每个报告都反对完全禁止的做法,但这种关注表明该问题没有结束。一开始有两点必须要注意。首先,两个报告所提出的问题是,共同基金公司内知情人士的个人交易行为是否应该在全行业范围内予以禁止,而不是任何特定公司是否应该对其自己的员工进行这种禁止。虽然报告反对那种全行业性的强制性禁止,但给个别共同基金公司实行自愿性禁止留下了空间。其次,知情人士的个人交易行为已经面临着相当严厉的限制,而完全禁止只不过是众多手段中的一个。作为一个辩论命题,完全禁止的问题是个障眼法,使人们从关键问题上转移了注意力,即如何对个人的交易行为进行监管? 如此看来,即使完全禁止已经被摒弃,但是对于赞成与反对完全禁止做法的观点仍值得我们去审视,因为同样的分析可以帮助我们确定监管限制的适度水平。

134

赞成完全禁止做法的观点总结如下:

(1) 行业形象。撇开问题的实际严重程度(该问题实际上也可能是轻微的),共同基金行业的成功取决于行业的"一尘不染"形象,因为这种洁净形象能够使投资者,特别是那些刚进入这个市场的投资者放心。而个人交易行为

---

① 引自 *Report of the Advisory Group on Personal Investing*, p. 10。

② 参见 *Personal Investment Activities of Investment Company Personnel*, p. 4。

会给投资者造成一种利益冲突的印象,这比实际的利益冲突造成的伤害还要严重,因而绝对禁止的政策是消除这一印象的唯一有效办法。

(2) 管理基金的沉重责任。共同基金所管理资产的庞大数额以及共同基金对如此多民众储蓄计划的重要性使基金经理承担着这样的责任:遵守最高伦理标准,最大可能地避免因管理不善给投资者造成损失。除了因个人交易可能给投资者造成的任何直接损失,如果基金经理将其时间和精力都用于他们自己的投资组合而不是集中于其手头的工作,可能还会给投资者造成间接损失。

(3) 监管的有(无)效性。任何缺少完全禁止的监管都会给人们创造太多利用漏洞和模糊界限的机会。那些意欲利用自己职位渔利的基金经理、分析师以及其他知情人士可能会冒险打伦理和法律的"擦边球"而无须越过相关界线。单一的完全禁止规定比那些复杂的规则和监管更易于理解,更易于执行。

(4) 对其他投资者的公平性。知情人士是知道一些其他投资者无法获得的信息的局内人,因而个人交易可能会构成内幕交易,也正是出于这个原因个人交易为人们所反感。和其他专有公司信息一样,向知情人士提供即将发生交易的有关信息的目的是便于他们开展工作。因而,依据这种信息进行的个人交易就是将公司财产据为己有的行为。

135 **反对完全禁止做法的观点包括如下内容:**

(1) 缺乏必要性。这种完全禁止的做法没有必要,有几个理由:首先,很多基金正在相互进行激烈竞争,而竞争的基础是业绩,在这样一种环境中,如果一个公司不将顾客的利益放在首位,它是不会成功的。简言之,市场是促使公司保护投资者免受个人交易滥用伤害的强大动力。其次,基金经理之间也有激烈的竞争,评价他们的标准就是他们所获得的收益。最后,个人交易行为已经受到了相当严格的监管,而没有出现明显的滥用案例表明现行监管体制还是行之有效的。

(2) 对投资者不利。对个人交易完全禁止的做法可能会使得共同基金公司很难吸引并留住优秀的分析师、交易员和基金经理。对优秀人才的竞争本来已经非常激烈，完全禁止个人交易的做法会使投资公司与那些允许个人交易的其他金融机构相比处于不利的竞争地位。如果对个人交易实施完全禁止，那么共同基金就会失去这些业绩优秀的专业人士，投资者也就不能再从这些优秀专业人士的技能中获益。

(3) 对基金从业人员不公平。投资机会对人们的经济生活来说极为重要，禁止个人交易会限制人们在这一重要问题上的自由，因而这一做法需要非常充分的理由。一般来说，对人们自由的限制不能超过实现预期目标所必需的程度。如果现行监管体制运行得相当好，那么更严格的监管能否补偿因失去自由而带来的损失呢？

在评估这些观点时，SEC 分析了三个因素："知情人士个人交易滥用的普遍程度；知情人士个人投资活动对基民的潜在损害程度；完全禁止的做法对限制知情人士个人交易滥用的可能性。"①现有数据显示，个人交易滥用并不普遍，它对投资者没有造成损害，投资者从完全禁止的做法中得到的好处微乎其微。SEC 还质疑完全禁止的做法是否会遏制更多滥用行为，现行的监管对有些滥用行为没有约束力。只是为了试图清除滥用的最后死角而对所有个人交易予以禁止的做法是个误入歧途的计划。SEC 报告得出结论说，尽管现在对全行业范围内的个人交易行为予以禁止的条件尚不具备，但共同基金的董事有责任评估个人交易行为对基民利益的影响，然后决定是否采取更严格的规则和程序，如果上述措施对基民利益有利，甚至可以实行完全禁止。

(三) 其他相关事宜

136

现行监管体制关于个人交易行为的规定赋予了共同基金公司极大的灵活性，而各个公司的相关规则与监管措施差异很大。因此，某个问题可能已经被一个公司解决，而另一个公司对此问题则束手无策。对同一问题不同公司提出的解决办法也会合理地存在差异。然而，有些问题仍是人们讨论的焦点，因而需要在行业范围内予以彻底解决。其中主要是与伦理规范和交易实践有关的问题。

虽然规则 17j-1 要求各个投资公司都必须制定自己的伦理规范，但是法律没有

---

① *Personal Investment Activities of Investment Company Personnel*, p. 28.

强制规定这些伦理规范的内容。投资公司协会的个人投资顾问团建议,每个伦理规范都应该包括一些一般原则,这些一般原则应该至少反映如下内容:“(1)有义务永远将基民利益放在首位;(2)要求按照伦理规范并以避免任何实际或潜在利益冲突或者任何滥用因信任和责任而被赋予的个人职位的方式进行个人证券交易;(3)基本标准是任何投资公司的内部员工都不得利用其职位进行不当获利。”①

在具体的规则和流程中实施这些一般原则时却出现了很多问题,包括:适用对象是谁、禁止什么样的交易以及什么样的交易必须要报告。“知情人士”这个词包含的范围很广,有些内部员工不容易识别,因而对这些人进行一些区分还是有必要的。有些伦理规范采用的是分层结构,不同层级的雇员适用不同的监管。也需要对不同的证券进行区分。一般来说,伦理规范应该将货币市场工具、国库券、共同基金份额或交易活跃的大公司的少量股票排除在外,这是因为基金在这些证券中的交易不太可能影响其价格。有些人认为,随着诸如期权、衍生品以及商品期货之类新金融工具的发展,对于证券的定义应该放宽。

规则17j-1强制要求雇员在季度报告中公布其所有个人交易。但是有一个漏洞:在知情人士刚刚被雇用的时候,法律规定没有要求他们公布其投资组合持有的证券。于是,季节性交易可能不会暴露出与知情人士在被雇用前未披露的所持证券有关的利益冲突。而且,共同基金公司没有法定义务向公众公布自己的伦理规范。SEC和投资公司协会的报告都建议,共同基金公司应该公布其个人交易的有关政策,并且在每只基金的招股说明书上提供对相关规则和流程的概述。SEC还进一步建议,从法律上应该要求投资公司必须将其伦理规范全文以附件形式纳入公司申请上市登记表,这样它就可以公开可得,而投资公司协会顾问团的建议是,公司可自愿选择将伦理规范纳入申请上市登记表中。

137

一般来说,当知情人士的个人交易按照基金交易进行匹配交易时,利益冲突就产生了。匹配交易的问题不但可通过信息披露来解决(这样使公司能够分析个人交易的模式),而且也可通过设定管制期(blackout periods)来解决,在这期间禁止对某只证券进行任何交易。不过,这样仍然会产生一些问题:关于管制期的时间跨度、管制期适用于基金交易之前还是之后抑或二者都行,以及对不同的证券交易是

① *Report of the Advisory Group on Personal Investing*, p. 27.

否应该实行不同的管制期。举个例子,有些伦理规范对基金经理具有决策制定权的交易设定了较长的管制期。其他关于交易实践的未尽事宜包括:(1)首次公开发行(IPO)以及私人配售中的个人认购;(2)短线交易;(3)卖空本公司基金持有的股票。这些做法中的任何一种都能被允许吗?

IPO 可能会引发利益冲突,因为知情人士对特定新发行“热门”股票的过分关注会减少那些可参与投资者的数目。基民有理由问:为什么有机会认购新发行“热门”股票的基金经理为自己的账户购买而不为基金购买呢?私募配售不会让人产生这种担忧,因为它们一般不涉及基金可能要买的证券。但如果私募配售是初创企业为了吸引基金向该公司投资而提供给基金经理,以便使企业通过 IPO 成为公众公司,那么参与私募配售仍然可能被基民视为利益冲突。IPO 和特殊配售都是潜在的盈利机会,这样人们就产生了疑问:基金经理对未来交易进行公正判断的能力会不会受到影响呢?

有些共同基金公司禁止员工进行短线交易(一般被解释为持有证券不超过 90 天),因为这种快速获益方法更可能利用基金交易的相关信息。禁止短线交易的规定对预防“老鼠仓”尤其有效,同时又不会妨碍员工在股票市场上实现长期收益。于是,基金公司和基民获得的收益可能会超过基金经理和其他知情人士的任何轻微损失。

虽然卖空(就是先借入股票并将其卖出,希望以后以较低价格买进股票再归还的做法)可能属于短线交易的范畴,但是 SEC 和投资公司协会的报告都没有提及卖空。卖空交易通常是由那些相信股票价格将要下跌的投资者进行的,这就带来了一个问题:为什么审慎的基金经理不减少基金所持有的股票呢?卖空做法规避了匹配交易方面的限制,因为基金当时没有卖出股票。当基金经理为了使个人的卖空股票交易盈利而为本公司作出不卖出相关股票的偏颇决策时,利益冲突也就产生了。几乎没什么公司解决了卖空问题,尽管富达投资公司已经宣布禁止员工对本公司基金所持有的股票进行卖空,认为这种做法可能会给人们造成利益冲突的印象。①

138

① Robert McGough,“Few Mutual Funds Ban Personal Shorting,” *Wall Street Journal*, June 24, 1996.

三、软钱经纪

机构投资者(如共同基金和养老基金)为了完成证券交易,要向经纪公司支付一笔佣金。这些佣金是经纪公司高价值的收入来源,因此它们为了获得并留住这个赚钱的交易执行业务而竞相争取得到基金的青睐。争取这个业务的一种方法是以执行交易以外的产品和服务形式向机构投资者提供回扣。这些回扣一般用产品和服务的美元数额来表示,被称为软钱经纪(soft-dollar brokerage),或简单地称为软钱。软钱最常见的形式是,由经纪公司自己或第三方研究机构为正规调研提供非现金好处。

另外一种从共同基金获得并留住该业务的方法是,经纪人向它们自己的客户推销这些基金。这种在 1994 年被 SEC 禁止的做法被称为定向经纪(directed brokerage)。经纪公司通常会向客户推荐共同基金,通过咨询建议或醒目的展示可将客户引导向特定的基金。对于共同基金而言,这种引导在它们争取投资者的竞争中是一种有价值的帮助,结果导致基金支付的佣金可能会高于市场水平。由于定向经纪,经纪公司实际上成了共同基金物有所值的销售代理。然而,在 SEC 看来,定向经纪带来了不能容忍的利益冲突,因为它可能会妨碍经纪公司履行向客户推荐最佳投资的信托职责。[1] SEC 的相关规定仍然允许经纪公司推销某只基金来代替另一只基金,只要不存在以推销换取该基金的交易执行业务的交换协议即可。

在纽约证券交易所对交易的证券实行固定佣金时期,随着机构投资者的发展,软钱和定向经纪于 20 世纪 50 年代开始出现。在禁止通过低佣金争夺大客户后,经纪公司开始提供包括调研服务在内的各种各样的非现金好处,以替代低佣金费率。在固定佣金制度于 1975 年 5 月被废除后,软钱和定向经纪的做法继续存在。虽然从那之后佣金费率一直下降,而且客户只需要支付交易执行部分的费用,软钱协议和定向经纪仍然是经纪公司之间竞争的重要形式和机构投资基金的重要资源。

139

作为结束固定佣金制度的法律,1975 年的《证券法修正案》(Securities Act

---

① Securities and Exchange Commission, "Prohibition on the Use of Brokerage Commissions to Finance Distribution," 17 CFR Part 270, *Federal Register*, Vol. 69, No. 174, September 9, 2004.

Amendments)[1]重申,基金经理对确保交易的"最佳执行"(包括支付较低的佣金)负有信托职责。不过,第 28 条(e)设立了一个"安全港",允许软钱的存在,只要基金经理善意地认为高出市场水平的佣金"与经纪及其所提供调研服务的价值相比是合理的"。因此,只要共同基金股东收到以产品和服务形式表示的好处,来抵消基金经理为交易执行而支付的高佣金,软钱支付这种方式就会继续存在。

对于这种几乎不为人知的做法,软钱受到了大量的伦理关注,以至于有个观察员宣称它没有通过"直觉测试"(thesmell test)[2]。软钱甚至成为 1998 年 SEC 年报的主题[3],而就在同一年,投资管理研究协会(Association for Investment Management Research)出台了针对软钱协议的全面指南。[4]

对软钱的伦理批评主要集中在两个方面。首先,软钱其实是个见不得阳光的交易,看上去偏离了公平经济交易的理念。在软钱协议里,机构投资基金经理支付给经纪人超出交易执行所需的佣金,并获得其他好处作为回报。交易执行和调研费用捆绑在一起,这种方式使得共同基金投资者可能无法察觉并且不易评估。以代理理论的语言来表述,投资者(委托人)承担着监督基金经理(他们的代理人)的任务。透明度和市场力量的缺乏使得投资者监督基金经理非常困难。结果,投资者要么承担不充分监督带来的代理成本,要么被迫承担追加的监督成本。这种交易应该分类化和透明化,这不仅是规范金融行为的关键因素,也是有效监督的关键因素。

其次,作为受托人的投资基金经理,承担着代表基金投资者最高利益行事的信托职责。这种职责包括投资者利益得到"最优保护"和任何软钱只能用于为基金投资者利益服务。然而,软钱似乎为基金经理损害投资者利益来提高他们自己或基金发起人的利益增加了动力。这种基金经理利益的提高不仅违背了其信托职责,而且也是不能容许的利益冲突。有了软钱协议,基金经理可能只是为了增加软

140

---

① The Securities Act Amendments of 1975, Pub. L. No. 94—29, 89 Stat. 97(1975).

② Remark by Peter Rawlins, then chairman of the London Stock Exchange, *Times Business News*, February 29, 1992.

③ Office of Compliance, Inspections and Examinations, Securities and Exchange Commission, *Inspection Report on the Soft Dollar Practices of Broker-Dealers, Investment Advisers and Mutual Funds*, September 22, 1998.

④ Association for Investment Management and Research, *CFA Institute Soft Dollar Standards: Guidance for Ethical Practices Involving Client Brokerage*, 1998.

钱而进行过度交易或频密交易，通过这种手段来不正当地为自己牟利。他们也可能将软钱用于其他目的而非造福于基金投资者的调研。最后，软钱带来的收益可能会使基金经理不太注意监督经纪公司的执行质量。所有这些可能性都将违反第28条(e)安全港条款。

软钱辩护者认为，这些伦理方面的担忧搞错了对象，并且认为，软钱经纪不仅从伦理上看是站得住脚的，即使从经济学角度来看也是合理的。[①] 首先，关于软钱可能会给监督基金经理绩效增加难度，辩护者声称软钱实际上使投资者和基金经理的利益保持一致了，因为与投资者相比，基金经理更容易监督经纪公司的交易执行。因此，软钱并没有增加投资者的监督成本，反而是降低了这一成本。[②] 其次，针对这种做法诱使基金经理违背了其追求"最佳执行"和任何软钱只能用于为投资者利益服务的信托职责的批评，辩护者们回应道，机构性投资之间的激烈竞争会惩罚那些不将所有资源用于投资者利益的基金经理。这种观点暗示，使用软钱的基金会比那些不使用软钱的基金产生超额收益，而且至今的证据显示软钱和基金绩效存在轻微的正相关。[③]

软钱批评者一般偏好两种措施：限制第28条(e)的使用范围，这样就可以减少给基金经理的安全港，以及对软钱经纪的做法强制执行更多的信息披露。特别是，有些批评者呼吁，安全港条款应仅限于经纪公司提供的与调研有关的服务，不易用于商业目的，这样就可以避免增加日常的间接费用。软钱辩护者却呼吁扩大第28条(e)的使用范围，这样可以在与经纪公司签署协议时赋予基金经理更大的自由裁量权。虽然他们原则上不反对增加信息披露，但有些辩护者质疑这些信息对投资者的有用性以及这样做的成本是否会超过收益。

软钱和定向经纪同时存在的一个持续性的难题是：对其监管高度依赖于基金经理的判断——与收到的软钱价值相比支付的佣金是否合理，以及在经纪公司促

---

① D. Bruce Johnsen, "Property Rights to Investment Research: The Agency Costs of Soft Dollar Brokerage," *Yale Law Journal on Regulation*, 11(1994), 75—113.

② Johnsen, "Property Rights to Investment Research." 也可参见 D. Bruce Johnsen, "Mutual Funds," in John R. Boatright(ed.), *Finance Ethics: Critical Issues in Theory and Practice*(New York: John Wiley & Sons, Inc. 2010)。

③ D. Bruce Johnsen and Stephen M. Horan, *The Welfare Effects of Soft Dollar Brokerage: Law and Economics*, monograph from the Association for Investment Management and Research, 2000.

销某个公司的共同基金时是否没有任何交换。基金经理对这些事宜判断的合理性如何确定？ICI 的建议是：这些问题应该根据共同基金已经实施的与软钱和定向经纪有关的规则和政策的充分性来解答。①

第二节 关系投资

在过去 50 年里，美国公司的股票所有权发生了深刻变化。1970 年时，个人投资者持有 72%的股票，而机构投资者（如养老基金、共同基金、保险公司、私人信托和捐赠基金等）所持有的股票大约只占 16%。② 到 1990 年时，机构投资者的持有份额已经上升到几乎 50%了，而到了 2009 年这个数字已经是 73%了。③ 这种转变不仅对理解机构投资者对其受益人的责任问题有意义，而且对理解作为股东的机构投资者在美国公司治理制度中的角色问题也有意义。在这种变化了的环境里，关系投资（relationship investing, RI）这个概念已经成为解决机构投资者目前面临的许多问题的方法之一。

由于其股票持有规模大，机构投资者不能像个人投资者那样行事。例如，它们不能轻易地卖出业绩不好的股票，而是一般会锁定投资。机构投资者不能通过寻找价值被低估的股票进行主动的资产组合管理，而只能被动地将投资组合中的大量资产与广泛的市场指标挂钩，如标准普尔 500 指数（S&P 500）。由于机构投资者如此分散化，与其说它们是特定的公司不如说它们“拥有市场”（own the market）。作为如此“普遍的所有者”，它们可能会比单一股票所有者有更多不同的考虑，这会导致它们反对一些公司行为，比如，会对社会产生外部性的行为或者有损于整个经济长期增长的行为。④ 机构投资者也拥有一些个人投资者所没有的机会。特别是，它们处于可以向公司管理层施加压力促其变化的位置，因而有人认

---

① Investment Company Institute, "Request for Rulemaking concerning Soft Dollars and Directed Brokerage," Petition No. 4—49, December 16, 2003, Securities and Exchange Commission.

② *The Brancato Report on Institutional Investment*（Fairfax, VA: The Victoria Group, 1993）, 1994.

③ Matteo Tonello and Stephan Rabimov, *The* 2010 *Institutional Investment Report*（New York: The Conference Board, 2010）. 采用的是美国 1 000 家最大的公司的机构投资者的数据。

④ 关于“普遍的所有者”概念，参见 James P. Hawley and Andrew Williams, *The Rise of Fiduciary Capitalism: How Institutional Investors Can Make Corporate American More Democratic*（Philadelphia, PA: University of Pennsylvania Press, 2000）。

为,如果基金经理不行使这项权利,他们就没有履行其受托人义务。个人投资者通常不会在公司治理中发挥积极作用,结果一些表现不佳的公司管理者得以蒙混过关。

另外,积极参与公司治理被一些机构投资者(尤其是对冲基金)作为一种投资策略加以采用,将其作为一种有效的提高收益的方法。通过投资业绩不好的公司,然后施加压力促其变革以提高公司业绩,这些投资者希望实现股票价格的上涨。业绩不好的最终原因通常是错误的战略,但活跃的投资者的眼前目标更多的是改变高管或董事会构成或者纠正错误的做法与政策。不像恶意收购中的传统入侵者,这些投资者并不谋求接管公司。但是,他们也不是纯粹的批评者,有时也会进行代理权争夺;他们想做合伙人,将在很长一段时间内与公司密切合作,并向公司提供有价值的专业经验。

142

机构投资者实行关系投资是出于多种原因。大体上说来,关系投资的支持者列举了从事关系投资的三个理由。首先,关系投资是一种有效的投资策略,谨慎的投资者可能会选择采用它。事实上,一些个人投资者(最著名的要数巴菲特)已经使用关系投资法获得了极大的成功。其次,基金经理的受托人义务可能要求他们充分利用关系投资所提供的机会。最后,关系投资是解决公司治理中许多重要问题的方法,因此这种方法理应得到提倡。下面我们依次对每个理由进行讨论。

一、关系投资是一种投资策略

关系投资可以被定义为这样一种情形:投资者在公司中发挥积极的作用并试图影响公司的运营。如此看来,关系投资并不是一个新的理念,它可以追溯到早期,当时的股票持有比较集中,几个较大的投资者对公司实施严密监督。今天,那些对小企业进行投资的风险资本家和放贷机构密切地监督着自己的投资,它们可以被称为关系投资者。与此类似,关系投资这个概念已经在德国和日本被用于描述它们的公司和大银行之间的紧密合作关系,在这两个国家大银行是公司股权的主要持有者。在个人投资者中,巴菲特就以在几个精挑细选的公司投入大量资本然后必要时与这些公司合作来提高收益的投资策略而著称。其他一些个人投资者则物色一些业绩不好的问题公司并寻求通过施加压力在领导或策略方向促进变化从而提高其投资的价值。在某些情况下,投资者认为自己具有的专业经验有助于提高公司的价值。

大的机构投资者没有资源与其投资组合中的每一个公司都建立关系。很多年来,为加利福尼亚州公务员管理养老金的加利福尼亚州公务员退休系统(California Public Employees' Retirement System, CalPERS)每年都会编撰一份公司"黑名单"(hit list),列出前五年期间业绩不好的公司。[①] CalPERS 公司的高管与这些公司的 CEO 会面以分析这些公司业绩差的原因,并帮公司制订改进计划。当这些努力都失败的时候,CalPERS 会诉诸股东决议,甚至诉讼。CalPERS 的努力已经取得了成效。一份研究资料表明,CalPERS 公司在 1987 年至 1994 年间选取的准备进行积极干预的 42 家公司的收益平均落后于标准普尔 500 指数达 66%。在经过某些干预后,这些公司的收益平均高出标准普尔 500 指数 41%。[②] 最近,CalPERS 和其他许多养老基金已经积极地游说,要求加强改进公司治理和市场运行方面的监管。[③]

当机构投资者能将各种力量联合起来时,它们影响公司管理层的能力也随之加强。在过去,SEC 的代理权规则通过要求股东提交烦琐的声明使得这种一致行动很难被采取,但 1992 年 SEC 放松了这些规则,于是机构投资者之间的沟通变得更加容易。传统的代理权争夺要求那些入侵者就相关问题对相对不知情的大量股东进行通报并教育,而今天几个很有经验的机构投资者可以很轻松地进行协商并很快就促进变化达成一致。积极的投资者为了更加有效地施加压力,已经成立了几个组织。机构投资者委员会就是其中之一,目前代表着 125 家机构投资者,掌管的资产超过 3 万亿美元。其使命是"使会员、政策制定者和公众理解公司治理、股东权利以及与投资相关的问题"。

一般来说,机构投资者关注的是公司治理和发展策略方面的主要问题,而忽略了社会问题。这种取向是由两个方面的因素决定的:它们负有为基金受益人增加最终价值的受托人义务以及对反映所有受益人利益的社会问题表明立场存在困难。机构投资者已经向公司施加压力,要求董事会有更多的外部董事、设立独立的薪酬委员会、将 CEO 与董事会主席的职能分开以及避免在反收购中采用"毒丸"计

① Dale M. Hanson, "Much, Much More than Investors," *Financial Executive*, March-April 1993, pp. 48—51.

② Wilshire 协会的 Stephen Nesbitt 的研究发表于 Ed McCarthy, "Pension Funds Flex Shareholder Muscle," *Pension Management*, January 1996, pp. 16—19。

③ Marc Lifsher, "CalPERS to Seek Improved Governance, Stricter Wall Street Rules," *Los Angeles Times*, February 9, 2009.

划和其他防御措施。另外,机构投资者还支持监管改革,比如改革 SEC 代理权规则以便于沟通,推动信息披露更加透明,提高股东的话语权。

作为一种投资策略,关系投资是机构投资者因其持有的股票规模而被迫采取的策略。机构投资者不像普通投资者那样可以自由进出市场;它们更像所有者,被股票拴住了。CaIPERS 的前 CEO 戴尔·M. 汉森(Dale M. Hanson)曾这样比喻道:"如果我们买下一幢办公大楼,而物业经理没有好好维护它,那么我们不会卖掉这幢大楼,我们只会换掉这个物业经理。"[1]大的养老基金和共同基金持有美国大公司1%—3%的股份。这种规模的头寸不可能在公开市场上出售而不影响价格,而且它们的买主只能是其他机构投资者,易于持有相似估值的股票。

144

尽管关系投资的成本较高,但这种成本通常比卖出一种股票再买进另一种股票产生的费用要低。艾伯特·O. 赫希曼(Alert O. Hirschman)在他的《退出、发声与忠诚》(*Exit, Voice, and Loyalty*)一书中指出,如果不满意的成员很容易就能离开(退出)某个组织,他就不会试图要求改革(发声),而在那些不能选择退出的组织内的成员则别无选择,只能发出自己的声音。[2] 因而,对于那些被锁定、只能选择用发声的方式来表达自己的不满的机构投资者而言,关系投资是一种理性的选择。

许多关系投资的支持者都认为,不仅股东而且管理层自身都会从更加积极、更加知情地参与经营活动中获益。机构投资者向公司提供的资金是有耐心的,这被认为是德国和日本制度的特点,这种有耐心的资金使公司能够制订长远的发展计划。公司外部的人还可以提供专业的技能和全新的视角,这些能帮助公司解决问题并避免犯代价高昂的错误。支持者们建议公司管理层将关系投资者视为有价值的资源。而较为谨慎的批评者们认为,关系投资的缺点是可能会导致局外人的干预,这会使管理层分心,并转移他们的注意力。机构股东可能会推动那些与公司和其他股东利益相左的议程。

特别是,SEC 规则的改革使得机构投资者之间的沟通更加容易,因为将权力平衡转向了对个人股东不利的方向,这一点受到了人们的批评。[3] 当在位的管理层

---

① 引自 Hanson,"Much, Much More than Investors," p. 48。

② Albert O. Hirschman, *Exit, Voice, and Loyalty: Responses to Decline in Firms, Organizations, and States* (Cambridge, MA: Harvard University Press, 1970).

③ 参见 Nell Minow,"Proxy Reform: The Case for Increased Shareholder Communication," *Journal of Corporation Law*, 17(1991), 149—162。

和董事会成员可能会使用公司资源来对抗不必要的关注时,虽然积极投资者处于不利的地位,但公司对抗积极投资者付出的成本可能会超过收益,并因此导致不明智的安排。经理人和董事受托人责任的不确定性可能也会使得他们同意投资者的意见,即使有时他们怀疑其要求是否明智。

二、关系投资和受托人义务

个人投资者不对任何人负责,因而他们可以依自己的意愿而追求自己的投资策略并行使自己的股东权利。而机构投资者一般既是股东又是受托人,这就必然会产生双重身份之间的冲突。

首先,如果关系投资是符合机构投资者特殊情形的一种有效投资策略,那么一旦他们没有利用这个机遇,作为受托人他们可能就失职了。有些人认为,假定存在不卖业绩不良股票的承诺,将某个基金指数化的决定就产生了积极介入公司管理的受托人义务。[①] 作为受托人,机构投资者还可能面临利益冲突。例如,那些为较大的养老金计划管理部分资产组合的投资管理公司不愿得罪某些公司,因为它们还要依赖这些公司做其他的生意。与此相类似,这些公司养老基金的经理面临无数的利益冲突。他们应该大量投资自己公司的股票还是寻求更好的多元化?当管理层支持的代理提议不符合公司雇员利益时,他们该如何进行表决?这些公司养老基金的经理常常不愿向其他公司的管理层施加压力,因为他们担心对方的报复行动。[②] 为了避免利益冲突,这些公司养老基金的经理必须要被赋予更大的独立性以便专门为雇员利益服务,其中就包括使用关系投资。

145

其次,既然股东在公司治理中要发挥一定的作用,机构投资者就必须决定它们将如何完成这个角色。尤其是,它们被要求对自己投资组合中的每个公司的代理议案进行表决。要么什么都不管,要么和管理层一起参与日常性表决投票,这两种都是表决方法。1974 年的《雇工退休收入保障法案》(Employee Retirement Income Security Act, ERISA)涵盖了私人养老金计划。在对该法案的解释中,代理表决权被认为是一种计划资产,因而既适用于其他资产的严格的受托人义务,也适用于这

---

① “Indexing Fingered,” *The Economist*, April 30, 1994.

② John Brook, “Corporate Pension Fund Asset Management,” in *Abuse on Wall Street: Conflicts of Interest in the Securities Industry* (Westport, CT: Quorum Books 1980).

种资产。于是,那些适用于 ERISA 的养老基金从法律上来说有义务制定代理表决权的相关政策,以维护基金受益人的利益。一些代理表决权服务公司会提供关于代理议案方面的分析和建议,并具体操作代理表决权提交的运作事宜。这些组织中最有名的当属机构股东服务公司(Institutional Shareholder Services, ISS),该公司为全球超过 1 700 个客户提供咨询服务。

最后,养老金和其他机构投资的受益人的利益取决于整个投资组合的业绩。因为这些投资组合包含很多公司,并且是非常指数化的,所以它们的业绩更多地取决于美国经济的状况,而不是取决于某个特定公司的成功。于是,一个肩负为受益人利益服务的受托人职责的基金经理比个人投资者有着更为广阔的视野。例如,某个并购会对一个公司的股东有利但会损害其他公司股东的利益,或者对股票持有者有利但会损害债券持有者的利益,这样的并购会受到在每家公司都持有股票和债券的机构投资者的反对。

而且,养老基金经理通过投资创造好的就业、提供承受得起的住房和改善基础设施,这是对退休保障基金受益人最好的回报。1989 年,纽约州养老金投资特别工作组(New York State Pension Investment Task Force)建议州养老基金应该用它们的资产促进经济长期增长,而不要严格追求利润最大化。政府养老基金被要求进行经济目标投资(economically targeted investment, ETI),因为退休保障取决于国家经济的状况。①

146

经济目标投资存在的一个问题就是,如果它导致收益率降低,那么根据 ERISA 的规定,私人养老金经理就违反了其受托人义务。为了解决这个问题,支持经济目标投资的克林顿政府认为,如果经济目标投资既能产生“间接的好处”,而且也能得到“与此相称的回报”,那么根据 ERISA 的规定,这种投资就是被允许的。② 根据这种规则,一项投资必须要得到至少是竞争状态下的回报率,但选择经济目标投资可能还会涉及社会效益考虑。然而,批评者认为经济目标投资产生的经风险调整

① “The Politically Correct Pension Fund,” *BusinessWeek*, March 21, 1994; and “Clinton Administration Official Advocates Relationship Investing,” *Pension World*, July 1994.

② Department of Labor Interpretive Bulletin 94-1 on Economically Targeted Investments, 59 Fed. Reg. 32, 606(June 23, 1994), codified at 29 C. F. R. § 2509. 94-1. Diane E. Burkley and Shari A. Wynne, “The Clinton Administration Is Attempting to Persuade Pension Plans to Invest Their Vast Resources in Projects that Offer Benefits to Low-Income Communities,” *National Law Journal*, September 5, 1994.

后的回报率几乎总是比较低的，否则，进行投资时就可以不需要特殊考虑了。[①] 于是问题就变为：为了间接的收益，能够合理地牺牲多少回报，尤其是在投资的间接收益价值难以判断的情况下。另外，投资的间接收益价值很难识别，而且更进一步来说，很难将它们从严格意义上的财务回报中分离出来。事实上，有人认为，为了间接收益而进行的投资和考虑全部收益的传统投资基本没有什么区别。[②]

那些不受 ERISA 管辖的政府养老基金特别容易受到政治影响，基金经理必须格外小心，严防不正当地使用基金资产。经验显示，那些政府养老基金经理所作的选择并不总是明智的。比如，康涅狄格州养老基金为了保住军火商科尔特公司(Colt Industries)所提供的就业岗位试图挽救它，但科尔特公司最终宣布破产了，这个养老基金也因此损失了 2 500 万美元。[③] 堪萨斯州养老基金为了保住就业岗位而对当地一家钢铁厂和储蓄贷款协会进行投资，当这两家公司破产时给该基金造成了 1 亿美元的损失。[④] 有人认为，任何将政府养老基金的钱用于经济目标投资的做法都是不合理的政府政策。如果一个项目能使一个州的人受益，那就值得通过政府使用每个人交的税金来对其进行支持。如果该投资降低了退休人员的收益，那么事实上就相当于从他们身上征税，为别人提供了福利。[⑤]

三、改进公司治理

股东在公司治理过程中的一个任务就是行使监督权、确保履行责任。简言之，股东是公司重要的监督者(monitors)。在所有权和控制权没有分离的公司，股东还是企业的管理者，因此他们的监督职能是理所当然的。然而，总的来说，在那些有

147

① Edward Zalinsky, "ETI, Phone the Department of Labor: Economically Targeted Investments and the Reincarnation of Industrial Policy," *Berkeley Journal of Employment and Labor Law*, 16(1995), 333—355.

② Zalinsky, "ETI, Phone the Department of Labor," p. 341. 对此的批评，参见 Jayne Elizabeth Zanglein, "Protecting Retirees While Encouraging Economically Targeted Investment," *Kansas Journal of Law and Public Policy*, 5(1995—1996), 47—58；相关回应参见 Edward A. Zelinsky, "Economically Targeted Investments: A Critical Analysis," *Kansas Journal of Law and Public Policy*, 6(1996—1997), 39—48。

③ Adam Bryant, "Colt's in Bankruptcy Court Filing," *New York Times*, March 20, 1992.

④ Richard W. Stevenson, "Pension Funds Becoming a Tool for Growth," *New York Times*, March 17, 1992.

⑤ Roberta Romano, "Public Pension Fund Activism in Corporate Governance Reconsidered," *Columbia Law Review*, 93(1993), 795—853. Romano 注意到，备选方案就是通过从其他州的服务中拿出税收收入来弥补该亏空。

很多股东但持有少量股份的上市公司,个人股东的权利被稀释了,因而他们采取行动的积极性不断下降。结果,在董事会的支持下,CEO 就变得自负了。缺少了有效监督,一些公司就会进行不明智的扩张、有意避免困难但必要的改革,以及实行慷慨的薪酬和采取其他不合理的举措。有些公司就会因为营运问题或错误的战略决策而衰败。20 世纪 80 年代出现的恶意收购浪潮就成了一剂财务良药,弥补因部分监督不足而纵容的无节制行为。20 世纪 90 年代,有些支持者将关系投资赞誉为代替恶意收购的一种政治性选择方案。约翰·庞德(John Pound)宣称:"这种建立在政治而不是金融基础上的新型公司治理方式将要提供的监督手段远比 20 世纪 80 年代的收购更有效、成本更低廉。"①

传统上,股东们通过选举董事会成员和对管理层提交的重大变革议案投票表决的方式对公司进行监督。对于那些处境艰难的公司来说,最主要的纠正措施就是董事会,它有权更换管理层和制定新的战略发展方向。当董事会尽职尽责时,这种公司治理模式会相当有效。但是,股东对不专心或不胜任的董事会基本没有办法,因为董事会的选举和代理权争夺一般非常缓慢和笨拙,很难带来所需要的变革。20 世纪 80 年代,恶意收购为这样的公司提供了迅速但残酷的实施变革的方法。然而,这种形式的公司治理涉及高昂的交易成本,因为要向投资银行家和律师支付巨额费用,而且这种公司治理方式还会产生社会成本,因为收购后一般会带来一定的社会混乱。

关系投资能促使现在的股东进行变革,就和恶意收购中入侵者可能进行的变革一样。内尔·米诺(Nell Minow)将关系投资称为"非收购的收购"(nontakeover takeover)。她解释说:"和那些入侵者一样,我们(关系投资者)希望实现潜在的价值。我们已经发现了更好、更容易的实现方式。"②20 世纪 90 年代之后,一些因素限制了恶意收购的使用,包括缺少便利的融资和政府反收购法律的出台。同时,当时的发展情况比较有利于机构投资者采取一致行动。约翰·庞德指出,通过关系投资进行的公司治理还有个好处,就是从政治上讲是可以接受的且符合美国人的

---

① John Pound, "Beyond Takeovers: Politics Comes to Corporate Control," *Harvard Business Review*, March-April 1992, p. 83.

② 引自 Judith H. Dobrzynski, *Business Week*, March 15, 1993。内尔·米诺是 1992—2000 年关系投资企业 Lens 的创立者和负责人。

价值观。他写道：

> 美国人对纯粹的金融总是怀有深深的不信任和政治上的不容忍,而且20世纪80年代的交易激起的民粹主义疑虑到了前所未有的程度。杠杆收购(leveraged buyouts,LBOs)和其他收购交易建立在保密、迅速和突袭的基础之上,它们避开了应有的程序和公开的讨论。……公司治理的新主张与旧的行事方式形成鲜明对比。新运动的核心是对公司政策进行实质性的讨论与争辩。新的倡议包括应有的程序,并要求公开的讨论。……它们创造了一种新的体制,这种新的体制要求按照美国人对其政府官员进行问责的同样标准对公司管理层进行问责。①

关系投资引起了人们的一些忧惧,担心其对公司治理的影响。批评者预言,机构投资者要求考核公司季度业绩的做法将导致公司更加侧重短期行为,而不是如有些人所预言的侧重耐心资本。还有些人警告说,在政治化的环境氛围中,每个公司决策都会成为公众讨论的对象,而公众部门会试图影响公司的决策制定。另外,那种不遗余力地满足机构投资者的做法已经导致了一些引发工人不安的重组与其他变革。一些批评者认为,当公司继续变得"吝而偏"的时候,雇员和其他群体失去的额外权利将会转到机构投资者手里。这里面的危险就是,公司可能会通过减少对社会问题的责任来实现更大的责任。因而,关系投资是公司治理的有益改革还是20世纪80年代恶意收购的恶性继续?这个问题仍然悬而未决。

第三节　社会责任投资

在选择股票的时候,有些个人投资者认为价值比市盈率(P/E ratio)更为重要。这些善良的人想要确保他们的钱不被用来支持那些有问题的商业活动。与此相似,慈善机构、基金会、宗教团体、大学以及其他一些非营利性机构一直都在寻找与自己机构的价值观相符合的股票。与此形成鲜明对比的是,有些投资者却贪婪地追求所谓的"邪恶股票"(sin stock)。例如,摩根乐趣股份(Morgan Funshares)专门

① Pound,"Beyond Takeovers," p. 88.

投资烟酒和赌博公司,并且得到了那些以从别人的痛苦中获利为乐的人的支持。[1]据他们说,这种肮脏利润的唯一问题就是"它们还肮脏得不够"。然而,对于大多数人来说,股票市场只不过是一个投资的地方,无须考虑别人如何使用自己的钱。金融专家的建议是,如果你关注环境、公民权利或公共健康,那就将你的收益捐给有意义的事业,或者你去从事政治活动,但不要将钱与伦理混在一起。[2]

149

最近几年,那些关心自己的钱去了哪儿的投资者得到了一些共同基金和养老基金的支持,这些基金会筛选出一些社会责任因素。这些基金用不同的名称将自己区别开来:社会责任投资(socially responsible investing, SRI)、伦理道德投资、可持续投资、三重底线投资(金融、环境和社会)以及环境、社会问题和公司治理投资(environment, social issues, and governance investing, ESG)。[3] SRI既是产品(product)也是实践(practice)。[4] 因此,除了吸引有社会责任感的投资者的SRI共同基金和养老基金(产品),这些基金在社会责任投资中采用的方法也可被其他许多投资基金用来寻求一些同样的结果(实践)。另外,一个支持该项服务的完整行业已经发展起来,以帮助那些提供SRI产品并从事SRI实践的基金。

由于那些可能被归类为SRI的活动非常广泛,因此统计起来非常困难。但是,2012年由可持续和责任投资论坛(Forum for Sustainable and Responsible Investment)进行的一项研究发现,在美国目前有3.74万亿美元资产正在按照SRI原则进行管理,这差不多占了所管理投资资产的11%,这一数字自2009年以来上升了22%。[5]

---

① Michele Galen, "Sin Does a Number on Saintliness," *BusinessWeek*, December 26, 1994; John Rothchild, "Why I Invest with Sinners," *Fortune*, May 13, 1996; and Ann Brocklehurst, "Banking on the Wages of Sin," *New York Times*, February 18, 1995.

② Ritchie P. Lowry, *Good Money: A Guide to Profitable Social Investing in the '90s* (New York: W. W. Norton, 1991), p. 19.

③ 关于社会投资的简要历史,参见 Mayra Alperson, Alice Tepper Marlin, Jonathan Schorsch, and Rosalyn Will, *The Better World Investment Guide*(New York: Prentice Hall, 1991)。也可参见 Elizabeth Judd, *Investing with a Conscience* (New York: Pharos Books, 1990); Peter D. Kinder, Steven D. Lydenberg, and Amy L. Domini, *The Social Investment Almanac: A Comprehensive Guide to Socially Responsible Investing*(New York: Henry Holt, 1992); Jack A. Brill and Alan Reder, *Investing from the Heart*(New York: Crown, 1992); Amy L. Domini, *Socially Responsible Investing: Making a Difference in Making Money*(Chicago: Dearborn Trade, 2001)。

④ Celine Louche and Steven Lydenberg, "Responsble Investing," in John R. Boatright (ed.), *Finance Ethics: Critical Issues in Theory and Practice*(New York: John Wiley & Sons, Inc., 2010).

⑤ *2012 Report on Sustainable and Responsible Investing Trends in the United States*(Washington, DC: The Forum for Sustainable and Responsible Investment, 2012).

在欧洲,出于 SRI 目的进行管理的资产超过 2.3 万亿欧元。[①] 在美国和欧洲,SRI 基金的增长非常迅猛,1995—2012 年间几乎增长了 5 倍。

尽管这些社会责任投资者有着美好的愿望,但围绕这项运动还是有一些棘手的问题。除了识别对社会负责任的公司和不负责任的公司存在实际困难,批评者怀疑这种努力是否会有效果。投资者是出于不同目的来进行社会责任投资的:有些人觉得利用股票赚钱很好玩,有些人是想促使公司行为发生变革。SRI 是否会起作用取决于它的目的。即使 SRI 导致收益较低,个人投资者也会出于他们喜欢的任何目的自由地购买股票并支付价款。同样,那些共同基金和养老金公司也可以自由地通过公布他们筛选后持有的股票来吸引投资者,只要清楚地讲明要实行 SRI 的承诺,并且投资是自愿的。然而,更具争议性的是,承担着为投资者寻求最高收益的投资组合经理在选择股票时是否有权考虑非财务因素,特别是在 SRI 可能会降低总收益的情况下。

一、SRI 的界定

SRI 表现为许多形式。它可以简单地表现为:回避"邪恶股票"或不对从事不道德事业的公司进行投资的政策。它可以复杂地表现为:挑选对社会负责任的公司进行投资并与之合作共事,以实现对社会有益的目标。许多 SRI 运动激进主义者的动机仅仅是希望他们自己的投资是正确的,而有些人的动机则是试图通过他们的投资活动来改变世界。

150

SRI 的起源可追溯到 18 世纪的英国,当时的宗教团体——尤其是贵格会(Quakers)和卫理公会(Methodists)——认为,投资是具有宗教方面价值取向的行为。但这个运动真正开始于 20 世纪 60 年代,作为反对南非种族隔离和美国越南战争的政治斗争的一种手段。愤怒的激进主义者利用年会和股东大会上的抗议活动以及对机构投资者(如大学的捐赠基金)施加压力来推进他们的事业。激进主义者拉尔夫·纳德(Ralph Nader)在其促使通用汽车公司(General Motors)改进汽车安全的抗议活动中也采取了类似的策略,该抗议活动发酵成为一场更大规模的消费者保护运动。1969 年经济优先权委员会(Council on Economic Priorities)成立,

① Eurosif, *European SRI Study 2012*.

他们的工作促成了一系列针对消费者和投资者的指南，例如《美国公司良知评级：日常产品公司索引》（*Rating America's Corporate Conscience*：*A Provocative Guide to the Companies Behind the Products You Buy Every Day*）①和《美好世界投资指南》（*The Better Word Investment Guide*）。宗教团体最终也加入了这场运动，最著名的要数1971年成立的跨信仰企业责任中心（Interfaith Center for Corporate Responsibility）。20世纪90年代对环境问题的关注进一步推动了该项运动。

今天，SRI已经不再是激进主义者的领域，而是和全球化一样成为主要潮流。大多数SRI从业者相信，筛选后的基金（screened funds）主要是为了获得竞争性的收益，而实现一些有益的结果只是作为次要目的。他们宣称，SRI是一种可行的投资方法，它充分利用了那些长期业绩优秀的对社会负责任的公司的优势。那些通过SRI筛选标准的公司通常都运转良好，而且不可能出现大的危机和丑闻。SRI可能还会增进公司与投资者之间关于社会问题的交流，提高公司承担社会责任的积极性，从而为改善公司业绩作出贡献。

在这股潮流中，SRI在欧洲变得和北美一样显著。由于政府命令国家养老基金（这在欧洲比在美国更普遍）进行社会投资，欧洲人对SRI的兴趣得到加强。挪威石油基金（Oil fund of Norway）是欧洲最大的股票持有者，2012年拥有6 540亿美元资产，自2004年起就接受伦理咨询委员会（Advisory Council on Ethics）的指导——该委员会负责为投资者制定伦理指南。社会绩效评估体系的创新推动了SRI的全球化。这方面以全球报告倡议组织（Global Reporting Initiative）为代表，它的可持续性会计标准在全球被广泛使用。2005年由联合国发起的倡议《责任投资原则》（Rrinciples of Responsible Investment）也促进了SRI在实践中的发展。截至2012年，它的六项基本原则已经得到了1 000多家投资公司（不全是SRI基金）的赞同，它们掌管的资产超过30万亿美元。

151

那些进行筛选的基金可以用否定的方法，排除那些从事特定业务的公司或有不良记录业绩的公司。有些也可以用肯定的方法，识别出那些特定领域取得瞩目成绩的公司，如环境保护、妇女与少数民族促进、家庭友好项目、慈善捐赠、社区建

① Steven D. Lydenberg, Alice Tepper Marlin, and Sean O' Brien Strub, *Rating America's Corporate Conscience*: *A Provocative Guide to the Companies behind the Products You Buy Everyday* (Reading, MA: Addison-Wesley, 1986).

设、顾客和供应商关系、产品质量与安全、政治活动以及对公众关注的回应等。许多主流的共同基金公司和养老基金公司都会设立一个或多个 SRI 基金。SRI 得到了社会责任投资咨询机构和资产管理公司的支持，也得到了一些组织的支持，其中最著名的是美国可持续和责任投资论坛与欧洲可持续投资论坛（European Sustainable Investment Forum, Eurosif）。

SRI 的支持者们怀有各种各样的目的。有些投资者明显觉得他们对自己的钱的用途负有一种个人责任。许多人会毫不犹豫地拒绝向内华达的妓院（卖淫行为在内华达是合法的）进行投资，因为他们可能会参与不道德行为，帮助别人不道德地行事，或者从别人的不道德行为中获利。不过，妓院股东事实上就参与了这种行为或者帮助别人从事这种行为，这一点并不明显。显然，投资者对其所投资公司的行为是否承担责任是一个令人困惑的伦理问题。这个问题很大程度上取决于投资者的决定对公司行为是否会产生重要影响，我们下面要对其进行讨论。

迄今为止的相关研究还没有发现，SRI 基金的收益在统计上存在任何显著差异。① 总体上来讲，它们的业绩与那些具有可比性的股票投资组合相比，既好不了多少，也差不到哪儿去。不过，这些研究考察的只是一段相对短的时间，在这段时间里，股票价格正稳步上涨。收益必须要根据风险进行调整，而一些研究者认为，由于分散程度较低和大量持有小市值股票，SRI 的风险总体上可能会更大。② 另外，成功的企业能够在社会责任方面进行更多的投资，结果 SRI 的筛选标准可能会是有偏差的，向那些过去曾有很好收益记录的公司倾斜。这种偏差可能会解释短期竞争性结果，但从长期来看，不能很好地预测公司绩效。

二、SRI 能否起作用？

SRI 能在使得世界更加美好的同时又能产生优异结果吗？如果真是这样，那

---

① Sally Hamilton, Hoje Jo, and Meir Statman, "Doing Well While Doing Good?" *Financial Analysts Journal*, November-December 1993, pp. 62—66; J. David Diltz, "The Private Cost of Socially Responsible Investing," *Applied Financial Economics*, 5(1995), 69—77; and C. Mallin, B. Saadouni, and R. J. Briston, "The Financial Performance of Ethical Investment Funds," *Journal of Business Finance and Accounting*, 22(1995), 483—496.

② D. J. Ashton, "A Problem in the Detection of Superior Investment Performance," *Journal of Business Finance and Accounting*, 17(1990), 337—350; and John H. Langbein and Richard A. Posner, "Social Investing and the Law of Trusts," *Michigan Law Review*, 79(1980), 72—112.

么这种因为 SRI 而出现的情形不可能很明显。即使 SRI 的收益是平均水平或稍稍低一些,其所产生的良好后果将仍然使它成为那些既想获利又想行善的投资者钟情的投资方式。不幸的是,这种既能使世界更加美好又能获取利润的做法,前景并不是很光明。首先,金融理论(尤其是有效市场假说)对 SRI 能产生超额收益的说法提出了挑战。其次,SRI 能改变公司投资政策的说法也缺少金融理论基础。

1. SRI 与基金业绩

金融理论表明,由于不够分散化和交易成本较高,那些进行筛选的基金收益应该相对较低。也就是说,可选股票范围的减少和筛选成本的增加这些自我设定的限制,只会妨碍而不会提高基金的业绩。对 SRI 所宣称的好处提出最大理论挑战的是有效市场假说。① 半强式有效市场假说认为,所有公开可得的信息已经在股票价格上反映出来了。结果,股票市场的定价是有效的,没有投资者能够指望在风险调整的基础上击败市场。也就是说,只有当投资者承担更大的风险时,他们才能获取超额收益(在这种情况下他们的风险调整收益仍然相等);否则的话,他们必须拥有在股票价格上尚未反映的信息(这就要求该市场是无效的)。有效市场假说进一步指出,用任何标准(财务标准或社会标准)来积极地评估某个股票的做法都是一种资源浪费,因此投资者应该被动地选择一个反映市场指数的均衡投资组合。

然而,股票市场并不是完全有效的,因而研究分析会给任何基金带来某些收益。② 不过这种状况基本不能给 SRI 提供支持,除非那些未在股票价格中反映出来的信息涉及公司的社会绩效。那么,对 SRI 来说,这种情况必须建立在这样一种观点的基础之上:市场是无效的,而这种无效性源于人们没有认识到社会责任行为在评估股票价格过程中的重要性。简言之,该观点就是,在社会绩效和财务绩效之间存在着一种联系,而在市场上这种联系被忽略了,因此 SRI 基金能够通过利用别的投资者所忽略的信息来战胜市场。

社会绩效和财务绩效之间存在联系的观点是个合理的说法,已经得到了某些

---

① 对社会投资的金融理论含义的讨论,参见 Larry D. Wall,"Some Lessons from Basic Finance for Effective Socially Responsible Investing," *Economic Review*, 8(1995), 1—12。

② Maria O' Brien Hylton,"'Socially Responsible' Investing: Doing Good versus Doing Well in an Inefficient Market," *American University Law Review*, 42(1992), 1—52.

实证支持。[1] 市场忽略了社会责任方面信息的说法却是个比较可疑的假设。例如,一个在环境问题上有良好记录的公司可能会比对环境不太负责任的公司业绩要好,因为这个有良好记录的公司更可能避免掉为达到新监管规定与和解因破坏环境而遭到的法律诉讼所产生的成本。然而,这种良好业绩的原因可能要归功于一分防范胜过十分补救式的理性计算。如果真是这样,那么较高的股票价格就反映了这样的事实:该公司已经作了投资以避免将来的责任;而相对不太负责任的竞争对手由于缺少这种投资未来就存在着较大的潜在责任,因此股票价格就较低。

153

对一个公司具有不利影响的信息通常是那些已经在市场上公布的信息,而不是那些只有通过社会责任筛选才能识别出的信息。SRI 基金出于伦理原因而避免对烟草公司股票进行投资,但这些股票已经因该产业潜在责任的不确定性而在市场上打了折扣。如果烟草公司真的因灾难性的责任判断问题而垮掉,那么 SRI 公司排除这种“邪恶股票”做法的正确性似乎就得到了证明,但由于折扣问题,那些包括烟草股票的均衡资产组合的长期收益可能会和 SRI 基金的收益差不多。也就是说,烟草股票相对它们的(折后)价格现在就有超额收益,因而未来可能一钱不值的烟草股票持有者的损失将被这些超额收益抵消掉。

因此,有效市场假说的挑战就是:如果市场是有效的,那么任何与财务绩效相关的社会责任活动方面的信息都将会在市场上得到反映。SRI 基金根据此类信息进行去除股票(否定筛选法)或纳入股票(肯定筛选法)的操作。与此形成对比的是,市场上对某只股票价格打折是基于其负面信息,而在正面信息的情况下则会赋予某只股票一定的溢价。SRI 与普通投资的不同之处在于它们对信息的反应方式不同。只有当 SRI 基金的筛选标准始终反映市场所忽略的某种信息时(这是非常难的,但仍然是可能的),SRI 才可能产生超额收益。

2. SRI 与投资政策

社会责任投资能否使世界更美好,取决于投资者通过其投资决策改变公司行为的能力。供求法则指出,当关注社会的投资者对某只股票的需求增加时,在供给

---

① 由于定义和测算方法存在问题,试图衡量社会绩效和财务绩效之间关系的努力没有取得成功,许多研究结果互相矛盾且没有定论。相关研究文献概览参见 Joshua Margolis and James P. Walsh, *People and Profits? The Search for a Link between a Company's Social and Financial Performance*(Mahwah, NJ: Lawrence Erlbaum, 2001)。

不变的情况该股票的价格就会上涨。于是,那些对社会负责任的公司就将得到SRI投资者的青睐,导致股票价格较高。然而,如果某只股票价格上涨超过其基本面所支持的价格水平,那么其他投资者就会抛出自己手里的股票或者停止对该股票的需求。结果,供求就会回到均衡状态,股票价格也将回落到其市场价格。从长期来看,股票价格将不受影响。唯一的区别将是,那些对社会负责任公司的股票将掌控在关注社会的投资者手里。据此分析,由于股票价格将不受影响,因此就没有理由相信SRI能够影响公司行为。

该观点假设供求都是完全富有弹性的,对那些较大的、交易量多的公司来说这是成立的。SRI投资者更可能影响那些较小的、相对不出名的公司的股票价格,因为这类公司股票的需求在某种程度上是缺乏弹性的。不过SRI投资者愿意提高某只股票价格的想法能影响该公司的投资决策吗?理论上来说,答案是肯定的。[①] 如果一个公司通过选取净现值(net present value, NPV)最高的项目来进行投资决策,那么源于社会责任投资的股票价格攀升将会降低公司的股权成本,提高公司的预期收益率。以实用的词语来表达就是,股东通过愿意为该公司股票支付较高价格并接受较低财务业绩来对其社会责任行为进行补贴,这与SRI能够产生超额收益的说法正好相反。

作为一种选择,SRI为较小的公司在拥挤、嘈杂的市场上竞争权益资本提供了一个机会。那些以对社会负责任的方式运营的公司有机会吸引到来自SRI基金的资本。大多数社会责任行为是低成本或免费的,而那种社会责任声望本身就是一种资产,特别是在营销过程中。那些销售肥皂和洗液以及冰激凌之类产品的较小的公司都能通过向热心社会事业的消费者提供天然的、环境友好型的产品,在广大市场上与那些行业巨头进行竞争。这些对社会负责任的公司通常是由那些想以独特方式做生意的价值观驱动型企业家建立和领导的。虽然他们可以通过自己的资产负债表在一般市场上成功地筹集资本,但是得到SRI投资者的支持和理解有助于完成这项任务。

那么,最后得出的结论就是:SRI不太可能对那些较大的、交易量多的公司产生任何影响。它只有通过长时间、大幅度地抬高某个公司的股票价格,才能改变公

---

① Wall, "Some Lessons from Basic Finance for Effective Socially Responsible Investing," p. 4.

司的投资政策,但是所产生的股票价格上涨只代表投资者愿意补贴在社会责任方面进行的投资。也许,SRI 最不朽的贡献是为那些对社会负责任的公司提供了一个便利的资本市场,否则它们筹集资本将存在困难。这些公司通常很能赚钱,这样SRI 投资者就不必为此付出代价,但是投资者需要理解这些公司,并从一开始把它们就筛选出来。对社会负责任的公司对美国商业产生了影响,因为它们所进行的先驱性实践后来被主流公司采用了。正是因为这种影响,那些热心社会事业的投资者也许能最终间接地发挥作用。

第四节　小额贷款

投资通常是为了获得回报才进行的。然而,这种回报常常具有某些更深层次的目的,诸如保证某人的退休生活(养老基金)、支持某个机构(如大学的捐赠基金)或者促进经济增长(例如世界银行发放的开发贷款)等。社会责任投资寻求促进良好的公司行为。投资能用来扶贫吗?用于促进经济增长的开发贷款通过创造就业岗位和提高生产率间接地实现这一目标,但有一种更加直接的投资方式瞄准的就是扶贫,包括将钱交到穷人自己手上用来开办或扩大小本生意。金额较小的贷款(低至 50 美元到 100 美元之间)可能会使初创企业摆脱困境,开始走向适度的繁荣。

这就是小额贷款(microfinance)背后的理念。小额贷款也称为小额信贷(microcredit)和小额放贷(microlending)。这种投资创新可以被定义为向本来无法获得金融服务的低收入人群提供金融服务(不仅放贷,还有储蓄、保险和支付系统)。这些都是"无法从银行获得贷款"(unbankables)的人,他们的信贷和其他金融服务需求传统金融机构无法满足。这种忽视主要是由于穷人的收入低,对于现有银行来说,为他们提供服务无利可赚;其他因素包括他们远离银行所在的城市中心、缺少担保贷款的抵押品以及缺少任何信用记录,这些使得他们的资信很难评估。另外,穷人只有将资金用于生产而不是仅仅用于当前消费才可能偿还贷款,而穷人将资金用于生产的能力易受到质疑。比如,孟加拉非常贫困的村民能从小额贷款中获得多少收益?

答案似乎相当多。2006 年,孟加拉国经济学教授穆罕默德·尤努斯及其创建的格莱珉银行因为将小额贷款发展成为“在反贫困斗争中越来越重要的工具”而被授予诺贝尔和平奖。[①] 在探求困扰孟加拉国的极端贫困的原因时,尤努斯发现,制作竹凳的妇女每天所赚的只有差不多 2 美分,因为她们大部分的收入都进了借钱给她们购买必需的竹子并控制着其产品销售的中间人的口袋。意识到妇女贫困的原因不是缺少努力或技能而是缺少信贷,尤努斯自己掏钱(27 美元)借给 42 个妇女。这些金额很小的借款使得她们从放债的人那里解放了,并实现了其劳动的全部价值。经过多次试验,尤努斯准备在 1983 年创建一个专门为孟加拉穷人提供小额贷款的银行,这个银行已经发展成为服务于全国乡村超过 830 万名成员(几乎全是妇女)的银行。[②] 恰当地说,格莱珉这个名字意味着“乡村的”。

发放小额贷款给穷人并不是个新奇的想法,而且甚至能够有利可图,正如高利贷(loan sharks)和发薪日贷款放贷人所发现的那样。补贴贷款(subsidized loans)长期以来一直是政府帮助穷人的优惠方式。小额贷款的早期践行者是乔纳森·斯威夫特(Jonathan Swift),他是爱尔兰著名的讽刺作家和都柏林圣帕特里克大教堂(St Patrick's cathedral)的主任牧师。18 世纪 20 年代,他建立了一套向穷人发放小额免息贷款的系统——斯威夫特系统,导致许多慈善团体加入该系统。英国第一个为穷人服务的储蓄银行是从一分钱银行(Penny Bank)转变过来的,由英国贵格会(Quaker)改革者普丽西拉·韦克菲尔德(Priscilla Wakefield)于 1798 年创建。在全世界的贫民窟和乡村,社区互助会(communal mutual benefit association)长期以来都是一种通行做法,即会员先入股,一旦需要就可退出。[③]

小额贷款面临的挑战是如何同时实现三个目标:(1)确保高偿还率;(2)能够自我维持,即避免依赖补贴或捐款;(3)确实能扶贫或者改善民生。小额贷款中的真正创新是通过试验发现的方法和同时实现这三个看似不兼容的目标的敏锐直觉,这帮助穆罕默德·尤努斯和格莱珉银行赢得了诺贝尔和平奖。

本节的首要任务是理解格莱珉银行和其他地方发展起来的小额贷款是如何运作的。小额贷款成功的关键也提出了一些伦理难题,包括对普遍盛行的高利率和

---

① http://www.nobelprize.org/nobel_prizes/peace/laureates/2006/press.html

② http://www.grameeninfo.org/index.php? option=com_content&task=view&id =26&Itemid=175.

③ 关于小额贷款倡议的历史,参见 David Roodman, *Due Diligence: An Impertinent Inquiry into Microfinance* (Washington, DC: Center for Global Development, 2012),第 3 章。

用来确保还款而施加的压力是否合理的评价。一些批评人士发现小额贷款存在着"阴暗面"(dark side)。[①] 在小额贷款领域,围绕实现自我维持乃至盈利和扶贫的目标之间的冲突也充满了争论。最后,小额贷款确实能够对扶贫起到作用吗?成功案例的轶事现在开始让位于可靠的经验证据,而衡量小额贷款的影响被证明是一件复杂而难以捉摸的事。

一、小额贷款是如何运作的

由于普遍缺少资质,穷人传统上不太可能成为贷款的对象。反过来,资质既包括还款能力也包括这样做的意愿。要有能力还款需要借款人具有技能和知识,将借到的钱用于能够产生收入的某些生产性企业。有资质的借款人还必须要约束自己将这笔收入的一部分储存起来用于偿还贷款而不是将其用于当前消费(道德风险)。个人品质的这种复杂性很难判断(信息不对称),尤其对局外人来说;而资质较低的借款人有机会利用放贷人知识的欠缺,通过欺诈手段将自己表现为值得信赖的人(逆向选择)。幸运的是,还款意愿不仅取决于某人的品质(这相对固定但很难判断),而且取决于激励(这个可以设计并被局外人可信地了解)。只要有充分的激励,借款人的品质就变得不太重要了。

贫穷的借款人缺乏抵押品表明的是另一种问题,但也可通过激励来克服。由于抵押品在传统的贷款中是发生违约时可以被没收用来抵消放贷人损失的资产,因此它必须要具有某些市场价值。然而,任何对借款人具有价值的财产(即使在市场上它基本没什么价值)都给借款人以强烈动机避免被没收。小额贷款常常会涉及这种抵押品,它提供了一种偿还的激励,但不是那种传统贷款中以抵押品形式给予的抵消性补偿。而且,在传统贷款中使用抵押品,是假设借款人经过理性核算认为偿还贷款优于失去资产(又一次出现道德风险)。通常,放贷人没收抵押品的权利建立在合法的可执行合同基础之上,这样会养成尊重法律的思维模式。小额贷款试图对偿还贷款灌输一种不同的态度:人们偿还债务不是为了规避某种法律惩罚(例如失去抵押品),而是出于道德义务感。如果这种态度被成功地灌输给人

① David Hulme, "Is Microdebt Good for Poor People? A Note on the Dark Side of Microfinance," *Small Enterprise Development*, 11(2000), 26—28. 也可参见 Keith Epstein and Geri Smith, "The Ugly Side of Microlending," *Newsweek*, November 12, 2007。

们,就可彻底地避免使用抵押品。

小额贷款的秘密就是小组贷款(group lending),这是在创建格莱珉银行中通过试错法发现的。潜在的借款人以五人一组来介绍自己。小组中的两个成员每人获得一笔首期还款很快就要到期的小额贷款,接着就是频繁的还款计划。如果这两个成员还掉了贷款,过段时间另外两个人获得小额贷款,接下来第五个人得到贷款[这被称为动态激励(dynamic incentives)]。当首轮贷款结束后,成员就有资格继续获得更大金额的贷款[累进放贷(progressive lending)]。如果任何成员有一笔贷款违约,那么小组其他所有成员将不再能够获得未来贷款。另外,偿还贷款时八个小组被集中到一个公共场所来共同见证。虽然所有交易都有记录,但不用签订合同;债务是建立在社会关系基础上的。

首期还款期限很短和紧接着的频繁还款(正常还款计划)能够使放贷人在早期发现任何缺少还款能力或还款意愿的人,而累进增加贷款金额可将任何损失降到最低。在小组成员间错开时间发放贷款,一旦任何人违约就撤销所有人的贷款,并接受非传统性抵押品(替代抵押品),所有这些措施制造出有力的同伙压力保证还款。累进增加贷款规模还能确保有资格获得更大金额贷款的借款人形成信用记录。村民自己比局外人更了解谁是讲信用的、谁不是,并且他们在构建小组时将利用这些信息。因此,更讲信用的村民将更可能选择彼此,而不太讲信用的人将剩下来形成他们自己的小组(如果他们真能这样做的话)。在公共场合偿还贷款也是为了激发信任,因为任何不规范都会被所有成员见证。

小组放贷主要通过为偿还贷款提供强力激励,并利用村民之间的相互了解来互相监督和激励,克服了传统个人放贷存在的问题,通过这种方法,小额贷款战胜了第一个挑战——实现了较高的偿还率,一般达到95%甚至更高。这种结果的取得没有使用传统的抵押品或法律上可执行的合同,而是把整个制度建立在高度信任的基础上。格莱珉银行取得较高偿还率还归功于其几乎专门放贷给妇女,她们被认为比男人更可靠和有进取心,而且更可能将资金用于改善其家庭福祉。此外,随着人们对借款的态度和彼此之间关系的深刻转变,小组放贷作为一种方法得到了补充。借款不仅仅是一种金融交易,还是一种集体自助和社区发展的手段,而且在借款中,人们从事的是社区活动,这有助于增强他们与别人的联系,并促进整个社会的繁荣发展。

二、小额贷款中的伦理问题

乡村银行在孟加拉的成功、团结银行(Banco Solidario)在玻利维亚的成功、人民银行(Bank Rakyat)在印度尼西亚的成功以及全球各地相似机构的成功似乎显示了小额贷款的金融稳健性和社会效益。然而,墨西哥的国民银行(Compartamos)2007年上市时给其创办者带来了丰厚的利润,尼加拉瓜最大的小额贷款机构巴奈克斯公司(Banex)2010年倒闭了,围绕着国民银行的高盈利和巴奈克斯公司的倒闭产生的争议使投资行业的这个分支受到了更多的关注。最近几年,出现了许多批评性的言论,从多个角度对该运动提出了质疑。① 格莱珉模式以千篇一律的形式被复制,在有些国家其他方法可能更好,不一定非要小额贷款,小额贷款的快速发展可能超越了贷款资金有效使用的需要。更糟糕的是,这种实践甚至并不是世界上非常有效的扶贫工具。

围绕着小额贷款产生的伦理批评可以分为两个领域的质疑。

第一个问题是:小额贷款在解决穷人的融资需求和带来真正效益方面实际效果究竟如何?构成小额贷款真正的创新并使之成为可能的小组贷款也可能会产生一些不良后果,包括强烈的同伙压力从社会学上看可能会具有破坏性作用。尽管根据管理费用和承担的风险来判断高利率可能是合理的,但它们仍然成了负担,抵消了原本要帮助受益者的经济收入,也许肥了一些追求利润的风险投资者的腰包。更严重的问题是,为小本生意提供的小额贷款并不是穷人真正所需要的,而且许多贷款毕竟没有用于该目的。其他的金融产品可能更适合穷人的需要,旨在减少贫困的投资用于大企业可能更好,这样可以创造更多的就业岗位而不是仅仅帮助个体经营。

小额贷款行业存在争议的第二个问题是:放贷机构是应该不追求营利而主要依靠捐赠人的捐款,还是应该争取成为自我维持的、为了利润而运营的机构?非营利性身份允许机构将其使命集中于扶贫,如果贷给穷人的款事实上得到开发资金补贴的话,这种补助资金会产生更大的效益。个人、政府和私人组织捐赠了大量的

---

① 例如,可参见 Roodman, *Due Diligence*; Hugh Sinclair, *Confessions of a Micro-finance Heretic*(San Francisco, CA: Berrett-Koehler, 2012); Milford Batemen, *Confronting Microfinance*: *Undermining Sustainable Development* (Sterling, VA: Kumarian Press, 2011)。

钱用于扶贫,如果小额贷款是实现这一目标的有效手段,那么这些补助资金就应该按照此方式使用。然而,对补助资金的依赖带来了一些不确定性和制约,而且,这种资金毕竟是有限的,因此放弃盈利机会可能会危及小额贷款机构的生存并制约其成长。这种思想的分裂被称为"小额贷款分裂"①。

1. 小额贷款的有效性

小额贷款是否造福了穷人是一系列复杂的问题,其中的每一个问题都不太好回答。首先,小额贷款提高穷人的收入了吗? 其次,在某些人收入提高的过程中,有没有别的人因沉重的债务负担而进一步贫困了? 也就是说,关于小额贷款,除了成功故事,有没有值得人警惕的失败案例? 再次,消除贫困应该仅仅被定义为收入的提高,还是除此之外还包括其他形式的财富? 又次,为小本生意提供的小额贷款正好是穷人所需要的金融服务,还是穷人更需要其他某些服务且未得到满足? 最后,补助资金最好用于贷款给个体经营型个人(即不创造新的就业岗位、只改善自己生计的人),还是最好通过支持能够增加总就业岗位的中小企业来实现消除贫困?

160

小额贷款是否真的提高了穷人收入看上去是个简单的实证问题,需要通过仔细收集数据并进行分析来回答。尽管已有许多研究,但至今结果没有定论且不太可靠。② 要想准确地计量任何收益,有必要进行不可能完成的任务:比较真实世界与没有小额贷款的世界可能的差异,然后把该差异归功于这一因素。已经取得的研究使用有问题的数据,应用不同的统计方法,进行不同的假设,试图得出无偏的结论。这些研究中存在的偏差来源之一是:小额贷款吸引的借款人可能是状况开始改善的人,即使没有贷款也会成功。累进贷款制度将那些更穷的人排除在外以免出现信贷风险,这样就可能导致样本是有偏差的。不太成功的借款人可能被剔除在项目之外,统计的都是比较成功的。如果贷款项目选在那些小本生意比较成

---

① Jonathan Morduch,"The Microfinance Schism," *World Development*, 28(2000), 617—629.

② 一项最常被引用的研究是 Mark M. Pitt and Shahidur Khandker,"The Impact of Group-Based Credit Programs on Poor Households in Bangladesh: Does Gender Participation Matter," *Journal of Political Economy*, 106(1998), 958—996。Jonathan Morduch 之后用数据分析没有得到同样的正相关结论。见 Jonathan Morduch, "The Microfinance Promise," *Journal of Economic Literature*, 37(1999), 1569—1614。这些研究者之间的深入交流也没有产生定论,也可参见 Beatriz Armendariz and Jonathan Morduch, *The Economics of Microfinance*(Cambridge, MA: MIT Press, 2005); and Roodman, *Due Diligence*, pp. 160—165。

功的地理区域开展和拓展,并像看上去的那样可能辅以其他支持性服务,那么就构成了偏差的第二个来源。最后,研究者可能只注意研究最成功的项目。即使在小额贷款支持者中,一致的看法是:小额贷款某种程度上可能会有助于消除贫困,但关于其效果还缺乏明显的证据。①

提高收入并不是穷人唯一甚至主要的需要。穷人生存下来并不仅仅是因为有了个体经营的企业,而且还因为他是建立在强大家庭纽带和社会网络之上的非正式经济中的一个成员。他们不但需要金融资本,而且还需要社会资本。结果,就像对所有人一样,财富对于穷人而言,部分程度上包括:提高他们的能力,在他们生活的某些方面获得控制权。阿玛蒂亚·森(Amartya Sen)将这种实现能力提高和获得控制权的状态称为自由,他认为这种状态才应该是发展的目标,而不是仅仅提高收入。② 在森看来,自由不仅仅是发展的合适目标,而且也是实现这个目标的最佳手段。它遵循的是这样一种观点:补助资金应该被用于增加穷人的自由而不仅仅是收入。③

161

正如森将发展的概念定义为自由一样,给定社会资本对穷人的重要性,尽管小组贷款法对保障还款是有效的,但其对社会资本却是破坏性的。当小组贷款法成功时,它建立起了一种社会资本,但产生的同伙压力和不还款导致的不和很可能会损坏任何已经建立起来的社会纽带。一项研究发现,有证据表明社会关系在某些小组成员违约后明显恶化。④ 如果金融资本的提高是以社会资本为代价得到的,那对穷人来说收益不大。但小额贷款还是进一步增加了自由,只要贷给妇女的款项能够给予她们在家庭和社区关系中一定的力量。不过这种所谓的非收入性好处也是有问题的,因为研究表明,尽管妇女通常是贷款的接受者,但男人仍然控制着

---

① Jonathan Morduch and Barbara Haley, "Analysis of the Effects of Microfinance on Poverty Reduction," NYU Wagner Working Papers No. 1014, June 28, 2002; and Manohar Sharma and Gertrud Buchenrieder, "Impact of Microfinance on Food Security and Poverty Alleviation: A Review and Synthesis of the Empirical Evidence," in Manfred Zeller and Richard L. Meyer (eds), *The Triangle of Micro-finance: Financial Sustainability, Outreach and Impact* (Baltimore, MD: The Johns Hopkins University Press, 2002).

② Amartya Sen, *Development as Freedom* (New York: Knopf, 1999).

③ 参见 Roodman, *Due Diligence*, Chapter 7。

④ Dean S. Karlan, "Social Connections and Group Banking," *The Economic Journal*, 117(2007), F52—F84. 也可参见 Annabel Vanroose, "Is Microfinance an Ethical Way to Provide Financial Services to the Poor?" *Ethics and Economics*, 5(2007), 1—8。

该项资金所支持的小本生意。[①] 小额贷款通过给予妇女一定的力量改变她们在传统社会中根深蒂固的劣势地位的潜力是非常有限的。

小额贷款假设,穷人所需的主要金融服务是信贷,而这种需求相对来说一般不受高利率的限制和影响。那种认为穷人都是初创期企业家、只需要一小笔贷款就能启动或扩大生意的观点,不仅夸大了可能的预期,而且疏忽了其他同等重要的金融需求。事实上,关于贷款实际上如何使用的研究反映了一部分这类需求。通常贷款资金被用于满足紧急的财务支出,比如学费、医疗账单和房屋维修,由于不可预见的情况,这些支出无法用当前收入予以满足。和世界各地的富人一样,穷人使用信贷来平滑收入和支出之间的差额。给定他们生活和资金的不稳定,对穷人来说,最具有价值的金融服务是储蓄和保险,而不是信贷。[②] 没有储蓄和保险,信贷更可能被用于替代资金而不是生产。这一观点并不是反对小额贷款的有效性,而是支持小额贷款机构改变目标并创造新产品,以便在满足穷人金融需求的过程中更加有效。事实上,格莱珉银行将参加一项储蓄计划作为贷款的必要前提,而且许多小额贷款机构也提供广泛的金融服务。[③]

在许多研究经济发展的人看来,小额贷款将注重个人小本生意作为消除贫困的关键根本就是一种误导。不但穷人启动或扩大生意的能力有限,而且提高人们收入最有效的手段是创造就业,也就是说创造实在的工作岗位。乔纳森·默多克(Jonathan Morduch)写道:"至今为止,最明显的证据显示,要想真的降低贫困率,需要提高整体的经济增长水平和增加就业。小额贷款可能会帮助某些家庭在这些过程中受益,但目前没有任何证据表明小额贷款会推动经济增长和增加就业。"[④]这个观点被表述为"消失的中产阶层"(missing middle)问题。

162

在发达国家,中小企业(small and medium enterprises, SMEs)占到国内生产总

① Anne Marie Goetz and Rina Sen Gupta, "Who Takes the Credit? Gender, Power, and Control over LoanUse in Rural Credit Programs in Bangladesh," *World Development*, 24(1996), 45—63.

② Timothy H. Nourse, "The Missing Parts of Microfinance: Services for Consumption and Insurance," *SAIS Review*, 21(2002), 61—69. 也可参见 Hulme, "Is Micro-debt Good for Poor People?"。

③ Alex Counts, "Reimagining Microfinance," *Stanford Social Innovation Review*, 6(Summer 2008), 46—53.

④ Morduch, "The Microfinance Promise," p. 1610.

值(gross domestic production, GDP)的大约60%,而在欠发达国家这一数字为17%。[①]欠发达国家的就业图显示其就业集中在个体经营和大企业这两端,而发达经济体的峰值在中小企业的中点上。“消失的中产阶层”问题(即在这个中点上相对来说缺少工作岗位)表明,将欠发达国家转变为发达国家并由此减少贫困的关键在于:纠正图中所揭示的消失的中小企业工作岗位,创造更多的中小企业工作岗位。因此,通过贷款10万美元建立一个将雇用1 000人的中等规模工厂,比给1 000个人每人发放100美元贷款所减少的贫困更多。

2. 小额贷款的分裂

小额贷款对许多支持者有吸引力的原因不仅仅在于它看上去给那些想要为扶贫做些贡献的捐赠者提供了最好的结果,而且还在于它呈现出了能够自我维持甚至盈利的前景。这种结果对穷人和寻求帮助他们的人来说是双赢,而且它还吸引了追求利润的投资者。赚钱的小额贷款将成为“向金字塔底层推销”的典范,该观点认为向穷人销售产品和服务会带来很好的商业机会。[②]

少数几个大的小额贷款机构成功上市显示小额贷款经营得当也可以盈利,比如2007年墨西哥的国民银行和2011年印度的SKS小额贷款公司分别成功地进行了IPO。在这个过程中,这些原先非营利性放贷机构的改制为局内人提供了巨大的意外之财。一个问题是:多少个小额贷款机构能够盈利?据一项估计,答案是大约5%,大部分小额贷款机构只能覆盖大约70%的成本。[③] 更加相关的问题是:成为自我维持或者为此目标而努力是否值得。许多捐款人愿意资助小额贷款纯粹是出于慈善,但他们仍然希望这些机构最终能够在没有捐款的情况下继续生存。对这些捐赠者来说,可持续性至少是个值得追求的目标。但实现此目标可能还要改变小额贷款机构的运营和使命,而许多人认为这种改变方式是不值得的。

2011年,穆罕默德·尤努斯在《纽约时报》撰文写道,当他创建格莱珉银行时,寻求的是赶走那些掠夺穷人的高利贷者,他绝没有想到“有朝一日小额贷款会成为

---

① Meghana Ayyagari, Thorsten Beck, and Asli Demirgüç-Kunt, “Small and Medium Enterprises across the Globe: A New Database,” World Bank Policy Research Working Paper 3127, August 2003.

② C. K. Prahalad, *The Fortune at the Bottom of the Pyramid: Eradicating Poverty through Profits*, 5th edition (Upper Saddle River, NJ: Wharton School Publishing, 2010).

③ Morduch, “The Microfinance Schism,” p. 618.

高利贷者"[1]。他认为商业化已经成为小额贷款"严重错误转向"的观点部分程度上是建立在"贫困应该被消除而不应被看作赚钱机会"这一原则基础上的。然而，他也列举了营利性小额贷款导致利率更高、更加冒险的贷款发放和收款做法以及向高收入借款人倾斜等实际后果。在他看来，对极贫困人群不可避免的忽视会导致"使命漂移"(mission drift)。而且，通过在资本市场上获得贷款资金，营利性小额贷款将这种易变资金来源的更多风险转移给了借款人。更关键的是，当借款人不再觉得有强烈的道德义务去偿还贷款时，建立在信任而非合同基础上的格莱珉银行模式受到了威胁。事实上，尤努斯注意到，当借款人开始认为放贷人在利用他们时，印度的借款人停止了偿还贷款。尼加拉瓜 Banex 银行的倒闭部分原因就是源于"不支付"(no pay)运动的兴起，这一运动得到了政府的鼓励。

支持小额贷款分裂的另一方首先认为，盈利的放贷人能够从国际信贷市场上为基金筹资，从而增加用于以提高穷人福利为目的的贷款总量。从捐款人那里获得的资金加上从借款人那里收取的利息和银行自身的存款，严重限制了可得到的资金数量。如果具有更大的规模，营利性小额贷款机构就能够对贫困产生更大的影响。但这种观点假设信贷需求实际上是无限的，不会随着利率的提高而降低，而为了使放贷有钱可赚，利率必须要高。更进一步来说，如果小额贷款的重点从为最贫困人群服务转变为别的，则其对贫困的影响是有限的。如果没有对贷款的发放对象进行很好的筛选，则贷款总额不是一个衡量其影响的好的指标。

其次，与依靠包括政府在内的捐款者来减少贫困相比，营利性小额贷款机构既避免了资金供给的有限性，又规避了这种资金来源以及捐赠者提出的其他要求的不确定性。特别是，政府对贷款的补贴通常具有这样的结果：那些富裕的、政治上有关联的局内人会取代本来的贷款发放对象获得贷款。更广泛地说，扶贫是一项长期工程，需要持久的、实质性的机构。自我维持机构更可能具备足够的稳定性和能力来实现这个艰巨任务。但是，格莱珉银行的经验显示，非营利性小额贷款机构也能实现相当的规模和寿命。而且，政府和机构捐赠者(如基金会、资助组织与国际团体)可以是可靠、长期的合作伙伴。

最后，有人认为营利性小额贷款机构更能为穷人提供储蓄项目和其他对消除

① Muhammad Yunus, "Sacrificing Microcredit for Megaprofits," *New York Times*, January 14, 2011.

贫困来说重要的金融服务。将小额贷款机构作为提供广泛金融产品平台的呼吁基本上一直被那些具有较窄视野的较小放贷机构所忽视。但是,这种状况正在改变,为何接受补贴的放贷机构就不能在放贷款时提供储蓄账户？这没有理由啊！事实上,来自储蓄账户的存款可以成为小额贷款机构贷款资金的来源。尽管接受存款的机构必须要比单纯的放贷人实施更加谨慎的监管,但这个困难不是无法逾越的。

补贴的小额贷款和可持续的小额贷款之间的分裂持续地将这个运动的支持者一分为二,为解决这个问题还需要许多的经验和研究。尽管一些机构继续注重金融可持续性,而其他一些机构则将社会影响作为衡量成功的标准,这两种方法都给这个世界上的穷人带来了极大的福祉。而且,两种机构都有发展空间,国家和团体之间的差异性需要该运动包含更大的多样性。正如许多作者所强调的,重要的是:解决这种分裂以及小额贷款中存在的其他问题时,不得损害消除贫困的初始承诺。

第五节 小结

投资是使个人能够用即时消费所不需要的资金赚取收益的主要金融活动。对于由投资银行、共同和养老基金、对冲基金、主权财富基金等构成的投资业这个大行业而言,这些个人资金和那些机构资金(如大学的捐赠资金和公司的养老资金)是其原材料。大部分投资的目的是直截了当地追求收益,它通过为旗下管理的资金发现最具生产率的用途来实现。和任何将原材料加工成产成品的行业一样,在操作过程中出现了伦理问题。投资银行发生了许多这样的问题,这里就不直接分析了,我们重点分析的是共同基金与对冲基金和其他投资组织形式。共同基金因为允许择时交易和基金经理个人交易而饱受批评;对冲基金和其他投资组织形式则是因为关系投资这一做法而饱受批评。另外,有些投资基金追求的不仅仅是收益。它们通过在 SRI 基金中推动公司社会责任和通过小额信贷来扶贫,寻求造福社会。虽然这些投资的目的得到了普遍赞许,但 SRI 投资和小额信贷的实际做法以及取得的成果还是需要仔细解读和评价。

第五章　金融市场伦理

171　任何有产权的东西都能被交易，如果这种东西的交易很频繁，那么市场就可能应运而生。不仅对日常商品（如猪腩）和贵重物品（法国印象派画作）来说是这样，对各种各样的金融工具也是如此。然而，不像猪腩只能以有限的方式进行切割和包装，金融工具可在许多不同的市场上采取多种多样的方式进行交易。借助看跌期权（puts）和看涨期权（calls）、互换（swaps）和本息分离债券（strips）以及其他许多名字五花八门的金融工具，金融市场上可能的交易方式只会受到人类创造力和法律约束的限制——而这种限制又常常被金融市场上更多的创新加以规避。

金融市场规制的明确目标是保护“公平有序的市场”或“公正且平等的交易准则”。这些在证券法和市场规则里普遍的表述，将经济价值的效率与伦理关注的公平或平等结合起来，从而引出了熟悉的平等与效率之间的权衡（trade-off）。当运用于市场时，公平、公正和平等（它们基本上是同义词）的概念主要是为了禁止欺诈和操纵、侵犯某些权利以及利用诸如信息和议价能力方面的不对称。禁止不公平市场行为的目的是保护市场参与者和市场本身的完整性，当公平缺位时，它们就不能正常发挥作用。

除了考察市场公平的构成要素，本章还剖析了三个经常宣称存在不公平现象的特殊领域：内幕交易、恶意收购和金融工程。虽然内幕交易是违法行为并受到不172　懈的起诉，但是从伦理角度反对它却是出人意料地困难，而且有些经济学者和法律理论人士反对那些禁止内幕交易的法律。恶意收购一般是合法的，虽然有些人认为它们不合适，但它们仍然必须要按照防止利用不公平优势的规则来运作。在没有足够信息的条件下，如果股东必须要迅速作出决定，要约收购可能就是强制性的，它通常被用来发起收购。所有权的变更可在“公司控制权市场”（market for corporate control)上实现的理念,也产生了在收购中应该考虑谁的利益的问题。金融工程是对许多金融创新的泛称,包括各种各样的衍生品和所谓的高频交易。虽然出自金融工程的创新产品对改善人们的生活有巨大的潜力,但对其潜在的破坏性必须要仔细分析。

第一节　市场公平

金融市场要良好地运转,需要制定规则,而大部分必要的监管框架是由法律来提供的。在美国,《1933 年证券法》和《1934 年证券交易法》以及它们的许多修正案与证券交易委员会(SEC)制定的规则一起构成了证券市场的主要监管框架。另外,银行、共同基金、养老基金和保险公司之类的金融投资机构既受行业专用法规的管辖,也受行业自律规则,包括纽约证券交易所在内的有组织交易所制定的规则的管辖。

金融市场监管的主要目的是确保公平和效率。《1934 年证券交易法》赋予 SEC 的任务是"保持市场的公平和有序"。市场有序一般被理解为稳定、可预测、易于操作以及经济意义上的有效率。尽管公平和效率存在差异,但是它们之间也存在关联。首先,公平对效率来说非常重要,因为只有当人们相信自己会得到公平对待时,市场才可能是有效的。不公平的市场易于将人们赶跑,所以降低了参与度。因此,公平作为一种实现效率的手段是有价值的。其次,效率本身就是一种伦理价值,一个值得追求的目标,因为用最小的投入实现最大的产出(这是效率的简单定义)可以为社会提供丰富的商品和服务,进而提高社会的总体福祉。于是,实现效率和实现公平一样,是个伦理目标。然而,公平和效率有时会产生冲突,导致不幸的平等/效率权衡。效率和公平(或平等)之间或者经济和社会福祉之间的痛苦抉择是许多艰难公共决策的中心问题。不过,我们不应该无视这样的事实:公平有助于提高效率,而且效率本身就具有一种伦理价值,即使两者可能存在冲突。

173

即使将公平或公平概念的用途仅限于金融市场,其含义也是非常广的。因此,本节的首要任务是在金融市场背景下对这个重要概念进行一些了解。接下来就分析在金融市场上可能存在的不同形式的不公平并探索如何纠正这些不公平。个人投资者和普通大众在金融市场运行中受到的不公平对待方式可能有许多,但主要的不公表现为:欺诈和操纵、信息和议价能力的不平等以及无效定价。①

一、公平是什么

公平是个基本的道德评价范畴,基本上与公正同义,具有广泛的应用范围。公平通常用于对各种各样的个人行为、活动、实践、规则、程序、政策、结果和制度进行道德评估。它是众多比较重要的道德范畴之一,但它不是道德的全部:福利、权利、平等、自由和尊严也是重要的道德范畴,有时公平和它们之间还存在冲突。公平与不偏不倚、相称、互惠和互利这些道德概念也密切相关。

公平的核心含义至少涉及两个熟悉的理念。首先,公平意指根据某些规则、协议或期望平等地对待他人。比如,公平在学分制中要求已定好的规则对所有学生应该一视同仁,不能显示任何偏袒。当这样做时,学生一般会得到不同的分数,但这不一定是不公平的,只要分数结果源于遵循已定的规则即可。事实上,如果不同表现的学生得到的分数是一样的,这将是不公平的,因为这表明规则没有被一视同仁地使用。除了平等对待,公平可能还要反映平等的条件,在该条件下活动得以发生,就像"公平交易"或"公平竞争"中那样。这种公平通常被描述为"公平竞争环境",没有任何人具有不公平的优势。公平核心含义的第二种理念为:结果与判断规则相一致。公平不仅要求评分规则一视同仁地使用,而且要求它们是实现学分制目的的正确规则。否则的话,一视同仁地使用规则的结果仍然可能是不公平的。只要学生得到不同的分数,他们之间分数的差异也应该与反映学分制目的的方式成比例。例如,对表现只有很小差异的学生打很低的分数,这也可能是不公平的。这两种理念综合起来可以表述为:"相同的情况应该被相同对待,不同的情况应该根据相关的差异来成比例地区别对待。"

174

这两种理念通常被区分为程序性公平和实质性公平。公平常常与一些物品或收益和成本需要分配时相关。因此,我们应该争取公平地分配收入的物品或税收的收益和成本。无论使用什么程序来分配这些,它都应该公平地应用,但导致的结

① 本节部分内容引自 Hersh Shefrin and Meir Statman, "Ethics, Fairness and Efficiency in Financial Markets," *Financial Analysts Journal*, 49(November-December 1993), 21—29; Eugene Heath, "Fairness in Financial Markets," in John R. Boatright(ed.), *Finance Ethics: Critical Issues in Theory and Practice*(New York: John Wiley & Sons, Inc., 2010)。

果或分配也可以根据实质情况来判断是否公平。例如,一部税法可能被公平地使用了(程序性公平),但产生了不公平的结果(实质性公平);反之亦然。关于什么使得结果是公平的还存在争议,但它一般与人们的福利、权利或者功劳有关,即某种意义上与人们拥有什么有关。

当公平被用于金融市场或金融活动时,其含义一般是狭义的,但它仍然比较广泛。首先,市场交易中的公平要求条件具有一定的平等性,即公平竞争环境,任何人不得具有不公平的优势。竞争环境可能出于多种原因是不公平的,但伦理上要求在信息和资源等方面要有一定程度的平等。正是因为如此,基于非公开信息的内幕交易一般被认为是不公平的;内幕交易者通过不同条件进行竞争被认为具有不公平的优势。其次,公平还要排除一些可能被归为不公平竞争的特定做法。很明显,证券市场上的欺诈和操纵符合这个特征。任何市场操纵都是一种不公平的竞争做法,因为它偏离了标准的交易规则。基于公平性,人们对其他做法(比如程序交易)也提出了质疑。最后,市场上一些分配结果可能被批评为不公平的,例如高管的高薪问题。首席执行官(CEO)的薪酬应该是普通员工工资的许多倍本身在一些人看来就是不公平的。他们认为,即使这是市场作用的结果,这种结果也是不公平的。其他人认为,这种薪酬水平之所以不公平,只是因为市场本身没有很好地运行。[①] 由这些批评可见,实践领域比结果更可能出现不公平。

公平不仅是金融市场的重要元素,也是其他金融领域的重要元素。比如,财务报告应该争取公平地提供公司财务业绩信息,公司本身就应该公平地进行信息披露。公司治理一般应该确保公平地对待股东和投资者。金融服务提供者的顾客应该受到公平的对待。因此,银行应该公平地评估贷款申请者。在宏观经济的管理中也涉及公平。通货膨胀水平或政府债务对不同群体的影响是不同的,因为前者对借款人有利而不利于存款人,后者有利于老年人而将负担转嫁到了年轻人身上。因此,在对上述事宜进行决策时,必须要考虑公平。

175

二、欺诈和操纵

证券监管的主要目的之一是防止购买或出售证券过程中出现欺诈和操纵行

① 参见 Lucien Bebchuk and Jesse Fried, *Pay without Performance: The Unfulfilled Promise of Executive Compensation*(Cambridge, MA: Harvard University Press, 2004)。

为。但是,欺诈不仅限于证券,还可能会发生在任何市场交换中,或者发生在实际生活中的任何领域,只要决策是建立在另一方提供的信息基础之上。比如,当公司虚假陈述所销售产品的某些方面或者销售条件时,就产生了消费者欺诈。提交虚假的税收收入(就像某些个人或公司进行非法避税时所做的那样)构成了税收欺诈。安然和世通公司的倒闭就是会计欺诈导致的,两个公司通过对某些交易进行不恰当的账务处理在一段时间内成功地隐藏了大笔债务。

普通法对欺诈的定义是:对重要事实进行故意虚假陈述,从而导致那些合理地依赖该虚假陈述的人遭受损失。《1933 年证券法》第 17(a)条和《1934 年证券交易法》第 10(b)条都禁止证券买卖中涉及的任何人对重要事实进行虚假陈述,省略某个事实从而使重要事实的陈述具有误导性,或者从事任何有可能为欺诈所用的做法或阴谋。

欺诈的这个定义包含五个元素。第一,虚假陈述。虚假的东西必须要被陈述、书写、暗示或者传达。第二,这个虚假陈述必须是关于重要事实的,也就是说,它必须要涉及一些能够被归结为真实或虚假并且以某种方式对决策起重要作用的事实。第三,进行虚假陈述的一方必须知道这是虚假的并因此故意让别人上当受骗。知道和故意通常是判定任何行为有罪的必要的心理事实。第四,另一方必须要在欺诈中确实依赖虚假陈述进行决策。第五,另一方必须是因为这种依赖遭受了某些损失或其他损害。法庭上任何对欺诈的指控都必须要具备这些要素中的每一个(虚假陈述、重要事实、知道或故意、依赖和损害),而提供全部要素通常是很难的。

176

因为金融工具的价值几乎完全取决于那些很难验证的信息,所以投资者(包括买家和卖家)特别容易成为欺诈的受害者。房屋买家至少能检查房子本身,而股票持有者只能基于公司信息来买入。许多重要信息都掌握在发行企业的手里,因此证券法的反欺诈条款不仅赋予该公司股票的买家和卖家一定的义务,而且也赋予该公司本身一定的义务。因而,一个没有披露坏消息的公司可能涉嫌欺诈,即使买入该公司股票的买家是从前面一个可能不知道该消息的所有者那里买入股票的。根据《1934 年证券交易法》第 10(b)条的规定,内幕交易被起诉为欺诈是因为任何重要的非公开信息都应该在交易前予以披露。然而,在客观的市场交流这种信息通常是不可能的,因此对局内人来说,唯一的方法就是避免利用这种信息进行交易。

操纵一般是指证券买卖的一方通过制造证券价格变动假象或误导性印象,以诱使别的投资者用对其不利的价格买入或卖出该证券。和欺诈一样,操纵的目的也是欺骗别人,但其作用是通过使其产生虚假或误导性印象来实现的,而不是通过虚假或误导性陈述来实现的。操纵既可能发生在证券交易中,也可能发生在任何旨在使其产生误导性印象的阴谋中,它打乱了正常的市场运行。譬如,2012 年一些银行被控操纵一个关键利率——伦敦同业拆借利率(the London Interbank Offered Rate, LIBOR)。这个操纵影响了很多贷款利率,这些利率都盯住 LIBOR。涉嫌操纵的银行能够根据该利率的变化来进行交易,但提交虚假信息的主要原因也许是使银行看起来比实际更稳健。如果承认它们借款的利率在上升,将暴露出它们的信誉正在下降。

通过强制性信息披露规定以及对企业发布的任何虚假信息和误导性陈述或者对投资者从事的任何操纵性阴谋加以惩处,来解决欺诈和操纵问题。强制性信息披露规定部分程度上是有依据的,因为它们提高了市场效率。人们认为,拥有较多知情权的投资者将更理性地进行投资决策,而且他们这样做的总成本也将较低。人们防止欺诈和操纵是基于这样的假设:好的信息会驱走坏的信息。这是实行强制性信息披露进一步的依据。简言之,当投资者能够很容易地获得可靠信息时,欺诈和操纵就很难发生了。

177

人们一般认为强制性信息披露监管优于功绩监管,比如美国有些州的"蓝天法"(blue sky laws)要求证券的发行取得监管机构的批准以确保该证券的价格合理地反映了它们的价值。尽管美国许多州已经颁布了带有基于功绩进行监管审批条款的"蓝天法",但是国会非常明确地对 SEC 根据投资功绩来批准任何证券发行的权力予以否认,国会认为,信息披露会给投资者提供更好的保护。

三、平等信息

在所有市场上,信息都是一种有价值的商品。那些拥有信息的人会比缺乏信息的人具有更大的优势。一般来说,交易中的各方拥有的信息不仅在数量上存在差异,而且种类也不相同。这种不平等被经济学家称为信息不对称。金融市场上的有些信息不对称可能会被认为是不公平的,但不全是这样。准确地说,信息方面的公平要求很难确定。支持信息自由流动的同一观点也可能证明人们利用优势信息是合理的。总的来说,证券法的目标是保护理性投资者免于被那些具有优势信息的人不公平地利用优势,但是否任何利用优势的情形都是不公平的,还有待讨论。

举个例子,有个地质学家在经过仔细研究后发现某个寡妇的土地下面有石油,请分析一下:地质学家在不披露他所知道信息的情况下买了这块地是否合理?[①] 该地质学家隐瞒了相关信息,寡妇如果知道这些信息的话将会受益。由于缺乏这种信息,她可能会进行一项不能给她带来最大潜在收益的交易。然而,有人认为,如果没有这种机会,地质学家就不会寻找石油了,因此,如果这种信息优势利用是允许的话,整个社会福利都将得到改善。另外,寡妇本人也在允许使用某些优势信息的社会得到了福利改善。她通过拥有这种信息在这项交易中所得到的收益将会被在更穷的社会谋生的事实所抵消掉。于是,当人们拥有不平等的信息时,在公平的优势利用和不公平的优势利用之间划一条界线对证券监管来说是一个艰巨的任务。

在具有非常不平等信息的各方之间进行竞争通常被认为是不公平的,因为具有优势信息的一方拥有极大的优势。在这种情况下,由于具有劣势信息的一方几乎肯定在任何交易中亏损,因此基本上不存在真正的竞争。不平等信息的不公平是指市场交易所发生的条件不公平,而不是指程序或者结果不公平。但是,有人也许会质疑具有不平等信息的条件是否真的不公平。交易中的各方为何要有平等的信息?也许具有劣势信息的投资者应该直接不参与交易。

178

对交易中的各方为何要有平等的信息这个问题的一种解决办法来自经济学理论,该理论认为:只有存在完全信息时,市场才会是有效的。也就是说,买家和卖家完全知道他们所放弃的东西和作为回报将要得到的东西。在不完全信息下进行交易可能不会导致双方都受益,这在经济学理论看来是市场的一个主要优点。这个解决办法需要所有的市场交易都应该由具有完全信息的各方来进行,但留下了有些人根本不能参与市场交易的可能性。也就是说,只有具有完全信息的人才应该寻求交易。

---

① 该例子引自 Anthony Kronman,"Contract Law and Distributive Justice," *Yale Law Journal*, 89(1980), 472—479。

这个解决办法存在的问题是:有些市场行为是不可避免的,人们不应该不必要地被剥夺市场的好处。对于大多数人来说,规避那些有经验投资者具有决定性优势的特定市场是可以接受的。但是,每个人都需要开立银行账户、获取信贷、为未来投资、购买保险,等等。没有人应该在信息劣势的条件下不得不为了基本的服务进入市场。换一种说法就是,人们应该在不担心被那些具有优势信息的人利用的情况下参与市场。而且,市场本身可以从广泛的参与度中受益。尽管股票市场是由职业投资者主导的,其中许多是为个人管理养老金和共同基金的机构,但如果能使具有适量资金的投资者在没有明显劣势的情况下参与交易,对社会来说仍然会有某些益处。也就是说,如果职业和业余投资者能以几乎平等的条件参与交易,证券市场可能会更健康。

推动平等信息的更进一步的原因之一是成本。信息是市场效率的根本。事实上,一个有效的市场被定义为:所有可得信息都在证券价格上得到反映的市场。在市场上获取信息和使用信息涉及一些成本,这些成本可能会相当多。因此,当该信息以最低的成本进入市场时,效率就提高了。这一点可通过公司发行股票需要提供招股说明书来加以说明,它包含特定的重要信息。就算真的有,投资者自己只有付出重大代价才能获得这种信息,但发行人可以将其用一份文件资料的形式以相对很少的费用提供给所有投资者。因此,和经济中的其他行业一样,金融业的许多信息披露法律都是通过以可能最低的成本为买家和卖家提供信息,来完善市场运行。

179

平等信息可能至少意味着两个不同的方面:交易各方实际上拥有同样的信息和具有平等的机会来获取信息。那种每个人都应该拥有同样信息的观点是不现实的,而现实的市场是以极大的信息不对称为特征的。不过,即便两个投资者被平等地告知,他们得到的信息也可能并不完全一样,这种差异也会导致他们作出不同的决策。当一个投资者买入别人卖出的股票时,他们一般对该股票的价值持不同的看法。此外,获取信息指的是信息对投资者来说是潜在可得的,那些不付出努力去实际拥有该信息的投资者可能会因缺乏该信息而受到谴责。获取信息就像成功的机会:只要不存在成功的障碍,人们就会在自己努力的基础上获得成功。

将平等信息定义为具有平等机会获取信息带来一个问题:平等获取的概念不是绝对的,而是相对的。某个人所拥有的任何信息都能够被另外的人获得,只要他具有足够的时间、努力和金钱。普通投资者能够获得股票分析师用于评估公司前景的几乎所有信息。他们的主要差异在于:由于分析师在资金和技术上下了功夫,他们比普通投资者能更快且更容易地获取信息。其他任何人都可以像分析师那样下同样的功夫,并因此同样快捷、方便地获取信息,或者某个人可以直接“购买”该分析师熟练的服务。因此,可获取性并不是信息自身的特征,而是为了获取信息所需要的投资的一种功能。

但是,有很好的理由鼓励人们去获取优势信息以便用于交易。让我们分析一下那些股票分析师和其他勤奋的投资者,他们花了相当多的时间、努力和金钱来获取信息。他们不仅通常有权使用该信息为自己的利益服务(因为这代表着投资回报),而且通过确保股票被精确地定价来为每个人服务。有效定价减少了信息不对称,因为所有人可以获得股票、债券和其他金融工具的价格,但只有当那些具有优势信息的人被允许进行交易时,这种平等信息才可能存在。因而,信息不对称是可以自我修正的,因为具有优势信息的人只有通过交易才能获得收益,但该交易将这些信息留在市场使得大家都能看到。

主要在信息是非法获得的或者当其使用违背了对别人的某些义务时,拥有不平等信息才给我们留下不公平的印象。举例来说,反对内幕交易的一种观点认为,局内人不是合法地获取信息,而是盗用(或“挪用”)了本属于公司的信息。另一种观点认为,局内人对公司负有一种不得利用内幕信息进行交易的责任或受托人义务。在这两种观点中,内幕交易的错误之处并不在于拥有不平等的信息,而在于违背了不偷窃的伦理职责或者违背了为别人服务的受托人义务。内幕交易可能还会因为别人没有同样的机会获取信息而受到批评,这把我们又引导到了平等信息的第二种含义,即平等获取。然而,反对内幕交易的另一种观点认为,对局外人来说,局内人所利用的信息不仅仅是获取代价高昂,而且是以任何代价都无法获得。换句话说,这种信息天生就是不可获取的。弗兰克·H.伊斯特布鲁克(Frank H. Easterbrook)和丹尼尔·R.菲谢尔(Daniel R. Fischel)对此观点提出了质疑,他们问道:“如果一个今天的‘局外人’能够通过付出和今天的‘局内人’一样的时间和技能成为管理者,那么获取信息的机会究竟是平等的还是不平等的?”他们得出结论:

180

“对于这样的问题,不存在原则性的答案。”①尽管分界线可能模糊,但有些信息通过任何合理手段都明显是无法获取的。

公平竞争环境这个概念所表达的公平的含义并不要求每个人拥有同样的信息,或者在严格意义上甚至要求具有获取信息的平等机会。合理的结论是:首先,人们应该拥有一定的信息,使得他们能够为了基本物品而参与市场交易,以便他们能够进行必要的交易而不会处于非常不利的信息劣势。任何人都应该能够在充足的信息和其他消费者保护措施的条件下开立银行账户、获得信用卡、获得贷款、购买房屋或者取出保单,防止被拥有更多信息的金融服务提供者利用其优势。其次,人们应该能够根据自己的偏好获取参与市场交易所需的信息。不是所有人都愿意成为职业投资者,他们也没有必要成为职业投资者。然而,如果人们选择在证券市场(或者任何其他市场)交易,他们应该和其他人一起以平等的条件获取所有相关信息。这就是说,市场应该将丰富的信息予以公开披露。公司被要求向公众披露一定数量的信息是为了通过提高信息获取度来使市场更加公平和更有效率。

我们一如既往地认为,不管是什么原因,有些信息不对称是令人反感的,应该加以纠正。根据功利主义(utilitarian)理论,他们认为,当信息很容易获取时,市场会更有效,因此我们应该努力使获取信息的成本最低。如果信息能够以很低的成本提供,但人们却被迫在同样的信息上花大价钱或者因为信息不充分而遭受损失,这对经济来说是一种无谓损失。因而,对于新股发行应该提供详细招股说明书的要求,其目的不但是要防止通过隐瞒重要事实进行欺诈的行为,而且是要使购买者更加容易地获得特定种类的信息,这样就会使整个社会受益。并且,如果投资者被迫为证券市场选择规则的话,那么他们一定会意识到:在信息自由流动的情况下,每个人的福祉都会得到改善。

181

四、平等的议价能力

一般来说,通过正常谈判达成的协议被认为是公平的,无论实际结果如何。例如,一个因签订了期货合约而导致巨额损失的交易商只能责怪自己。但是,谈判协

① Frank H. Easterbrook and Daniel R. Fischel, *The Economic Structure of Corporate Law* (Cambridge, MA: Harvard University Press, 1991), p. 254.

议的公平性假设各方具有相对平等的议价能力。于是,当一方不合理地利用具有优势的谈判地位时,该协议可能会被指责为不公平的。和不平等的信息一样,不平等的议价能力是否会导致不公平当然也是饱受争议的。

不平等的议价能力是金融市场上一个不可避免的特征,而利用这种权力不平衡不一定总是不公平的。总的来说,当利用显得太过分或者当一个有经验的投资者都不能轻易避免损害时,法律就会介入。也许我们应该忽略那些没有多少资金或技能进行成功交易的投资者,但金融市场的成功有赖于相当广泛的参与。如果不平等的议价能力使得经济交易中能力最强的参与者留下,其余的参与者都退出,那么金融市场的效率将受到极大的损害。不平等的议价能力有许多成因,包括前面讨论的不平等信息,其他原因包括不平等的资金、不平等的信息处理能力以及其他脆弱性或弱点。

在大多数交易中,财富是一种优势。富人在几乎每件事上都比穷人具有更强的议价能力。例如,低收入社区的日杂品价格一般比富人社区的要高,部分原因在于富有的顾客具有更多的选择。与此相类似,资金量大的投资者具有更多的机会,因为他们能够更好地分散投资;他们能够承受更大的风险,于是获得更高的杠杆;他们能够通过大宗交易进行套利,得到更多的收益;他们能够进入那些不对小投资者开放的投资。例如,SEC 规则允许私人配售和其他无须进行证券注册的豁免交易,但这些仅限于“合格投资者”,他们必须在个人收入和财富方面满足一定的门槛要求。设计这些规则的目的是保护小投资者免遭他们无法承受的损失,但这些规则也限制了他们的投资机会。在已设立的市场之外进行大宗证券的私人配售也是一种投资机会,但这仅对资金量非常大的投资者(通常是机构投资者)开放。

182

较大资金量具有的优势通常并不被认为是不公平的,因为资金量小的投资者可以集中他们的资金从而获得同样的好处,比如用投资共同基金取代个人投资组合。但对于资金量小的投资者而言,如果没有这样的机会,那种偏爱富人的市场就会被认为是不公平的。

即使有平等的机会获取信息甚至平等地拥有信息,人们在处理信息和进行明智判断能力方面仍然有着很大的不同。没有经验的投资者会在股票市场上轻率投资,在那些只有职业人士才弄得懂的市场上投资更是如此。证券公司和机构投资者通过雇用不同市场方面的专业人士克服了人们信息处理能力有限的问题,而且程序交易中电脑的使用使这些机构能够以机器的力量来取代大脑。程序交易（包括高频交易）主要因为给交易带来市场基本面无法解释的波动性而饱受批评，而且程序交易还会减少在金融市场上从事交易的投资者数量。

投资者本身是人，而人会存在许多可以被利用的脆弱性或弱点。制定某些规则的目的就是保护人们，使其脆弱性免于被利用。因而，消费者保护法常常会提供一个“头脑冷静”期，在这段时期内购物者可以取消冲动性购物。证券发行要伴有招股说明书和投资者必须要仔细阅读招股说明书的要求就是为了扼制冲动。保证金要求和其他打击投机性投资的措施就是为了保护草率的投资者，防止他们过度负债，同时也防止市场过度波动。经纪人和投资顾问的法律义务是只向人们推荐合适的投资并充分告知任何投资工具存在的风险，这些法律义务对人们贪婪的冲动进行了进一步的限制。

第二节　内幕交易

许多大人物和普通投资者已经陷入内幕交易的控告。20 世纪 80 年代对迈克尔·米尔肯（Michael Miken）和伊万·博斯基（Ivan Boesky）的定罪吸引了人们的注意，而业内专家玛莎·斯图尔特（Martha Stewart）因为在出售有问题的股票之后收取小费而被判入狱服刑。2012 年，著名的对冲基金经理拉贾·拉贾拉特南（Raj Rajaratnam）因为净赚了据称 6 000 万美元不正当利润的交易被判处 11 年监禁。

183

拉贾·拉贾拉特南案之所以重要，其原因不仅在于其收入金额，而且在于其广泛使用所谓的“专家网络”。他的辩护是一次“马赛克理论”（mosaic theory）试验，他的帆船对冲基金投资决策不是基于任何一个内幕信息，而是将许多不同来源的信息像马赛克一样拼在一起作出决策，没有一个信息本身会被认为是重要的。[①] 将这些信息拼在一起需要投资者有技能才行。而且，股票交易本身就涉及相当数量的合法研究和分析。无须多说，这次马赛克理论试验失败了，专家网络业务已经受挫。

---

① Andrew Ross Sorkin, “Just Tidbits, or Material Facts for Insider Trading?” *New York Times*, November 29, 2010.

很难确定内幕交易的次数和涉案金额,因为只有成功地定罪时才能得到证据。而且,量刑的轻重随着检察官的热忱和可用的侦查工具而起落。(比如,对拉贾·拉贾拉特南的指控得到了大量电话谈话录音和证人的帮助。)美国高度重视对内幕交易的惩处,不过,最近几年,欧洲在多年忽视这一行为之后也加大了打击力度。①

虽然发生了很多指控,但内幕交易的定义仍然难以捉摸。在美国对内幕交易的指控依据的是 SEC 规则第 10b-5 条款,该条款仅仅禁止证券交易中的欺诈。这种含糊的措辞是精心推敲出来的,目的是在投资者心中产生不确定性,但这种做法也带来了法律漏洞。有些人认为以含糊的措辞定义严厉的权力对投资者来说根本就是不公平的。② 一个更加明确、"有界线"(bright line)的定义会简化指控,并降低投资者的风险,但它的威慑力可能也会下降。因此,本节的一个任务就是给内幕交易下个定义。

除了需要给内幕交易下定义,另一个问题就是揭示其错误之处。尽管内幕交易一般被认为是错误的,但这种判断的基础却极难建立。进一步地,有些法律学者甚至提出,内幕交易的做法不存在错误,而且事实上总体来说,内幕交易是有益的,因而法律上不应该禁止。③ 本节主要讨论支持禁止内幕交易的观点和反对禁止内幕交易的观点。

一、内幕交易的界定

内幕交易通常被定义为基于重要的、非公开的信息对公众持股公司的股票进行交易。在 1968 年的一项标志性的判决中,得克萨斯海湾硫黄公司(Texas Gulf Sulphur Company)的高管们被发现犯了内幕交易罪,因为他们在得知加拿大发现丰富的铜矿石储量后大量买入自己公司的股票。④ 这个案例判决建立了这样一个原则:在那些对自己公司股票有重要影响的信息成为公开信息之前,公司的局内人必

---

① 例如,可参见 Stephen J. Nelson,"European Regulators Ramp Up Insider Trading Enforcement," *Traders Magazine Online News*, April 12, 2010。

② Stephen M. Bainbridge, *Securities Law: Insider Trading*(New York: Foundation Press, 1999).

③ 这方面最著名的学者要数 Henry G. Manne,其著作参见 Henry G. Manne, *Insider Trading and the Stock Market*(New York: The Free Press, 1966)。

④ *SEC v. Texas Gulf Sulphur*, 401 F. 2d 19(1987).

须避免对其进行交易。对公司局内人的规则就是:要么公布,要么克制。

内幕交易相关法律的不确定性大多数源于交易者与信息来源的关系。公司高管和董事无疑是"局内人",但有些"局外人"也被控犯了内幕交易罪。这些局外人的例子包括:有个印刷工人从正在准备的法律文件中识别出几起收购标的;有个金融分析师发现某个股价飞涨的公司存在巨额欺诈并建议其客户抛售股票;有个股票经纪人从某个客户那里得到信息,该客户是某个公司董事长的亲戚,他通过一系列家庭闲聊得知公司将要被出售;有个精神科医生正在为一位金融家的妻子治疗,得知该金融家正试图收购一家大银行;有个律师,其所在的事务所正在为一个计划恶意收购的客户公司提供咨询。① 前两个交易者最终被判没有犯内幕交易罪,而后三个则被认定有罪(虽然股票经纪人的案子后来被部分改判)。从这些案例中,可以得出内幕交易的一个法律定义。

这个法律定义的关键之处在于,当出现下列情形之一时,才能认为基于重要的、非公开信息交易的人在进行内幕交易。这些情形包括:(1)交易者已经违背了他对公司及其股东所承担的某些法律义务;(2)信息源有这样的法律义务且交易者知道该信息源违反了这个义务。由此可见,印刷工人和金融分析师与所涉及的公司之间没有关系,因而他们没有义务克制自己避免使用所获得的信息。然而,股票经纪人和精神科医生知道或者应该知道他们正在间接地从高级管理人员那里获得内幕信息,这些人员负有保守商业秘密的义务。对局外人相应的规则就是:不要用违反信托义务而泄露出来的信息进行交易!但这两条规则都不精确,于是许多案子仍然悬而未决。

二、围绕内幕交易的争论

支持立法禁止内幕交易的理由主要有三个。第一个理由是基于产权,认为那些根据重要的、非公开信息进行交易的人本质上是在盗窃属于公司的财产。第二个理由是基于公平,认为那些使用内幕信息进行交易的人比其他投资者拥有不公平的优势,这样一来股票市场就缺乏公平竞争的环境了。第三个理由认为内幕交

---

① *Chiarella v. U.S.*, 445 U.S. 222(1980); *Dirks v. SEC*, 463 U.S. 646(1983); *U.S. v. Chestman*, 903 F. 2d 75(1990); *U.S. v. Willis*, 737 F. Supp. 269(1990); and *U.S. v. O' Hagan*, 521 U.S. 642(1997).

185 易者违反了信息源所承担的受托人义务。这三个理由导致具有不同视野的不同定义。就产权论或"挪用论"而言,只有公司的局内人或者通过贿赂、盗窃或其他非法手段获取公司秘密的局外人才能犯内幕交易罪。受托人义务论只能在违反受托人义务的情况下使用或泄露信息才适用。公平论比较广泛,适用于任何根据重要的、非公开信息进行交易的人,不管该信息是如何获得的。

(一)产权论

使用产权论或挪用论的一个难题是确定谁拥有讨论中所涉及的信息。辨认交易秘密和机密商业信息产权的主要基础是公司在获取信息过程中所进行的投资和某些信息所具有的竞争价值。然而,不是所有的内幕信息都符合这个描述。提前获知收益好于预期的信息就是个例子,即使公司并没有出于交易目的而使用该信息,该信息在股票交易中仍然具有价值。正因为如此,许多公司都禁止雇员私下使用他们在工作过程中所得到的任何信息。但这种观点过于宽泛,因为雇员不可能由于将第二天的财务报告收益方面的信息用于除股票交易之外的任何目的而被控盗窃公司财产。

产权论涉及的第二个难题是:如果公司拥有某些特定信息,那么它就可以允许自己的雇员使用这些信息,或者它可以将这些信息卖给受到优待的投资者,甚至可以自己使用这些信息进行交易来回购公司股票。允许雇员利用内幕信息进行交易可算是一种不太高昂的额外补偿形式,进一步激励员工为公司开发有价值的信息。这种安排也具有某些缺陷,比如投资者可能不太愿意购买允许内幕交易的公司股票,因为这不利于局外人。根据内幕交易批评者的观点,内幕交易存在的道德问题并不在于对公司信息的挪用,而在于它对投资大众造成的损害。因此,说内幕交易侵犯了产权并不能成为禁止内幕交易的唯一理由。公平也是个重要因素。

(二)公平论

股票市场上的公平并不要求所有交易者拥有相同的信息。实际上,只有当某只股票的买家和卖家拥有导致他们对股票价值产生不同看法的不同信息时,交易才可能发生。186 而且,只有当精明的投资者花费大量时间和金钱研究公司前景后才能利用这种优势时,这才是公平的。否则的话,人们就没有动力寻找新的信息。使用内幕信息的问题在于:不管其他交易者如何努力,他们都无法获得这些内幕信息。该信息不可得并不是因为缺少努力,而是因为缺少渠道。扑克牌游戏中,不同的玩家具有不同的技能与知识,没有人觉得不公平,但如果游戏中扑克牌被做了标记,只对某些玩家有利,那就是不公平的了。通过比喻,大家可以看出,内幕交易就像是做了标记的扑克牌游戏。

但这个比喻可能有不妥之处,也许更贴切的比喻是出售房屋的卖家没有告知隐藏的结构损坏。股票市场监管的一个重要原则是:股票的买家和卖家应该具有充分的信息来进行理性选择。因此,上市公司必须要及时公布年度报告和披露重大事项。举个例子,向投资大众隐藏坏消息的 CEO 可被诉为欺诈。诸如发现油田之类的好消息需要等到公司购买到开采权之后才能公布,等等。但在这种信息成为公众消息之前据此进行交易(没有向卖家披露相关信息就进行购买)也可被归结为一种欺诈。

在欺诈性交易中,一方(如结构损坏房屋的买家)因为缺乏另一方隐瞒的信息而不公平地受到损害。与此相类似,内幕交易中的不知情一方因为重要事项未被披露而不公平地受到损害,比如得克萨斯海湾硫黄公司案例中铜储量的发现。

公平论的主要问题在于,在交易中什么信息应该予以披露。要求屋主公布隐藏的结构损坏信息的理由是这样做有助于提高房地产市场的效率。如果没有这样的要求,潜在的房屋购买者出价会较低,因为他们不知道所买的东西怎样,或者他们要花费大笔钱来检查房屋质量。与此相类似,公平论认为,要求内幕信息在交易前予以披露会使得股票市场更加有效。这样看来,公平论要求的不是公平,而是效率及福利改善。

该效率观点还存在另一个问题,有些经济学家认为,如果没有禁止内幕交易的法律,股票市场将更加有效。① 他们宣称,如果允许内幕交易,信息将更快地在股票市场上进行传播,并且其成本要比将此任务留给股票分析师来研究更低。批评者还认为,禁止内幕交易法律的主要受益者不是个人投资者,而是那些能够从"街边"获取新闻并立即采取行动的市场职业人士。法律禁止内幕交易,拒绝让首先获得信息的局内人受益,而将该项利益赋予后面获得该信息的人(通常是精明的市场

187

① Manne, *Insider Trading and the Stock Market*. See also Henry G. Manne, "In Defense of Insider Trading," *Harvard Business Review*, 44(6)(1966), 113—122.

职业人士),这样对普通投资者基本没什么好处。有些经济学家进一步认为,这种禁止内幕交易的法律会给人们一种错觉:存在公平的市场竞争环境,个人投资者有机会战胜市场职业人士。

对这种赞成内幕交易合法化情形的一个反应是,它只考虑到了在市场上信息传播的成本,而没有考虑内幕交易合法化可能的负面作用,这些负面作用有很多。那些将股票市场视为不公平竞争场所的投资者可能会不太愿意参与其中,或者被迫采取昂贵的防范措施。另外,内幕交易带来的效率提高可能是微小的,因为相关信息通常在市场上无须局内人的帮助就可以低成本地迅速传播。而且,合法的内幕交易将对公司信息的处理产生影响。雇员会更关心那些可以用于股票市场的信息,而不太关心对雇主有用的信息。公司本身可能会对其所发布的信息进行调整以使局内人利益最大化。更重要的是,有机会进行内幕交易可能会动摇对商业组织来说非常关键的信任关系。① 禁止内幕交易可以使公司的雇员解放出来去做他们应该做的事情,即为股东的利益工作,而不是想方设法地提高自己的利益。

(三)受托人义务论

内幕交易合法化可能对商业组织造成的危害表明,反对合法化最强的依据是其可能导致违背受托人义务。事实上,每个可以被称为局内人的人都负有一种为公司及其股东利益服务的受托人义务,那种将作为受托人时所获得的信息用于私人牟利的行为违反了这种受托人义务。如果某个律师或会计师利用从客户那里秘密获得的信息来牟取个人私利,那么他们就违背了职业道德。同样,公司的高管将商业机密用于私人用途也是不道德的。

认为内幕交易等同于违背受托人义务的观点正好与最近的一些法庭判决相吻合,这些判决将对内幕交易的起诉只限于那些负有受托人义务的真正的局内人。

188

这种受托人义务论的缺陷之一是,联邦检察官极力起诉的一些犯有内幕交易罪的“局外人”将不受任何制约。这种受托人义务论的缺陷之二是,内幕交易不是对市场的侵犯,而是对另一方义务的侵犯。在担任受托人时,不滥用所获得的信息,这一义务不仅限于内幕交易。那些根据机密信息进行财产买卖或从事其他商业活动

① 这一观点参见 Jennifer Moore, “What Is Really Unethical about Insider Trading?” *Journal of Business Ethics*, 9(1990), 171—182。

的受托人也侵犯了同样的义务。尽管这种违背受托人义务的做法是明显错误的，但 SEC 根据行政命令来起诉他们以防止市场欺诈的威慑力还是不够明显。

三、争论的解决

1977 年,美国最高法院结束了围绕内幕交易法律定义长达十年的争论。SEC 长期以来使用挪用理论来起诉内幕交易,根据该理论,内幕交易者因为挪用机密信息用于私人交易而违背了受托人义务。1987 年,高等法院在《华尔街日报》(*The Wall Street Journal*)一个记者涉嫌内幕交易的案子上出现分歧,投票结果为 4∶4,于是维持了地方法院对该记者犯有挪用信息罪的判决。① 然而,该判决并没有开多数服从少数的先例。随后,地方法院在一系列案件中摒弃了挪用理论,其中的涉嫌内幕交易者对涉案股票被交易的公司并不负有受托人义务。这里地方法院所遵循的原则是:交易本身必须要构成对受托人义务的违背。该原则在美国联邦法院诉欧海根的案子中被摒弃了。

詹姆斯 · H. 欧海根(James H. O' Hagan)是美国明尼阿波利斯市(Minneapolis)一个律师事务所的合伙人,该事务所为英国大都会(Grand Metropolitan)公司恶意收购明尼阿波利斯市本地的皮尔斯伯里公司(Pillsbury Company)提供咨询服务。欧海根并没有参加大都会项目工作,但他涉嫌诱使合伙人同事泄露了收购投标标书。然后欧海根通过交易皮尔斯伯里公司的股票及股票期权获利 430 万美元。受理上诉的法院裁定欧海根没有从事非法的内幕交易,因为他对股票交易所涉及的皮尔斯伯里公司不负有受托人义务。虽然欧海根是从他自己的律师事务所(对律师事务所负有受托人义务)挪用的机密信息,但利用这个信息进行交易并没有对律师事务所或大都会构成欺诈。这样推测起来,只有当欧海根是皮尔斯伯里公司的局内人时,他的行为才构成内幕交易罪。

最高法院以 6∶3的投票结果恢复了对欧海根先生的定罪并承认了挪用理论。根据该判决,当某个人"出于证券交易目的而挪用机密信息,违背了其对信息来源方负有的受托人义务"时,他就犯了证券欺诈罪。因而,内幕交易者不需要是涉案股票被交易的公司的实际局内人(或临时局内人,比如律师)。在大都会这个案例

189

① *Carpenter et al. v. U.S.*, 484 U.S. 19(1987).

中,欧海根作为大都会的临时局内人这一事实足以证明发生了内幕交易。大多数人的意见认为,像欧海根这样的律师"如果为代表收购要约目标公司的律师事务所工作就违反了法律,但如果为代表投标人的律师事务所工作就不违反法律",这种看法"是没有什么意义的"。问题的关键在于:欧海根是一个把委托给他的信息用于不正当用途的受托人。这个判决也适用于那些从局内人那里获得信息并且知道这一内部信息来源违反了保密责任的人。不过,那些没有受托人义务限制、无意间获得信息(比如偶然听到对话)的人仍然可以自由地进行交易。

第三节　恶意收购

自 1863 年创立起,太平洋木材公司(Pacific Lumber Company)就一直是模范雇主和优秀公司市民。作为加利福尼亚北部巨型红杉的伐木公司,这个家族管理的公司长期以来一直奉行永久持续收益的政策。砍伐对象仅限于经挑选的成熟树木,这些树木被砍掉后不会影响森林生态,幼树也能够长成同样尺寸的木材。雇工大多来自在太平洋木材公司已经工作几代的家庭,他们享有优厚的福利待遇,包括一个有充足资金的公司赞助的养老金计划。因为太平洋木材公司盈利能力强,基本上没有债务,因此该公司似乎有良好的头寸,能克服任何困难。

然而,该公司成了一个恶意收购的猎物。1985 年,金融家查尔斯·赫维茨(Charles Hurwitz)及其位于休斯敦的马克什姆有限责任公司(Maxxam, Inc.)对太平洋木材公司成功地发起了一笔 9 亿美元的杠杆收购。通过出价每股 40 美元收购那些市价每股 29 美元的股票,赫维茨获得了该公司的多数控制权。这次收购使用垃圾债券进行融资,该债券由迈克尔·米尔肯掌管的德崇证券公司(Drexel Burnham Lambert)发行。赫维茨想通过疯狂砍伐太平洋木材公司精心保护的红杉古树以及劫掠公司资金充足的养老金计划来减少债务。

马克什姆有限责任公司使用太平洋木材公司为公司员工养老金计划储存的 9 700万美元之中的 3 730 万美元为所有员工和退休人员购买了年金保险,动用余下的超过 5 500 万美元来偿还公司的新增债务。这些年金保险是从第一执行公司(First Executive Corporation)——赫维茨控制的另一家公司——手里买的。第一执行公司还是德崇证券公司垃圾债券的最大客户,该公司购买了太平洋木材公司收

190

购案发行的三分之一的债券。在垃圾债券市场崩溃以后,第一执行公司于 1991 年破产并被加利福尼亚州接管,此举使太平洋木材公司停止了向退休工人支付养老保险。多年来,赫维茨和马克什姆有限责任公司深陷以前的股票持有者、退休工人、环境保护主义者和地方政府的诉讼官司泥潭中。2008 年,目前已经破产的太平洋木材公司被解散,其资产被并入新的洪堡红杉公司(Humboldt Redwood Company)。

恶意收购是一种受到目标公司管理层反对的兼并方式。它只是公司重组的一种方式而已,其他重组方式包括友善购并、杠杆收购、公司拆分、业务剥离、资产出售以及破产清算等。这些重组方式很少会出现伦理问题,因为涉案公司的股东和管理层之间通常会共同达成协议。相比之下,在恶意收购中,管理层、股东以及公司其他组成方往往存在严重的意见分歧。另外,恶意收购似乎还违背了人们可接受的公司变革的规则。彼得·德鲁克(Peter Drucker)评论道,恶意收购"深深地冒犯了许多美国人的正义感"①。石油行业的一位 CEO 指责这种活动"完全无视那些作为美国自由企业制度核心和灵魂的固有基础"②。许多经济学家则为恶意收购辩护,他们认为,这种恶意收购可以为公司带来必要的变革,而这种变革是正常手段所无法实现的。③

恶意收购中的伦理问题包括三个方面。首先,从根本上是否应该允许恶意收购?只要恶意收购在市场上是通过买进卖出股票进行的,就会存在一个"公司控制权市场"。于是问题可表述为这样的形式:是否应该允许公司控制权市场的存在?或者,公司控制权决定的变革是否应该通过其他某种方式?其次,伦理问题起源于收购公司在发起攻击时使用的各种策略以及目标公司相应采取的各种防守策略。其中一些策略受到了批评,因为这些策略不公平地有利于收购者和在位管理层,通常会牺牲股东、雇员和社区的利益。最后,恶意收购还引发了关于高管和董事在回应收购要约时其受托人义务这一重要问题。特别是,当股东想接受的要约对公司

---

① Peter Drucker, "To End the Raiding Roulette Game," *Across the Board*, April 1986, p. 39.

② Michel T. Halbouty, "The Hostile Takeover of Free Enterprise," *Vital Speeches of the Day*, August 1986, p. 613.

③ 参见 Michael C. Jensen, "The Takeover Controversy," *Vital Speeches of the Day*, May 1987, pp. 426—429; Michael C. Jensen, "Takeovers: Folklore and Science," *Harvard Business Review*, November-December 1984, pp. 109—121。

自身(或者其他组成方)的利益而言不是最优时,董事应该如何做?他们有没有权利(事实上是责任)去阻止公司控制权变更?

191

一、收购中的公平性

支持收购的人认为,当公司在位管理层不能或不愿意采取能使股东价值增加的措施时,公司就成了收购的目标。收购者愿意为股票支付溢价反映了这样一种信念:该公司在当前管理下没有完全发挥它的潜能。收购者会说:“让我们接管,而且该公司将物有所值。”因为股东发现用传统的代理权竞争很难撤换目前的管理层,所以恶意收购就成了他们实现自己全部投资价值的一个重要手段。虽然各种形式的重组会给雇员、社区以及其他群体造成某些困难,但社会作为一个整体会从财富的增加和生产率的提高中受益,或者如支持者所说的那样。

收购的威胁就是对公司管理层的一个重要制约,正如支持者所争论的,如果没有这一持续刺激,那么管理层就会缺乏动力来保证股东实现全部投资价值。关于公司控制权市场,支持者认为,股东是而且应该是那些公司管理人员的最终裁决者。如果股东有权撤换公司的CEO,为什么要管股东何时或如何买进股票的事呢?一个通过要约收购方式昨天买进股票的收购者和长期持股的股东具有同样的权利。支持者认为,任何限制恶意收购的措施都将会不合理地导致股东权利被削弱。

恶意收购的反对者则质疑其好处,强调其弊端。被成功收购的目标公司有时会被拆解并分批出售,或被精简而并入收购公司。在这个过程中,人们会失去工作,社区会失去自己的经济基础。收购通常会使公司背上沉重的债务负担,这会限制其选择权并使它们在经济下行时面临更大的风险。反对者还指责,公司被迫设法采取立竿见影的政策和昂贵的防御措施来保护自己。虽然收购和收购的威胁会迫使公司进行一些有利的变革,但这一系列活动基本上是肥了投资银行家和律师。涉案公司股东利益的增加是以牺牲其他方的利益为代价的。并不是所有的收购都是源于合理的财务决策,不管怎样,控制权变更的决策太重要了,无论如何也不能仅仅基于财务考虑就作出决定。公司控制权的市场应该拓宽,应该不止包括股东利益,而且政府或许应该发挥某些作用。

关于恶意收购的争论主要是围绕这样一个问题:它对美国经济是好还是坏?

192

这是一个有待进行经济分析的问题,而整体来说,证据显示,收购通常会增加被收购公司和收购公司的价值。① 但是,看待这些结果时必须要保持一定的谨慎。

首先,收购中并不是所有目标公司都正在面临管理不善导致的经营绩效不佳,其他因素也会使之成为收购目标。“斗殴式”收购运作是基于这样的前提:目标公司被拆解出售的价值超过作为整体保留的价值。巨额的现金准备、昂贵的研究项目以及其他储蓄来源使得收购者能够以公司自身的资产为收购进行融资。20 世纪 80 年代垃圾债券提供的融资使高杠杆收购成为可能,但是其所具有的债务水平在许多人看来是不利于经济健康运行的。最后,对各方利益集团的高额承诺可能会被利用来为收购进行融资。因而,太平洋木材公司的养老金计划和砍伐策略分别构成了对雇员和环境主义者的承诺。这两种承诺作为隐性的合同,在过去可以说使股东和社区受益,但现在却被无端打破而免受惩罚。

其次,收购所产生的表面财富有些可能来自那些有利于股东的会计与纳税规则,而并没有创造新的财富。举个例子,税法允许公司抵扣为债务支付的利息却对公司利润征税,这样就会有利于债权而不利于股权。通过收购,那些与折旧和资本收益相关的规则可能会导致在出售资产时少缴税。因而,纳税人在为收购融资提供一种间接的(也许是无意的)补贴。有些收购会导致其他方的直接损失。恶意收购的受损方通常是债券持有人,他们所持有的曾经有担保的投资级债券有时会降级为投机性的垃圾债券。在许多重组方式中,恶意收购是唯一能使股东受益却使债券持有人受损的方式。

最后,基本没什么证据显示,新合并或新收购公司的经营状况长期来看会超过行业平均水平。② 这个结果正好驳斥了那种认为收购是医治经营不善管理层良药的说法。股票价格的立即上涨可能是因为削减成本或税收和会计规则变化带来的一次性成本节约,或者它反映的是以前低估此公司的市场所进行的向上调整。股票市场的短期表现与长期表现之间的差异并不一定意味着市场就是不完善的;它也许是源自不同时间范围作出的财务判断。因而,在高利率时期,市场可能会对投

---

① Jensen,“Takeovers”; Michael C. Jensen and Richard S. Ruback,“The Market for Corporate Control: The Scientific Evidence,” *Journal of Financial Economics*, 11(1983), 5—50; and Douglas H. Ginsburg and John F. Robinson,“The Case against Federal Intervention in the Market for Corporate Control,” *The Brookings Review*, Winter-Spring 1986, pp. 9—14.

② F. M. Scherer,“Takeovers: Present and Future Dangers,” *The Brookings Review*, Winter-Spring 1986, pp. 15—20.

资使用相对高的贴现率,而管理层可能会将现行利率视作异常现象,他们在作投资决策时会使用较低的贴现率。那么,收购的合理性就取决于经济是因为根据长期贴现率作出的投资决策而得到加强,还是因为根据资本市场上每一短期变化进行调整作出的投资决策而得到加强。①

193

二、收购策略

在一个典型的恶意收购中,一个发起集团(通常被称为"收购者")提出收购要约,从目标公司当前股东手中购买大量股票以取得控股地位。② 其所提出的报价通常是溢价的,这个溢价就是超出目前交易价格的金额。如果足够的股东通过出售自己的股票表明他们愿意接受要约,那么发起者就获得了控制权。通常在恶意收购的过程中,收购者会取代在位的管理团队进而在公司内实行重大变革。有些情况下,收购者会直接向股东发出收购要约,但有时需要管理层的合作以便接触到股东。

当需要目标公司的合作时,其高管和董事都负有受托人义务诚信地考虑要约收购。如果他们认为收购并不符合股东最佳利益,那么他们有权(甚至有义务)用尽一切办法来反收购。公司有很多方式可用来反收购。这些策略统称为"驱鲨剂"(shark repellents),包括毒丸计划(poison pills)、白衣骑士法(white knights)、锁定法(lockups)、王冠明珠法(crown-jewel option)、帕克曼防御法(Pac-Man defense)、"金降落伞"法(golden parachutes)和绿函法(greenmail)(见表 5.1)。有些防范措施(例如毒丸计划和"金降落伞"法)通常是在任何收购要约开始之前就采用的,而有些防范措施(例如白衣骑士法和绿函法)往往是在反抗不受欢迎的收购过程中使用的。许多州都已经颁布了所谓的反收购条例,这进一步帮助在位的管理层对抗收购者。由于"驱鲨剂"和反收购条例的存在,如果没有目标公司董事会的合作,在今天进行合并或收购基本上是不可能的。

---

① 这些观点见 Scherer,"Takeovers," pp. 19—20。

② 恶意收购不太常用代理权竞争。善意收购或兼并一般产生于向目标公司董事会提出建议,该建议通过正常程序提交给股东投票表决。股东不会被要求卖出股票,但如果收购方案通过,他们的股份一般会以某种打包的方式进行交换,通常会换取收购公司或新创立公司的股份。即使是董事会所批准的"善意"收购,也会涉及激烈的股东投票产生的代理权竞争。

表 5.1 反收购策略

王冠明珠法:一种锁定法,在出现恶意收购时将目标公司最有价值的资产(王冠上的明珠)卖给一个比较友善的公司。这种防范措施降低了目标公司对收购者的价值。

"金降落伞"法:这是与高级行政管理人员所签订雇佣合同的一部分,要求在收购后他自愿或非自愿离开时,公司向他支付一笔额外的补偿。这种防范措施通过产生大笔费用来增加收购成本。

绿函法:为了结束一桩恶意收购企图,目标公司以溢价方式从不受欢迎的收购者手上回购公司股票。该词模仿的是"黑函",以暗喻某种形式的敲诈。

锁定法:赋予一个比较友善的公司在出现恶意收购时获得目标公司特定资产的权利。通常,这些资产对收购者融资来完成收购至关重要,并可能包括目标公司的"王冠上的明珠"(参见王冠明珠法)。

帕克曼防御法:目标公司进行反收购来收购不受欢迎的收购者的一种防御法(是以一款流行的电子游戏的名字来命名的,游戏中的生物都想要吃掉对方)。

毒丸计划:这是一个泛称,泛指在收购过程中任何能降低目标公司股票价格的手段。最常见的毒丸计划是发行新的股东有权在被收购后以溢价方式赎回的优先股。

"驱鲨剂":这是对所有收购防御策略的泛称。

白衣骑士法:一个友善的公司对目标公司提出要约收购以避免目标公司被不受欢迎的公司收购。

所有收购策略都会引发重要的伦理问题,但其中三个策略尤其激起了人们的极大关注。这三个策略就是:不受管制的要约收购、金降落伞和绿函。

(一) 要约收购

人们对于收购策略的伦理关注基本上集中在目标公司的防范措施上,但无监管的要约收购也可能会被滥用。1968 年之前,收购有时是以所谓的"周六晚上特价"形式实现的,即收购公司在周五市场收盘后提出要约收购,并设定该要约收购在下周一早晨作废。实际上,这种"周六晚上特价"被认为是强迫性的,因为股东在没有太多信息的情况下不得不迅速决定是否接受收购要约。① 股东通常会欢迎这样的机会:将周五下午市价每股 10 美元的股票以比如说每股 15 美元的价格卖

① 关于要约收购中的强制方面的讨论参见 John R. Boatright,"Tender Offers: An Ethical Perspective," in W. M. Hoffman, R. Frederick, and E. S. Petry Jr(eds), *The Ethics of Organizational Transformation: Mergers, Takeovers, and Corporate Restructuring*(New York: Quorum Books, 1989)。

出。然而,如果在下周一早晨,该股票卖到每股20美元,那么那些在周末接受收购要约的股东每股赚了5美元但却失去了赚10美元的机会。股东在获得更多信息后,也许会觉得15美元甚至20美元都不是合适的股价,也许会有更高的要约收购价格,因此持股不卖也许会更好。

只收购一定数量或比例股份的部分要约收购和双层要约收购也可能是强迫性的。在双层要约收购中,对比如51%的股份报一个价格,而对于剩余部分的股份报一个更低的价格。这两种价格都会迫使股东在不知道其股份将按哪种价格卖出或者事实上不知道其股票是否能被收购者买走的情况下作出决定。于是,要约收购可能会以这种方式实现:股东很快被吓得接受要约,唯恐自己会失去机会。许诺的支付方式可能会包括证券(如收购公司的股票或者新合并公司的股票),而这些证券的价值是很难确定的。没有足够的信息,股东很难判断比如每股15美元的非现金报价定价是否合理。

195

美国国会在1968年通过了《威廉法案》(Williams Act),以解决要约收购中的这些问题。《威廉法案》的指导原则是:股东有权在获得足够的信息后以有序的方式进行重大投资决策。他们不应该因为害怕失去机会而被吓得接受要约或者被迫在无知的情况下作出决定。根据《威廉法案》的第14(d)条款,收购要约必须伴有关于出价者身份、资金性质和收购目标重组计划等方面的说明。[1] 一项要约收购必须保持开放20个工作日,以便允许股东有充足的时间进行决策,而且已经接受要约的股东在15天内可以改变自己的想法,这样一旦有人出更高的价格,他们可以接受更好的报价。通过要求按比例分配的方法,《威廉法案》解决了部分要约收购和双层要约收购中存在的问题。因此,如果愿意出售的股票超过了收购者所要收购的股票数额,那么他就要以同样的比例来收购每一个股东的股票。这种按比例分配的方法可以确保股东享受平等待遇,使股东消除了早点卖出的压力。

(二)"金降落伞"法

在20世纪80年代收购活动的高峰期,四分之一至二分之一的美国主要公司

① 条款13(d)要求任何一方获得某个公司的股票超过5%后,在十天之内进行相似的声明。该声明要提供可能的收购要约通知以便利股东有序地回应。

都为自己的高级行政管理人员提供了一种非常规形式的保护——“金降落伞”。①截至2012年,这个数字已经上升到四分之三有余。② “金降落伞”是经理人雇佣合同中的一个条款,对其因收购而导致的失去工作进行补偿,通常相当于几年薪酬的现金补偿。一般来说,“金降落伞”不同于遣散费,因为它只在控制权变更的情况下才生效,并且适用于自愿和非自愿终止。因此,有了“金降落伞”保护的高级行政管理人员在收购后被调到一个更低的职位,他就可能主动辞职,仍然能够收到该项补偿。“金降落伞”往往只限于CEO和少数其他高管。③

最常见的支持“金降落伞”法的观点认为,它会减少潜在的利益冲突。不要指望那些在发生收购的情况下可能会失去工作的经理人能客观地评价收购要约。迈克尔·C.詹森(Michael C. Jensen)评论道:“雇用一个房地产经纪人来帮你卖房子,然后因为这个而对你的代理人进行惩罚,这样做是没有意义的。”④不管将来的结果怎样,“金降落伞”都可以为经理人的未来提供保障,因此使他们解放出来,只考虑股东的最佳利益。除此之外,“金降落伞”使公司能够吸引并留住它们想要的那些经理人,因为“金降落伞”能为那些大体上超出经理人控制能力的事件提供保障。如果没有这种保障,应聘者可能不太愿意接受潜在收购目标公司或易于被收购行业的职位,或者当经理人预期到公司将要被收购时可能会离开脆弱的公司。更进一步来说,实施“金降落伞”策略的成本可能会阻止收购从而起到收购防御的

196

① Philip L. Cochran and Steven L. Wartick, "'Golden Parachutes': A Closer Look," *California Management Review*, 26(4)(1984), 111—125. 沃德豪威尔国际1982年进行的一项研究显示,《财富》1 000强公司中实施“金降落伞”计划的公司数量1979—1982年间翻了一番,比例达到25%。参见Ward Howell International, Inc., *Survey of Employment Contracts and Golden Parachutes among the Fortune* 1000, company report, 1982。翰威特咨询1987年进行的一项研究发现,《财富》100强工业企业之中,该比例达到46%。参见Hewitt Associates, *Survey of Employment Contracts, Change-in-Control Agreements and Incentive Plan Provisions*, company report, June 1987。

② 2012年的一项研究表明,在2 000家美国大企业中,实施“金降落伞”计划的公司比例从1990年的50.44%上升到2006年的77.65%。参见Lucian A. Bebchuk, Alma Cohen, and Charles C. Y. Wang, "Golden Parachutes and the Wealth of Shareholders," John M. Olin Center for Law, Economics, and Business, Harvard University, Discussion Paper 683, October 2012。

③ 有些公司以“锡降落伞”的形式将收购后产生的失业保护扩展至所有雇员。参见Diana C. Robertson, "Corporate Restructuring and Employee Interests: The Tin Parachute," in Hoffman *et al.*, *The Ethics of Organizational Transformation*。

④ Michael C. Jensen, "The Takeover Controversy: Analysis and Evidence," in John C. Coffee Jr, Louis Lowenstein, and Susan Rose-Ackerman(eds), *Knights, Raiders, and Targets: The Impact of the Hostile Takeover*(New York: Oxford University Press, 1988), p. 340.

作用,尽管这是否算作对“金降落伞”法的支持取决于这种防御措施的优点。最终,减少经理人利益冲突所带来的价值取决于给股东带来的回报。

批评者们认为,首先,“金降落伞”法通过提高收购者不得不支付的价格,仅仅保护了那些在位的经理人。如此看来,“金降落伞”和“毒丸”一样,在出现控制权变更时,会形成昂贵的负担。如果所有这些防范措施得到股东的同意,那么它们就是合法的;然而批评者抱怨道,“金降落伞”往往是经理人从他们所控制的俯首帖耳的董事会那里获得的。如果“金降落伞”真的符合股东的利益,那么经理人应该愿意征得股东的同意。① 否则的话,“金降落伞”似乎就是自私自利的防范措施,从而违背了经理人为股东利益服务的义务。“金降落伞”也许会不符合股东利益的观点推动了1996年的税法改革,不鼓励对经理人进行高额补偿。② 而2010年的《多德-弗兰克法案》(Dodd-Frank Act)则要求,在特定情况下,由股东对“金降落伞”进行无限制性的投票。③

其次,不管怎样,有些批评者反对向那些本已拿着薪酬在做他们分内事情的经理人提供额外激励的想法。④ 菲利普·L. 科克伦(Philip L. Cochran)和史蒂文·L. 瓦提克(Steven L. Wartick)的研究发现,薪酬经理人已经按股东财富最大化原则设计:“为了使经理人客观地评估收购要约而向他们提供额外补偿无异于管理层对股东进行敲诈。”⑤一个有此经验的董事觉得经理人应该在离开公司之后才能得到补偿的这种做法“太离谱”。彼得·G. 斯科茨(Peter G. Scotese)写道:“当经理人对公司的贡献结束时,为什么还要对其进行那么慷慨的奖赏呢?这种方法与美国的职业伦理相悖,美国的职业伦理道德是建立在升迁和奖赏与资历和贡献累积挂钩这一原则的基础之上的。”⑥这些观点表明,即使“金降落伞”从经济的角度来看是

---

① 一项研究发现,“金降落伞”一旦宣布,会使该公司的股票价格上涨3%,虽然该涨幅可能是因为这样的感觉:该公司已成为收购的目标公司,具体参见R. Lambert and D. Larker,“Golden Parachutes, Executive Decision-Making, and Shareholder Wealth,” *Journal of Accounting and Economics*, 7(1985), 179—204。

② 26 USC §280G对补偿高于一定标准的公司不予税收扣除,而26 USC §4 999对接受这种过度补偿的个人还要额外征收税款。

③ Dodd-Frank Wall Street Reform and Consumer Protection Act, Public Law 111—203, sec. 951.

④ Peter G. Scotese, “Fold Up Those Golden Parachutes,” *Harvard Business Review*, March-April 1985, p. 170.

⑤ Cochran and Wartick, “‘Golden Parachutes’,” p. 121.

⑥ Scotese, “Fold Up Those Golden Parachutes,” p. 168.

合理的,认为经理人在滥用他们的权力获取不当补偿的观念也会动摇公众对企业的信心,因而需要政府采取相应的行动。

最后,支持"金降落伞"的观点引用股东利益原始资料作为证据,但这些数据可能是有问题的。2012 年的一项研究发现,股东从"金降落伞"中会得到一些收益,因为采用这种方法的公司往往更易出现这样的结果:股东实现了收购溢价。但是,这些收购中的溢价平均来说要低于没有"金降落伞"情况下的被收购公司的溢价。而且,该项研究进一步发现,采用了"金降落伞"法的公司业绩在收购之前和收购之后都不如没有采用"金降落伞"法的公司。因此,只有当并购溢价超过股票收益缩水时,股东才能从采用"金降落伞"法中受益。对这种表现不佳的一个可能解释是:有了"金降落伞"保护的经理人可能不会有动力为了利润最大化而经营企业,因为他们缺乏本应由公司控制权市场所提供的约束。①

对经理人进行各种各样补偿的合理性解释是:它能激励经理人站在股东的立场上行事。如果"金降落伞"太慷慨了,那么它们通过使收购价格变得高不可攀而保护管理层的防范措施就可能产生这样的结果:经理人不再全力以赴地工作。或者,过度慷慨的"金降落伞"可能会促使经理人支持侵害股东利益的收购。在这两种情况下,经理人都是牺牲股东利益而使自己获益。关键是要制定出正好具有适当激励的一揽子补偿计划,正如迈克尔·詹森所指出的,该补偿计划将视具体情况而定。② 詹森建议将"金降落伞"扩大到 CEO 以外的一些人,即那些在收购谈判和执行过程中将扮演重要角色的人,并建议将"金降落伞"所提供的补偿以某种形式与收购给股东带来的回报挂钩,但这一点说起来容易做起来难。

(三)绿函法

不成功的收购者并不总是两手空空地离开。因为随着收购要约的公布,股票价格会因此上涨,收购者常常能够通过出售自己持有的股票而获得相当丰厚的利润。事实上,这种可能提供了一种重要的对冲来降低发起收购的风险。而且,在某些情况下,目标公司通过溢价回购收购者手里的股票来击退不受欢迎的进攻。1984 年,在金融家索尔·斯坦伯格(Saul Steinberg)累计持有的迪士尼公司(Walt

---

① Bebchuk, Cohen, and Wang,"Golden Parachutes and the Wealth of Shareholders."

② Jensen,"The Takeover Controversy," p. 341.

Disney Production)股票超过11%之后,迪士尼公司董事会同意以每股77.5美元的价格(总计32 530万美元)买回斯坦伯格以均价每股63.25美元所购的股票。斯坦伯格把近6 000万美元的利润收入囊中,作为其结束角逐迪士尼的回报。这次事件以及许多此类事件被人们广泛地指责为绿函。

俏皮话"黑函"(blackmail,意为敲诈)暗喻:发出或接受绿函的过程中会存在某些腐败。一个能避免这种偏见的更为准确的词是控制权回购。控制权回购可被定义为"私下协商以超出市价的溢酬从外部股东手里回购股票的举措,这样做的目的是避免对回购股票的公司控制权展开争夺"①。控制权回购是合法的,在美国的证券法中对这种交易不存在法律禁止。作为对SEC和一些商业团体的关切的回应,美国国会曾经就禁止控制权回购的议案举行听证,但到目前为止还没有通过相关立法。在法庭上,控制权回购被怀疑为管理层违背了对股东的受托人义务,但法庭不太愿意介入,除非管理层的决策只是出于保护其自身利益的考虑。许多人认为应该有一部这方面的法律,但我们首先要问:为什么控制权回购被认为是不道德的呢?

对控制权回购从伦理上主要有三种反对意见。② 首先,控制权回购是与一批股东进行协商的,其所收到的报价不能适用于其他任何股东。同样有人说,这违背了应该对所有股东都一视同仁的原则。同样的报价要么向所有的股东发出,要么谁也不发。从那些收购者手里回购股票对其他股东来说是不公平的,尤其是以溢价的方式。事实上,这种观点很容易就可以被驳倒。经理人有义务根据公司章程和规章制度以及相关公司法所规定的股东权利来对待所有股东。这就意味着在股东会议上一股一票并且每股的分红相同。③ 除此之外,经理人没有法律或伦理义务平等地对待股东。也就是说,他们的平等对待权仅限于少数事项。而且,以溢价方式回购股票也是一种可能会给股东带来回报的处置公司资产的方式,而且经理人的工作就是将公司所有资产配置于最具生产率的用途。举例来说,如果迪士尼公司向斯坦伯格支付的6 000万美元为公司股东带来的回报比其他任何投资方式

---

① J. Gregory Dees,"The Ethics of 'Greenmail?'" in William C. Frederick and Lee E. Preston(eds), *Business Ethics: Research Issues and Empirical Studies*(Greenwich, CT: JAI Press, 1990), p. 254.

② 对于这些观点的总结和评价参见Dees,"The Ethics of 'Greenmail'"。

③ 不同种类的股票会有不同的投票权和不同的股利分配,但这种区别已经提前告知,并且为所有股东所承认。

都高,那么经理人对所有股东负有的义务就要求他们对这个股东区别对待。

其次,控制权回购被指责为管理层违背了为股东利益服务的受托人义务。一个绿函法批评者举了如下这个例子:

> 假设你在一个很远的城市里拥有一套小公寓楼,并且你雇用了一个职业经理人帮你打理它。这个人很喜欢这份工作,于是当有人(一个公寓楼"炒家")试图向你出高价购买这套公寓楼时,这个经理人就竭力阻止你考虑该报价……当所有其他办法都失败了之后,这个经理人拿出你自己的一部分钱用绿函寄给该潜在买主,让他到别处看看。[1]

如果经理人用股东的钱打发走收购者仅仅是为了保住他们自己的工作,那么他们就明显违背了其受托人义务。不过,这可能不是所有绿函法案例中经理人的本意。目标公司的经理人可能认为某个收购要约不符合股东的最佳利益,而最好的防御措施就是回购收购者手里的股票。使用那 6 000 万美元,迪士尼公司可以制作一部能给它带来一定回报的电影。然而,迪士尼的经理人也可能估算出公司继续与斯坦伯格僵持(或者让斯坦伯格获得控制权)的代价会超过这个回报。如果真是这样的话,迪士尼公司用绿函支付 6 000 万美元所花的股东的钱还是很值得的。其他防范措施也会花钱,并且在任何收购防御措施中都存在经理人花费股东的钱来保住他们自己的工作的可能。[2] 因此,没有理由相信,绿函法必然会涉及违背受托人义务。

最后,有些批评者反对绿函法或控制权回购是基于这样的观点:回购会招来假收购者(pseudobidders),这些假收购者本无意收购,仅仅是出于营利目的而发起收购。[3] 根据这种反对观点,伦理过错之处在于假收购者的行为,虽然管理层在便利该行为时有可能串通一气。至少,假收购者所从事的是一种不具有生产率的经济

---

① 引自 Robert W. McGee,"Ethical Issues in Acquisitions and Mergers," *Mid-Atlantic Journal of Business*, 25(March 1989), 25。

② 有人认为,经理人绝不应该试图阻止收购,而应该交由股东来决定。不过,管理层一般比股东更了解公司,在判断什么对股东有利的问题上,可能会处于更有利的位置。参见 Frank H. Easterbrook and Daniel R. Fischel,"The Proper Role of a Target's Management in Responding to a Tender Offer," *Harvard Law Review*, 94(1981), 1161—1204。

③ John C. Coffee Jr,"Regulating the Market for Corporate Control: A Critical Assessment of the Tender Offers Role in Corporate Governance," *Columbia Law Review*, 84(1984), 1145—1296.

活动，这种活动除了使假收购者自己受益外，别人不会受益；最糟糕的是，假收购者正在对公司进行敲诈，威胁如果不回购的话，就给公司造成某些损害。

这种为了获得绿函而进行的假收购行为是一个严重问题吗？这种假收购的有效性取决于所威胁的收购的可信性。除非确实存在着提高股东回报的机会，否则没有收购者能够对公司造成可置信威胁。因此，可能出现假收购者的情形是非常有限的。即使假收购者或者真收购者被花钱打发走了，那个人也为在位的管理层指出了一些问题，从而为变革铺平了道路。那些接受绿函的不成功收购者可能仍然会为每个人提供服务。① 禁止绿函法或禁止控制权回购可能会增加试图发起收购的风险，因而会打消进行这种潜在有益活动的积极性。

如果收购者真的可能将美国公司劫为人质，那么确实应该采取一些措施，于是禁止绿函法将成为解决办法之一。但是，在采取行动之前，人们必须对假收购行为的出现、假收购行为发生的条件及其实际的结果进行更多的实证研究。此外，假收购与真收购是很难区分的，而对于可证实的假收购可以欺诈罪名予以起诉，因为它在强制性 SEC 备案上的相关声明是虚假的。因此，即使假收购真的是个问题，禁止绿函法可能也不是解决问题的适当办法。

200

三、董事会的职能

1989 年，派拉蒙传播公司（Paramount Communications）向时代公司（Time Incorporated）所有流通在外的股票发出收购要约。许多时代公司的股东都非常渴望接受这个全现金的、每股 175 美元的出价（后来升至每股 200 美元），这个出价意味着比时代公司当前股票的市场价格溢价 40%。然而，时代公司董事会拒绝将派拉蒙的报价发给股东。时代公司和华纳传播有限责任公司（Warner Communications, Inc.）一直在准备合并，而且时代公司的董事们相信，时代公司与华纳公司的合并与派拉蒙收购时代公司相比能为股东带来更大的价值。不满的时代公司股东联合派拉蒙将董事们告上了法庭，指控他们行事时没有考虑股东利益。

这个案例引出了两个极为重要的问题。首先，在合并或收购中谁有权利确定

① Roger J. Dennis, "Two-Tiered Tender Offers and Greenmail: Is New Legislation Needed?" *Georgia Law Review*, 19(1985), 281—341.

公司的价值？这是董事及其投资顾问的工作吗？虽然董事会成员及其投资顾问对公司的当前财务状况与未来前景非常了解，但是他们也有保持现状的既得利益。难道评估的任务应该留给股东吗？虽然他们的利益是最终的衡量标准，但他们对公司的了解往往不够。有些股东是职业套利者，他们只追求赚快钱。其次，股东利益是那些快速的短期收益，还是长远的公司生存能力？接受派拉蒙的报价将使时代公司股东当前的股票价格最大化，但会打乱董事会已经制订好的长远发展战略计划。

特拉华州高等法院对派拉蒙传播公司诉时代公司一案的判决中解决了这两个问题：判定时代公司董事会有权在评估收购要约时着眼于长远发展，并且没有义务将派拉蒙的报价发给股东。[①] 法院认识到，从长远来看，增加股东财富不仅要考虑当前股东的利益，还要考虑其他公司组成成员，如雇员、客户以及当地社区的利益。[②] 时代公司董事会关注的一个焦点是要保持《时代》杂志的"文化"，因为编辑操守对杂志读者与采编人员来说是非常重要的。

201

派拉蒙判决是所谓"其他组成成员法令"(other constituency statute)的一个经典例子。现在绝大多数的州都已经(通过司法或立法行为)批准了相关的法律，这些法律允许(甚至有些州要求)董事会考虑收购对广大非股东组成成员的影响。[③] 其他组成成员法令反映了法官和立法者的一种判断：非股东的合法利益由于收购而受损，遭遇收购的公司董事会不能只忠诚于当前股东。[④] 其他组成成员法令到底是有助于保护非股东组成成员的利益，还是仅仅提高了管理层抵制收购的能力呢？这个问题还没有答案。然而，这些问题反映了人们对公司控制权市场的重新反省。由于其他组成成员法令，关于公司未来的决策更多地取决于董事会会议室里的冷静思考，而更少地取决于嘈杂市场上的股票买卖。

---

① *Paramount Communications*, *Inc. v. Time Inc.*, 571 A. 2d 1140(1990).

② 在派拉蒙传播公司一案中，特拉华州高等法院援引了以前的一个判决，该判决认为，考虑收购"对公司的影响"时，应包括关注收购"对除股东以外'其他组成成员'(即债权人、客户、雇员，也许一般还要包括社区)的影响"，参见 *Unocal Corporation v. Mesa Petroleum Co.*, 493 A. 2d 946, 955(1985)。

③ 参见 Eric W. Orts, "Beyond Shareholders: Interpreting Corporate Constituency Statutes," *George Washington Law Review*, 61(1992), 14—135。

④ Roberta S. Karmel, "The Duty of Directors to Non-shareholder Constituencies in Control Transactions—A Comparison of U.S. and U. K. Law," *Wake Forest Law Review*, 25(1990), 68.

第四节 金融工程

最近几年,金融市场开始变得高度数量化。华尔街银行家的形象不再是穿着灰色细条纹西装的优雅身姿,而是年轻的迅速获得成功的数学极客(geek),被称为量化分析师(quant),他们能够设计出复杂的金融工具和巧妙的交易策略。金融工程的核心是计算机,其具有光速般的运算和处理大量数据的能力。不过,同样重要的是金融理论领域取得的进展,包括资本资产定价模型(capital asset pricing model, CAPM)和期权定价理论(option pricing theory),它们揭示了以前不精确的定价决策如何可以用数学方法来处理。从经济学的角度来看,数理金融采用高度数学化的方法,可以构造模型来解决与市场环境及其结果有关的几乎任何问题。金融工程也已经成为现代风险管理的基石,尤其是在模型设计方面。

量化分析师不仅改变了金融市场,而且也因为出了很多问题而受到指责。最近有本书《量化分析师》(*The Quants*)的副标题就是“新品种数学奇才是如何征服华尔街并差点毁掉它的”①。对金融危机的发生起了极为重要作用的许多金融工具,尤其是次级按揭、抵押债务凭证和信用违约互换,都是金融工程的产品。另外,风险管理失职,导致银行杠杆畸高和疏忽隐藏风险,在某种程度上也要归咎于金融工程。本节分析金融工程两个明显的后果:衍生品和高频交易。一个是金融工程产品,另一个是交易方法。这两个创新都带来了很多的好处,但如果不能得到谨慎对待也会带来危害。

202

一、衍生品

过去二十多年发生的许多金融丑闻和危机有一个共同特征,那就是都离不开衍生品。尽管衍生品是这些灾难的起因还是仅仅为偶然因素还存在争议,但其突出表现还是引来了尖锐批评。2011 年特许金融分析师协会(Chartered Financial Analyst Institute)的一项全球调查发现,其会员最关注的伦理问题都是围绕金融衍

---

① Scott Patterson, *The Quants: How a New Breed of Math Whizzes Conquered Wall Street and Nearly Destroyed It*(New York: Crown Business, 2011).

生品的。[①] 沃伦·巴菲特将金融衍生品描述为"定时炸弹"和"大规模杀伤性金融武器"的比喻,也反映了对衍生品的不信任。[②]

衍生品代表的是非常有价值和创造性的金融创新,它将技术、金融理论和非常复杂的数学方法结合起来。在金融规制方面发生的不被人注意的变化也促进了衍生品的迅速发展,对此既有赞许也有谴责。衍生品对金融的各个领域都产生了巨大影响,包括交易如何进行、风险如何管理以及银行如何为客户服务。和所有高效能的创新一样,误用和判断失误的可能性都存在,尤其是当使用高杠杆的时候,因此在使用这些工具以及在监管其运用的时候都必须要小心谨慎。

本节的任务是:首先,了解衍生品,即它们是什么和如何使用它们。其次,剖析其引起的伦理方面的挑战。特别是,有没有衍生品可能具有经济破坏性、社会不良作用或者伦理上令人反感?鉴于其在最近发生的丑闻和危机中的表现,它们是起因之一吗?如果是的话,它们的因果关系揭示了衍生品存在那些缺陷?最后,应采取什么措施来确保衍生品的使用能够安全、富有成效且符合伦理?

(一)认识衍生品

衍生品这个术语涵盖了广泛的金融工具种类,其中有些根本不是真正"衍生的",而且,更糟糕的是,随意地使用这个术语,等于容许对基本没有共同点(除了我们难以认识到的情况)的一整类工具进行全面的谴责。一个用户开玩笑地将衍生品形容为"任何很难懂的金融产品"[③]。《经济学家》(*The Economist*)杂志认为,这个术语本身就应该被禁止使用,因为它的作用就是在宣扬一个神话:没有这种现代金融工具的世界将更加安全。[④]

1. 什么是衍生品

根据标准定义,衍生品是双方(买方和卖方)之间的金融工具或合约,合约中买卖的资产价值取决于或"派生"自某一基础资产(underlying asset)。基础资产可以是合约中买卖的任何东西或者其他东西的价值,例如另一个资产的价格、利率(如 LIBOR)或者股指(如 S&P 500)。所有的衍生品都涉及一个某一时点达成并将

---

① Chartered Financial Analyst Institute, *Financial Market Integrity Outlook*: 2011, January 2011.

② *Berkshire Hathaway Annual Report*, 2002.

③ Saul S. Cohen, "The Challenge of Derivatives," *Fordham Law Review*, 63(1995), 1993—2029, 2000.

④ "A Risky Old World," *Economist*, October 1, 1994.

结算或交割日定在未来某一时间的合约。在该日期当天或之前(具体情况写在合约里面),一方或者双方应对交易负责(有义务去履行它),否则另一方有权(但没有义务)要求执行交易(这是一个期权)。

讨论中的合约可以根据客户要求定制,以符合一方的独特情况,并通过“柜台交易”(over the counter, OTC)进行出售;或者可将其设计成出售给许多投资者的标准化工具,通过场内交易所(organized exchange)进行交易。尽管合约里规定在某一时间交易必须要履行,但完成交易既可通过交割所购买的资产来实现,也可通过代表各方收益或亏损的现金清算来实现。(一个通过购买10 000块猪腩获利的交易者可能更偏好现金。)由于衍生品本质上是使各方对交易承担义务的合约,其唯一缺少的变量是价格(有待确定),因此一方的任何收益(比如,对卖方来说售价高于预期)必然等于另一方的亏损(在这个例子里,即所支付的金额高于预期想买的价格)。因而,衍生品是个零和博弈(zero-sum games),其中一方所得只能等于另一方所失。除了衍生品的使用使经济更有效率,这种交易对整个经济的财富没有影响,而这并不是一个微不足道的因素。

有三种基本的衍生品:远期和期货合约(它们可以看作一类)、期权和互换。远期合约是与另一方达成的在未来某一时间按照约定价格买卖一种资产或大宗商品(如黄金或小麦)的协议。期货合约涉及同样的未来交易,只不过它不是通过买卖双方达成的双边远期合约来实现的,而是在场内交易所实现的,其中交易所本身充当中介,从卖方买入并卖给买方。期货交易所解决了寻找交易对手(搜寻成本)、确保清算(信用风险)和出清头寸(市场风险)这几个关键问题。远期合约只能在合约规定的日期清算,也只有在那一天具有价值,而期货合约的价值每天根据现价计算出来(盯住市场),并可以在规定日期之前的任何时间卖出(或退出)。

204

期权是赋予一方在未来某一时间按照固定的执行(exercise)或行权(strike)价格买卖一定数量资产的权利而非义务的合约。卖出资产(如一单位证券或一蒲式耳小麦)的权利称为看跌期权,反之,买入资产的权利称为看涨期权。互换是双方之间就未来一段时期交换一系列现金流达成的协议。最常见的互换有利率互换和货币互换。举个例子,一个借了固定利率贷款但想要换成浮动利率的人,可以与持有浮动利率贷款但更中意固定利率的人商定,互相替对方支付款项。一方如果有日元应收账款但需要将其兑换为美元,而另一方情况相反,那么可商定相似的互换。只要愿意承担合同另一方的风险,互换的一方就没有利率或汇率风险。

在金融危机中特别突出的是信用违约互换(CDS),本质上它就是保单,其中一方同意在贷款出现借款人违约情况时向另一方支付款项予以补偿。比如说,虽然CDS使公司债券持有人降低了违约风险,但买方不需要实际持有被保险的债券。互换可以仅仅赌债券会不会违约。CDS这种有争议的特点就像以你邻居的房子为标的购买火灾险并在其出事时获得补偿一样。

2. 如何使用衍生品

衍生品包括两类参与者:作为合约中买方和卖方的最终用户(the end users),以及设计合约并将双方撮合在一起的交易商(the dealers)。交易商从他们提供的服务中获得报酬,并从其衍生品交易中获取收益。这两种收入来源对交易商越来越重要,现在已经使得其他来源相形见绌。对最终用户的好处来自五个方面:(1)更好的风险管理;(2)金融操作更加灵活;(3)筹资更加多元化和经济;(4)使金融资产实现更大的价值;(5)更多的交易(也许是投机)机会,尤其是在套利方面。

远期合约和期货合约很早就被用于降低或对冲不确定价格带来的风险。通过这些方法,农场主可以在丰收前给小麦或其他商品定下价格,事实上是为了防止价格下跌而放弃了价格上涨带来的收益。由于航空公司的利润受到燃料价格的影响,而燃料价格是不可预测的,因此航空公司也可用期货合约将其锁定在一个已知价格上,从而规避这种风险。一个公司也可选择可用的最低融资成本,不用考虑其承担的是固定利率还是浮动利率,也不用考虑是否用外币计价,通过购买利率或货币互换就可消除不想要的特性。同样,想要增加证券持有量或长短期债券组合的投资基金,可通过购买衍生品来实现想要的投资组合而无须买卖实际的证券。类似地,可通过衍生品实现利用证券价格差价套利,比直接使用市场交易更加迅速且便宜,指数套利更是离不开它们。衍生品的可能用途和他们的好处一样,几乎不可限量。

当公司能更好地管理各种风险时,每个人都会从中受益,否则,风险会带来麻烦,降低生产和就业。当公司能够集中精力从事核心业务(对航空公司来说是运送乘客)而不用担心不可控制的风险(燃料成本)时,更好的风险管理也会产生回报。当暴露的风险转化为妥善处理的风险时,风险管理的成本也会降低。公司能够从更多的渠道并以更低的成本获得融资,将带来经济增长和更强的国际竞争力。共同基金和养老基金投资者也会发现,他们的资产价值因为衍生品带来的投资技术的改进而上升。

(二) 衍生品存在的问题

一般来说,衍生品包括期货、期权、互换以及其他奇异工具,对完善我们的金融体制和提高人类福祉具有极大的潜力。但是,它们的名声因为丑闻和危机而蒙尘,因而有很大压力要求对其加强监管并限制它们的使用范围。批评者们不仅提及它们在金融危机中扮演的无法否认的角色,而且还引证了宝洁公司、加州奥林治县和法国兴业银行在衍生品交易中遭受的损失。

使用任何金融工具进行不明智的交易都会亏钱,而且金融机构的自私自利行为也很正常。因此,任何对衍生品的伦理批评都应该集中在与围绕衍生品的误用和不端行为不同的问题上,以及以某种更加基本的方式影响这些金融工具的问题上。飞机可能因为设计缺陷而坠毁,但我们会通过纠正错误以建造更好的飞机来应对。然而,有些人认为,核电站太危险不能建,即使它们设计合理。那么,与此相关的问题是:衍生品是更像飞机还是更像核电站?它们从根本上就是错误的吗?对衍生品的批评主要集中在两个方面:首先,这些金融工具经常被用来进行投机,造成不必要的风险,结果使其不受社会欢迎;其次,有些衍生品被某些金融机构(尤其是大银行)不合适地推销给了相对不成熟的客户,其中发行人涉嫌利用了不合理的优势。

206

(三) 投机

基本的衍生品在人类早期历史上就已经存在了。[①] 亚里士多德(Aristotle)讲了一个关于哲学家泰利斯(Thales)的故事:他准确地预测到了橄榄作物会丰收,于是向该地区的橄榄榨油厂作坊主支付了一笔钱,赋予自己在丰收季节对压榨机的排他性使用权,这样,种植者为了使用压榨机将不得不向泰利斯支付款项。[②] 远期合约在农作物上已经使用了很长时间,但整个历史上一直在区分对冲(即防范至少一方所承担的风险)和投机(即纯粹赌商品价格的变化或者其他没有任何相关利

① Edward J. Swan, *Building the Global Market: A 4000 Year History of Derivatives* (Boston: Kluwer Law International, 2000).

② Aristotle, *Politics*, 1259a.

益的价值的变化)。在英国普通法里,与商品有关的赌注被看作“差价合约”(difference contract),如果没有实际的对冲发生,这种合约就不能合法地得到执行。[1]

在19世纪的美国,农场主怀疑商品期货的作用,他们认为它会被用于操纵价格。这种怀疑与普遍反对赌博的态度相结合,阻碍了这种衍生品得到法律的全面认可。[2] 同一时期,其合法性并不确定的投机商号(bucket shops)却在美国许多城市运营着。[3] 投机商号现在是非法的了,其宣称代表资金量小的投资者进行股票交易,但事实上仅仅预定赌注,然后通过对冲赌注来清算,类似于现代的博彩公司。除了抽取佣金,投机商号的经营者有时还会卷款失踪并从事其他欺诈行为。

当芝加哥商品交易所(Chicago Mercantile Exchange, CME)1898年成立时(前身是芝加哥黄油和鸡蛋交易所,Chicago Butter and Egg Board),其交易商品期货的打算被伊利诺伊州禁赌法律阻碍了。[4] 如果商品存在实物交割就可规避这部法律,但如果合约只能通过现金来结算那就构成了非法赌博。后来发现了一条中间路线:如果商品能够交割,那么即使该期货合约事实上是通过现金结算的,也不算是赌博了。这种虚构的交割被维持下来,即使所有合约总价超过了总供给,结果也并不是所有的合约都能实现实物交割。这个问题在1982年又出现了,当时CME想要推出股指期货,但其中的基础资产(某个指数中的一篮子股票)无法实现实物交割。同年,国会的一个法案去除了这个障碍。[5]

207

为何交割的可能性看上去如此重要?原因在于它确定了动机。签订远期合约的农场主的目的是以一个可以接受的价格卖掉小麦,以进一步开展生产活动。然而,一个相信小麦价格将要下跌并同意在未来某日以约定价格卖出小麦的投机者,目的只是通过交割日的小麦价格(希望低)和按照合同约定卖出小麦的价格(希望

---

① Lynn A. Stout, “Derivatives and the Legal Origins of the 2008 Credit Crisis,” *Harvard Business Law Review*, 1(2011), 1—38.

② Cedric B. Cowing, *Populists, Plungers, and Progressives: A Social History of Stock and Commodity Speculation, 1890—1936*(Princeton, NJ: Princeton University Press, 1965).

③ Ann Vincent Fabian, *Card Sharps, Dream Books, and Bucket Shops: Gambling in 19th-century America* (Ithaca, NY: Cornell University Press, 1990)

④ William Cronon, *Natures Metropolis: Chicago and the Great West*(New York: W. W. Norton, 1991).

⑤ Donald MacKenzie, *An Engine, Not a Camera: How Financial Models Shape Markets*(Boston, MA: MIT Press, 2006), pp. 145, 172.

高)之差来赚取利润。没有自己的小麦(除了在交割日通过公开的市场所买的小麦),他不可能有动力确保自己的庄稼(不存在)有个好价格。在19世纪后期,人们用术语“风中的小麦”(wind wheat)来指投机者答应要卖的虚构的小麦供给。[①] 投机者打算要卖的“风中的小麦”看上去和农场主种植的拿到市场上卖的真实小麦有点不同。

尼古拉斯·卡尔多(Nicholas Kaldor)给投机下的著名定义强调了目的或动机的重要性。他将投机定义为“购进(售出)商品是为了在以后某一天再售出(再购进),而这种活动后面隐藏的动机是期望有关价格相对现行价格发生变化,而不是通过商品的使用、发生在商品上的任何改变或将其在不同的市场间转移来获取利润”[②]。这个定义暗示,仅仅从成功地预测价格变动来获利就其本身而言是寄生在市场上的非生产性活动,只有攫取而无任何真实贡献。用《圣经》中的话来说,投机是在自己没有播种的土地上收割。

由于衍生品是零和博弈,投机者得到的任何利润意味着其他人的亏损,而且当使用衍生品的成本包含所有花费的资金(经济学家称之为交易成本)时,总成本会增加。任何有成本的零和博弈实际上是个负和(negative-sum)博弈。但是,衍生品的使用成本可能会被给整个经济带来的收益所抵消,甚至参与者会认为使用衍生品的好处值得付出成本。比如说,一个真正的对冲是一种成本,就像购买保险那样,但“买”这种保护是因为它会带来某些想要的好处。

此外,批评者宣称投机会进一步增加经济的成本。在某些情况下,通过将价格抬高到其基本水平之上,从而损害消费者;在另外一些情况下,通过将价格压低到其基本水平之下,从而损害生产者。[③] 比如,损害穷人的石油或小麦价格上涨通常被归咎于无情的投机者。投机还被认为应对市场波动加剧负责,并对有时导致危机的资产价格泡沫负责。有人进一步宣称,投机常常涉及市场操纵(它也会影响价格),并在市场短缺时涉及价格欺诈,其中的短缺可能反过来是由操纵引起的。

208

所有这些市场灾难(扭曲的价格、波动性、泡沫、操纵和价格欺诈)带来了相当

① James E. Boyle, *Speculation and the Chicago Board of Trade*(New York: Macmillan, 1920), p. 125.

② Nicholas Kaldor, “Speculation and Economic Stability,” *Review of Economic Studies*, 7(1939), 1—27, 1.

③ James J. Angel and Douglas M. McCabe, “The Ethics of Speculation,” *Journal of Business Ethics*, 90(2009), 277—286.

大的成本,其中有些是没有社会福利补偿的无谓损失(deadweight losses)。不过,只有在以下情况下,我们才能将这些成本算在投机身上:第一,投机确实产生了这些后果。第二,投机可从衍生品使用带来的所有好处中分离出来。有人认为,投机并不会产生这些所谓的后果,实际上会起到稳定价格、减少波动性、平抑泡沫的作用,并一般会通过使企业更好地管理风险而促进生产。[①] 而且,操纵和价格欺诈是一种不仅限于投机或衍生品的市场行为,不管怎样,对其可用已有的市场监管来进行管理,无须涉及投机。

首先,投机给经济带来了各种灾难是个实证问题,其证据至多是没有定论的。其次,既然投机具有某些不良后果,我们能够将投机行为从衍生品的有益用途中分离出来并消除掉而不会失去那些好处吗?在任何情况下,都很难判断衍生品是被用作投机还是真正的对冲,这可能需要了解交易商的整个资产组合或公司的完整财务结构。而且,将衍生品用于对冲或其他有益用途的用户必须要有愿意充当合约另一方的交易伙伴。因此,投机者可能在增加愿意交易的伙伴数量方面发挥着重要作用,而这种数量增加也会提高衍生品市场的流动性,并降低衍生品的交易成本。最后,只要投机者不损害其他人的利益(关于这一点存在严重争议),也许应该允许其随心所欲地交易,无论多么愚蠢。

(四) 合适性

沃伦·巴菲特关于衍生品可能成为"定时炸弹"和"大规模杀伤性金融武器"的警告在许多广为人知的案例中得到了证实,其中最有名的当属加州奥林治县和宝洁公司的例子。2011 年,阿拉巴马州杰弗逊县(县治所在地为伯明翰)勉强避免了破产,当时它无法支付名义金额 54 亿美元的利率互换,这是由 JP 摩根(现在是摩根大通)和其他银行一起销售的,以抵补(cover)为一个陷入困境的新排水系统而发行的 32 亿美元债券。[②]

这些互换(数量一度高达 18 笔)中的一部分将初始的浮动利率借款转换成固定利率借款,而剩余的互换则将该债务转换回浮动利率借款。该互换不仅没有使

209

---

① Angel and McCabe,"The Ethics of Speculation."

② Michael D. Floyd,"A Brief History of the Jefferson County, Alabama, Sewer Financing Crisis," *Cumberland Law Review*, 40(2009—2010), 691—715.

之从利率变动中得到保护,而且由于其中两个债券发行人评级下调,进一步触发了利率上升。JP 摩根收取的大笔费用也算入利息,据估计是正常规定的两倍。这笔费用够 JP 摩根部分地支付为了确保其在该交易中的地位而花费的 800 万美元贿赂款了。虽然该县是其领导层大规模腐败(21 人被判有罪)的牺牲品,但摩根大通最终被迫免除了 10 亿美元债务,降低了剩余债务的利率,并分别向证券交易委员会与杰弗逊县支付了 2 500 万美元和 5 000 万美元罚金。银行还单独地为 800 万美元贿赂款向 SEC 支付了 72 200 万美元。杰弗逊县已被形容为“当地方政府开始玩华尔街奸商兜售的未监管衍生品时,一个可能出现问题的‘典型’”①。

在 21 世纪早期,美国和欧洲的各大银行都在推出衍生品,主要是利率互换,面向各种各样的客户,有一例是向意大利卡西诺修道院。在电视纪录片《货币、权力和华尔街》(*Money, Power & Wall Street*)中,销售这些衍生品的年轻人开玩笑地将自己称为“F9 猴子”(F9 monkeys),因为他们只需要在电脑程序里录入几个数字并在键盘上按下 F9,就能为卖给客户的金融工具生成价格。《纽约客》撰稿人约翰·卡西迪(John Cassidy)在纪录片中说道:“他们被称作投资银行家,但他们实际上是销售员。他们的工作就是出差并推销那些银行正在创设的东西,其方式类似于制药公司雇用大批的销售人员,到处推销当下它们所生产的最新款特定药物。”

如何判断衍生品或任何金融工具的合适性比较复杂,它涉及:第一,在实现预期目标中其效果如何;第二,其所带来的风险的可接受性。简言之,衍生品确实能实现其预期目标吗? 或这样做至少有合理的可能性吗? 使用这种金融工具带来的风险被理解并正确评估了吗? 许多情况下,不合适性与后一个顾虑有关,因为衍生品不仅仅包含风险因素(毕竟它是赌注的一方),还会引入新的风险。举例来说,如果利率沿某一方向变动的话,利率互换合约可能会带来亏损,但这是内含于合约的直接风险。可是,用户还面临着许多其他因素导致的间接风险。

首先,用户可能不会充分理解衍生品是如何运作的以及哪些因素会影响其运作。比如,美国国际集团(AIG)在金融危机前出售的信用违约互换,允许用户在被保险证券违约前出现减值时向该公司要求抵押。AIG 的高管们显然没有意识到这种可能性,而满足客户提出的要求会导致现金严重不足。其次,衍生品中的风险可

210

① Joe Nocera, “Sewers, Swaps and Bachus,” *New York Times*, April 22, 2011.

能被严重低估,并因此而被错误定价。随着许多衍生品及其所使用数学的日益复杂,这种可能性极大地提高了。AIG 认为它用信用违约互换保险的证券违约的可能性如此低,以至于它都没有预留储备来应对潜在的付款要求。这种失误提高了互换违约的可能性,而且它还对持有者的交易伙伴产生了影响。最后,衍生品引入的风险是指,合约的交易对手可能由于他们自己无力偿付债务或破产而无法履行合约。更为一般地,和任何合约一样,衍生品也可能由于不可预见的原因(包括自然灾害或法律障碍)而变得无法执行,比如缺乏订立合约的权限。

而且,公司可能对负责衍生品交易的员工缺乏充分的监督,导致风险没有得到合理控制。特别是,没有受到充分监督的员工可能从合法的对冲越线到投机。这不仅发生在 AIG,其以伦敦为基地的金融产品部门运营就缺乏足够的监督,而且也发生在摩根大通,由外号“伦敦鲸”(London Whale)的交易员——该交易员可以隐藏信息并更改监控系统——交易的超大额衍生品给其造成了 62 亿美元损失。1995 年巴林银行的倒闭和 2008 年兴业银行 49 亿欧元的损失都是源于缺乏监督的流氓衍生品交易员的行为。巴林银行的交易员尼克·里森对日本股票市场变动下的赌注也是由于自然灾害而失败的,当时神户地震导致股票价格出乎意料地大跌。

可能导致衍生品不适合用户的原因有许多且不易识别,也许只有在事后才能识别,而且即使这样也很难在买方和卖方之间划分责任。美林证券昧着良心利用奥林治县官员了吗?信孚银行利用宝洁公司的高管了吗?还是这些买家愚蠢地试图投机?而且,在与愚蠢的买家打交道时,卖家负有多大程度的谨慎义务?对有经验的买家又该多谨慎?劳埃德·布兰克费恩(Lloyd Blankfein)在国会为高盛向德国银行(其公司曾以德国银行为打赌对象)销售抵押支持证券辩护时说,“他们都是需要这种敞口头寸的职业投资者”①。该信息是明确的:这些证券的买家知道他们在干什么,应该允许其犯错误。的确,从某种意义上说,在华尔街赚钱就是通过发挥自己卓越判断力利用别人的错误实现的。

不过,即使对有经验的投资者来说,一定程度的信息披露或透明度还是欠缺的,不仅仅指证券本身的材料信息,也包括卖家可能存在的任何利益冲突。在高盛的交易里,它没有披露:打包的按揭证券是由作为交易的另外一方的交易商选取

① Andrew Ross Sorkin, “Wall Street Ethos Under Scrutiny at Hearing,” *New York Times*, January 13, 2010.

的，该公司还同时在进行反向操作。而且，投资者的经验千差万别，他们可能较多地依赖卖家的推荐和产品说明。奥林治县和宝洁公司不是像美林或信孚银行那样老练的投资银行，它们无疑相信自己在为好的建议和卖给它们的利率互换买单。另外，任何制造商都有道德义务（也有法律义务）不得销售有已知缺陷的产品，难道对金融产品来说就是另一回事了？

2010年《多德-弗兰克华尔街改革和消费者保护法案》（Dodd-Frank Wall Street Reform and Consumer Protection Act）授权证券交易委员会与期货交易委员会给一些衍生品制定新的规则，其中大多数是互换。截至2013年5月，这些规则还没有被正式采用，但它们已经有了草案形式。通过寻求迫使更多交易进入场内交易所（其合约是标准化的，价格已知，而且清算有保证），许多源自衍生品的风险得到了控制。其他规定要求，华尔街公司应向买方提供有关衍生产品构成、存在风险以及任何利益冲突方面的"重要信息"，确信买方具有足够的能力评估金融工具以及完善到位的风险管控体系。但这些监管措施解决的只是方程的供给方，需求方这边的衍生品用户也必须采取措施，将衍生品用于合法的用途而不是仅仅用于投机。

二、高频交易

2010年5月6日下午2:42，纽约证券交易所的股票价格上演了一场快速杀跌。道琼斯工业平均指数当天已经下跌300点，接着又狂泻600点，下跌了9%，市值蒸发掉1万亿美元，仅在30分钟内就发生了反弹。就在此期间，个股价格疯狂变化，埃森哲（Accenture）从40美元跌到1美分，而苏富比（Sotheby）则从34美元涨到99 999.99美元。贴上"闪崩"标签后，这一惊骇事件还是未曾得到全面解释①，但一个经常被引证的罪魁祸首是高频交易（high-frequency trading, HFT），也被称为算法交易（algorithmic trading）。在高频交易中，大量编有复杂专用软件的计算机一转眼的工夫就执行了交易，常常只持有头寸很短的时间。靠速度而不是优越的分析，使得计算机能够以那些速度慢、技术低的人工交易对手为代价来赚钱。

212

尽管高频交易可能是一种不稳定因素，尤其是在已经很脆弱的市场上，但是关

① 官方解释为：*Findings Regarding the Market Events of May 6, 2010: Report of the Staffs of the CFTC and SEC to the Joint Advisory Committee of Emerging Regulatory Issues*, September 30, 2010。

于这个新近出现的有争议做法的主要批评,仍集中在它对其他投资者的公平性,及其最终的社会价值上。高频交易仅仅是另一种赚钱的方法(也许还要以牺牲他人的利益为代价),还是确实会对社会作出有价值的贡献?这种做法在交易中可能会默许新的操纵,并对从事该交易的公司赋予其他不公平的优势,但如果高频交易具有相当大的社会价值,那么可以取其精华,去其糟粕。不过,高频交易的社会价值不仅仅在于使市场更加有效。人们还必须要考虑市场分配资本和吸引投资者的能力。如果抱着只赚快钱的念头在毫秒内作出投资,那么最终会出现工厂闲置和工人失业的结果。如果大量资源(金融和人力资本)被投入于基本上是非生产性的活动,也会出现同样的结果。而且,如果投资者不愿参与市场,因为担心游戏受到操纵,有利于那些有昂贵装备和特权通道的一流玩家,将其他人排除在外,那么这种做法就没什么好处。如果高频交易主要以速度慢、技术低的交易对手的损失为代价,那么这必须感谢这些交易的输家——可能是普通大众投资的共同基金和养老基金。不过,高频交易现在已经出现了,给市场运行带来了重大后果,正如《经济学人》杂志所说的,“置之不理就像任由方程式 1 车手在郊区的街道上赛车”①。

(一) 高频交易如何运行

证券交易包括两个部分:识别交易机会和执行交易。交易执行传统上是在如纽约证券交易所之类的有形交易场所内进行的,涉及寻找交易伙伴并与之就价格达成一致。除了买家和卖家,交易还需要一个配对机制(matching mechanism)或配对工具(matching engine)来确定哪个买家和卖家的报价被撮合在一起构成交易。在过去,这个功能是由做市商来完成的,它保留一个登记买方和卖方提交特定证券报价的订单委托薄,随时准备着在没有卖家时卖出自己持有的证券,同样在没有买家时自己买入证券。这种确保按照市场价格很快买入或卖出的能力被称为流动性。做市商有机会利用对市场的了解(包括买家和卖家分别报出的买入价和卖出价)来获利,这是对做市商的补偿。不过,人们希望做市商尽量避免过度利用此种机会,而仅仅寻求合理的补偿。

今天,保留订单委托薄和为买卖双方配对几乎完全都由计算机完成了,纽约证

① Buttonwood,“Not So Fast: The Risks Posed by High-Frequency Trading,” *The Economist*, August 6, 2011, 62.

券交易所的计算机就坐落在新泽西州莫瓦市无明显特征的400 000平方尺的数据中心,该中心距离其华尔街标志性大厦30英里。那些自己有计算机接入交易所计算机的交易商可以监控订单流,并几乎即时提交订单,所用时间以一秒钟的若干分之几来计。其执行交易所花的时间称为延迟(latency),因此高频交易会减少延迟。时间是如此重要,以至于和交易所的配对工具同在一所大厦可以获得明显优势(从芝加哥到纽约的光纤电缆传输太慢了),因此交易所还可通过向那些交易商行出租临近它们自己计算机的场所来赚钱,该过程被称为联位服务(co-location)。节省几毫秒似乎还不够,交易所还允许一些交易商付费以比其他任何人早几毫秒获得其他市场参与者的订单,即允许闪电交易(flash trading)。

213

更快地获得市场信息允许拥有这种优势的人在别人之前执行交易并因此而利用这种转瞬即逝的交易机会。不过,这种能力用处不大,除非计算机程序或算法也能够在几毫秒之内就识别出有利可图的交易机会。反过来,该程序必须要建立在某些市场趋势的基础上,这种趋势是从那些不仅可利用而且新颖的数据中辨别出来的,也就是说这些数据还未被别人发现。因此,高频交易计算机程序要仔细地保护,也很短命——一旦别人发现了该秘密并开始运用,它就无效了。尽管由进入交易所计算机(包括联位服务和闪电交易)产生的双重市场带来了一些伦理问题,但反对高频交易的观点主要集中在快速通道的使用上。简单地说,高频交易如何识别出有利可图的交易机会来赚钱?

(二) 高频交易的用途

高频交易的一个用途是,在市场上大手笔地买卖时以避免出现损失的方式来执行交易。比如说,一个买入10 000股任何证券的单子,不仅会因超过现价下的卖单数量而使价格上涨,而且其他交易员会看出需求量,预期会有更高的价格,自己就会买入。这种损失被称为下滑(slippage)。执行算法试图通过将大订单拆成小订单并根据市场情况决定的灵活时间表将它们挂出去以减少下滑带来的损失。除了避免损失,高频交易还能通过担当传统的做市商来赚钱,它报出的买单和卖单价格如果被接受的话,中间会存在获取薄利的价差。不过与人工的做市商不同,做市算法可持续地更新价格并根据变化的信息以微小渐变(fine gradations)作为回应。而且,高频交易能够被用来从事标准形式的套利,其中之一是识别同一证券在

214

不同交易之间存在的细微价格差异。更复杂的套利算法能发现同一证券出现的暂时性异常价格波动，比如某个证券价格偏离了相对移动较慢的平均价格［称为成交量加权平均价格（volume weighted average price, VWAP）］。

这三种高频交易算法（执行、做市和套利）与传统的证券交易策略相差不大，只不过在速度和准确性上高度复杂的技术使之成为可能。但是，存在交易商用高频交易从事市场操纵的可能性，尽管这种操纵行为的范围还不可知。2010 年有一个例子，万亿经纪公司（Trillium Brokerage Services）在支付了 226 万美元后和解了金融业监管局（Financial Industry Regulatory Authority，FINRA）提起的指控，因为其使用高频交易操纵某些证券的市场价格。① 具体情况是，FINRA 指控万亿经纪公司用不成比例的数量下单并快速地撤单以造成一种虚假的浓厚兴趣，结果诱使其他人以不利的价格成交。尽管万亿经纪公司用的是高频交易，但这种操纵本质上是典型的"拉高出货"诡计，在过去可通过低技术手段实现。

四种新的高科技操纵手段为欺骗（spoofing）、烟幕弹（smoking）、填鸭（stuffing）和算法嗅探（algo-sniffing）。② 欺骗可用来形容万亿经纪公司的行为，为了诱使交易商下能够被利用的单子，犯罪者先挂出没有打算执行的单子。比如，某个想要买入的交易商会以不可能被接受的价格挂出大笔的限价卖出指令，而同时则以低价挂出限价买入指令。虽然这种多个订单可合法地用于确定准确的价格，它也可能助长非法的市场操纵行为，因为一些反应迟钝的交易者（slow traders）会因轻信而被诱使关注大笔卖单，怀疑价格会下跌，就会接受低的买入价格。烟幕弹寻求用诱人但接下来会修改的报价引出反应迟钝的交易者，结果其订单最终会被匹配给条件不太优惠的报价。填鸭就是简单地大量下单和撤单，结果反应迟钝的交易者会变得不知所措，结果出现反应迅速的交易者能够套利的暂时性价格不一致机会。最后，算法嗅探主要在于试图发现其他高频交易计算机程序使用的策略，设计出能够利用所发现的任何缺陷的程序。来自算法嗅探的任何利润都是因为某些算法比其他算法更聪明：只有最好的算法才会赢！

---

① "FINRA Sanctions Trillium Brokerage Services, LLC, Director of Trading, Chief Compliance Officer, and Nine Traders $2.26 Million for Illicit Equities Trading Strategy," FINRA News Release, September 13, 2010.

② Bruno Biais and Paul Woolley, "The Flip Side: High Frequency Trading," *Financial World*, February 2012, pp. 34—35; Donald MacKenzie, "How to Make Money in Microseconds," *London Review of Books*, 33(May 2011), 16—18.

所有这些操纵行为使高频交易者能够从反应慢、技术低的交易群体身上获利。215 但是,根据现行的证券行业对各种交易行为(算法嗅探可能除外)的有关监管规定,它们一般也是非法的,因此这些操纵的机会并非高频交易所特有的,也就不需要对接受它有任何顾虑了。于是,关键问题是高频交易对证券市场的影响。总的来说,高频交易在创造更高效率和配置更多资本用于财富创造方面有社会价值吗?或者说,在郊区的街道上举办方程式1赛车会带来无法接受的危险吗?

（三）高频交易的评估

支持允许高频交易的观点认为,因为能够带来更强的流动性(大量订单确保证券能够以精确的价格买卖),获得更精确的定价(交易的数量和频率方便了价格发现且任何价格差异都会因套利而消失),它使得市场更加有效,并降低了交易成本(做市功能缩减了买入和卖出的价差)。这些不是微不足道的好处,不过它们在传统市场上与反应慢、技术低的交易者早就一起存在了。不清楚的是,高频交易给市场增加了多少这种好处和市场需要多少这种增加的好处。如果高频交易确实给市场带来了一些风险,那么收益抵得上付出的成本吗?

首先,流动性断言是有问题的,因为流动性提供的保证主要在危机时起关键作用,比如说2010年5月6日的闪电崩盘,但那时即使高频交易也停止了。高频交易提供的流动性可能有点像降落伞,但只有在飞机坠毁时才启用。更为重要的是,高频交易者不像传统做市商那样在危机时提供流动性服务,当买家和卖家很少时它没有义务进行交易。他们可以简单地拔下其计算机的插头,就像出现麻烦状况时他们通常做的那样。因此,用计算机化的配对工具代替人工做市商,使流动性失去了一个重要来源,在这方面高频交易没有完全替代人工做市商。不过,即使传统的做市商在危机中也可能是不够用的。在闪电崩盘期间,有些股票以1美分交易而别的股票以比1万美元少1美分交易的事实揭示:负有报价义务的做市商可以使用允许的最低价或最高价作为安全的意向报价(stub quotes)来报价,以确保不能成交,仅仅是为了达到符合监管规定的目的。

其次,精确定价一般可部分地通过传统的套利来实现,并不需要非常快速的计算机,且在任何情况下都是建立在与市场价格有关的信息而不是订单流的基础上的。一个市场上或多个市场间的价格不一致将被传统的套利迅速纠正,高频交易节约的几秒(或者几毫秒)可能不会增加什么价值。由于市场的碎片化(这是由于为了促进竞争而放松市场管制产生的),跨越多个不同市场进行套利的能力更加重要,高频交易对于完成这一任务尤其有效。不过,精确定价最终依赖于对证券基本面的良好分析,只是基于市场交易信息的高频交易对这一重要任务基本没什么贡献。 *216*

再次,买卖价差的缩减可能会从交易中挤出一定成本(传统上它是做市商的收入来源),但是高频交易(尤其是与闪电交易结合)也会增加那些没有高科技装备和特许通道交易者的成本。快速进入订单流的一个好处是发现大笔交易并跳到它们的前面,这被称为超前交易(frontrunning)。有些人宣称,高频交易仅仅是个计算机化的超前交易。[①] 这种超前交易的结果就是市场上出现更多的下滑,驱使大的机构投资者使用执行算法,将大单拆成更小的单子在一段时间内交易。这种防御性措施产生不了增加值,其成本是社会的无谓损失。机构投资者也可选择在被称为暗池(dark pools)的交易平台上交易大宗股票。这有个缺点,那就是市场无法获取交易量和成交价的有关信息,结果导致透明度下降,市场效率也因此而降低。

最后,买入和卖出价差的缩减,可能会被高频交易发现买卖双方保留价格的能力所抵消。举个例子,如果卖家对一个股票的报价为 40 美元,但其实他愿意接受的价格为 39.5 美元(保留价格或下限),那么高频交易买家就可从 40 美元开始递减地为少量的股票发出快速询价,所有这些单子都会被卖家接受,直到保留价格 39.5 美元。在那一点位上,大笔买单会以 39.51 美元的价格挂单购买该股票并被接受。40 美元和 39.5 美元之间的差价代表了两个交易者达成交易的价格范围(每个人都会认为交易是赚钱的),但是执行价格将决定双方之间的利润分配。在 39.51美元,利润几乎都跑到高频交易买家那里去了,其利用了高频交易使之可行的能力。在这种情况下,卖家仅仅是被智取了还是买家不公平地利用了其优势地位?

(四) 高频交易的风险

对高频交易最大的担忧是其给公司和市场带来的风险。除了 2010 年 5 月 6 日的闪电崩盘,骑士资本集团(Knight Capital)在 2012 年 8 月 1 日不到 45 分钟的时

① Ellen Brown, "Computerized Front-Running," *Counterpunch*, April 24, 2010.

间内损失了4.4亿美元。① 在此事件的三个月前，即2012年5月，脸谱(Facebook)的IPO被推迟了，因为NASDAQ的计算机出了故障，导致很多计算机驱动的交易程序进行了许多错误的交易。② 据报道，UBS在这次乌龙中损失了3.5亿美元，骑士资本集团损失了3 540万美元。③

高频交易算法是工程产品，一旦开关打开，基本不允许人工干预，而且，由于其复杂性、速度快、交易量大并和其他计算机相互作用，其结果可能是不可预测的，有时可能会是灾难性的。另外，市场本身在最好的时候也是碎片化的和易变的，因此，增量的高频交易会带来附加的不确定因素和潜在的整个系统的崩溃。一项研究表明，2010年，高频交易在美国占了股票交易的56%，而在欧洲则占38%④，其他普遍引用的估计值在所有股票交易的一半和四分之三之间。证据表明，高频交易交易量上升所产生的远远超过通常由其他因素带来的波动性。⑤ 此外，其他研究显示，高频交易容易高度相关，即进行相同种类的交易，这样可能会进一步增加波动性并由此产生系统性风险。⑥

高频交易的风险是重要的但并非不可控。诸如桥梁和飞机等其他工程产品也会带来风险，尤其是在早期阶段，但这些风险得到了满意的处理。对于更好的工程手段⑦和成功的市场监管而言有很多方法可供使用。⑧ 美联储的一份报告注意到，

---

① Nathaniel Popper, "Knight Capital Says Trading Glitch Cost It $440 Million," *New York Times*, August 2, 2012; Jessica Silver-Greenberg, Nathaniel Popper, and Michael J. de la Merced, "Trading Program Ran Amok, with No 'Off' Switch," *New York Times*, August 3, 2012.

② Hayley Tsukayama, "Glitches Mar Facebook's Stock Debut," *Washington Post*, May 18, 2012.

③ Jenny Strasburg, Telis Demos, and Jacob Bunge, "Facebook Losses Slice UBS Profits," *Wall Street Journal*, July 31, 2012.

④ Biais and Woolley, "The Flip Side: High Frequency Trading," p. 34.

⑤ Ilia D. Dichev, Kelly Huang, and Dexin Zhou, "The Dark Side of Trading," Emory Law and Economics Research Paper No. 11—95, January 4, 2011.

⑥ Alain Chaboud, Eric Hjalmarsson, Clara Vega, and Benjamin Chiquoine, "Rise of the Machines: Algorithmic Trading in the Foreign Exchange Market," Federal Reserve Board International Finance Discussion Paper No. 980, February 20, 2013. 该项研究得出结论：高度相关"并不会导致市场质量的恶化"。

⑦ Michael Davis, Andrew Kumiega, and Ben Van Vliet, "Ethics, Finance, and Automation: A Preliminary Survey of Problems in High Frequency Trading," *Science and Engineering Ethics*, 19(2013), 851—874; Irene Aldridge, *High-Frequency Trading: A Practical Guide to Algorithmic Strategies and Trading System* (New York: John Wiley 8c Sons, Inc., 2010).

⑧ *Foresight: The Future of Computer Trading in Financial Markets* (2012), Final Project Report, The Government Office for Science, London.

过去，当证券在“有形的、以纸质为基础的环境”中交易时，交易过程的每一个步骤都会受到专人监控，他可察觉任何错误。该报告总结道：“高频的交易要求相似水准的监控，但它需要非常快地实现，理想状态下，在交易的生命周期的每一步骤都应该存在自动的风险控制，并由人工来监控该过程。”①

第五节 小结

普遍认同的“公平有序市场”目标不仅难以下定义，而且难以维持。市场行为如此多样化，以至于连公平和有序这两个定义都很难满足，但金融市场的不断创新使维持公平有序市场成为一场持续的斗争。由于在市场上能够赚取如此多的钱，参与者们不断突破伦理或法律的边界，从事那些伦理或法律还未评估和处理的新活动。由于反规制情绪和更新的支持规制改革运动时起时伏，两者不时被周期性危机打断，这个任务进一步复杂了。唯一能确定的是：确保公平有序市场的挑战将始终伴随着我们。

① Carol Clark, “How to Keep Markets Safe in the Era of High-Speed Trading,” Federal Reserve Bank of Chicago, Chicago Fed Letter No. 303, October 2012.

第六章　财务管理伦理

223

财务管理是公司里的一项职能,通常由首席财务官(CFO)及其下属人员实施,关注的是筹集和配置资本。在某种意义上,CFO制定投资决策并管理投资组合,但这些决策不是关于持有哪种证券的,而是关于寻求什么商业机会的,尤其是如何为这些商业机会融资。每个公司必定有财务结构,即资本如何在股本、债务和其他种类的负债之间分配。所有这些决策通常都应遵循股东财富最大化这一原则。在美国,《萨班斯-奥克斯利法案》要求CFO个人对公司提交的财务报表的真实准确性提供书面保证,而且该法案还要求公司必须为其高级财务管理人员制定伦理行为准则。

财务管理的伦理问题分为广义的两类:(1)公司财务管理人员的伦理职责(义务);(2)用一定的控制权分配(一般针对股东)与目标设计(一般是股东财富最大化)来组织公司的伦理依据。前者与财务管理人员履行公司财务职能时制定的决策有关,涉及财务管理人员对公司及其股东承担的信托职责。后者主要与政府在公司治理及管理公司财务行为其他方面(例如破产管理)所制定的法律有关。

224

CFO以及其他高管所承担的一个职能是公司风险控制。实际上,有些公司现在专门设立了首席风控官(chief risk officer, CRO)一职。一个公司如何控制风险可能会对许多不同群体(包括公众)造成巨大影响。CFO们通常参与破产决策的制定,尤其是出于战略目的,对《破产法》(Bankruptcy Code)可能的滥用。最后我们以公司治理和股东财富最大化目标的内容结束本章。

第一节　公司目标

财务管理的一个基本信条是:公司目标是实现股东财富最大化(shareholder

wealth maximization, SWM)。追求这个目标意味着,在以盈利为目的的企业内,制定所有主要决策时,都要与它的活动应为推定的所有者(即股东)增加回报这一唯一目的相一致。由于这种回报通常表现为利润形式,因此股东财富最大化也可表述为利润最大化,转而使利润流向股东。而且,股票市场对未来利润的估计反映在公司股票价格上,因此,股东财富最大化在实践中也可表现为不可避免的公司股票价格最高化。

股东财富最大化这个目标在财务管理教科书上很少论证,反而是以基本的公理出现的,就像几何上的公理那样。然而,对股东财富最大化进行论证可容易地从公司的股东控制权理论推导出,也称为股东至上(shareholder primacy)教条。这种观点建立在企业的财务理论以及依此建立的公司治理制度的基础上,这是本章另外一节讨论的内容。预测一下,如果股东理应具有控制权(股东至上),那么这种控制权包括,确定谁的利益在公司决策制定中是最重要的权利。假设股东在公司投资的目的是获得最大的投资回报来给自己带来好处,那么他们就有权使之成为公司的目标。股东至上以及随之而得出的股东财富最大化的论证不是没有争议的,但就本书的目的而言,可以接受其为财务管理的基本信条。

接受这样的目标带来了进一步的问题,即什么构成了股东财富最大化。股东财富最大化的目标并不像初看上去那样明确,而阐明它需要进行一些伦理思考。首先,即使股东财富最大化是公司的终极目标,它也引出了许多关于如何实现这个目标的问题。在高尔夫运动中,目标是用最少的杆数完成 18 个洞,但高尔夫选手对每一次挥杆都必须集中注意力。达到最终目标是我们判断高尔夫选手或管理人员是否成功的标志,但取得成功有赖于设定并达到更多的短期目标。事实上,只注意最终目标而忽视实现最终目标所必需的手段,可能会适得其反。于是,管理咨询书籍经常建议重视作为取得成功手段的客户和雇员,以最终更好地为股东服务。

225

而且,公司在其日常经营过程中会受到许多责任、合同和法律规定的约束,这些约束会限制其追求股东财富最大化。即使这些职责不构成公司目标,它们也必须要得到履行。有人认为,优先于赚取利润的目标是保持清偿能力,这样就能够使公司向其他广大群体履行职责。因此,支付雇员工资和供应商货款必定是个优先于为股东赚取利润的目标。这一点经常被忽略,因为利润是企业在扣除所支付全部固定费用后保留的净收入,只要获得利润就已经实现了保持清偿能力的目标。

另外,人们常常认为,管理层只有通过对所有公司群体履行广泛职责(即履行公司的社会责任)才能为股东们服务。

其次,公司目标不必与企业的目的一样。[①] 究竟公司为什么存在?我们通过公司形式做生意的目的是想要实现什么?有人会回答:赚钱!在这种情况下,公司的目标和目的是相同的。但是,人们从事商业的原因有许多,包括提供产品或服务,也有的是通过劳动来谋生。公司是我们设计来组织生产活动和满足基本需求的手段。事实上,如果公司不能为我们有效地提供经济福利的话,它们就可能不会出现,当然也就不会继续存在了。[②] 股东至上(因此股东财富最大化)赞成论的部分依据是认为股东控制最能确保每个人都将从公司活动中受益。由此得出的推论是,通过追求股东财富最大化,管理层最终是为了社会福利最大化而运营公司。该观点认为,如果管理层能有效地追求股东财富最大化,那么最终结果将是社会福利的提高。

总而言之,股东财富最大化目标可分为弱的和强的两种形式。[③] 在弱的形式下,该目标仅仅作为管理层运营公司的一个指南和激励设计与绩效衡量的手段。其范围限于管理层的决策制定、公司计划和绩效评估。强的股东财富最大化形式将该目标扩展到公司的目的,影响的不仅仅是管理层应该如何看待他们的任务,而且包括公司应该如何被社会各界理解。由于其含义更广,强的形式比弱的形式更有争议性,其合理性也就更难证明了。[④]

一、什么是股东财富?

在将股东财富最大化的两种形式中的任何一种作为公司目标之前,我们都有必要澄清一下概念。首先,即使决定什么是股票和谁是股东也是个麻烦事,因为存在普通股、优先股、可转换股、受限股、股票期权和其他可能与股票相似的金融工

---

① 关于两者的区别,参见 Charles Handy,"What's a Business For?" *Harvard Business Review*, 80(December 2002), 49—55。

② 比如参见 John Micklethwait and Adrian Woolridge, *The Company: A Short History of a Revolutionary Idea*(New York:Mordern Library,2003)。

③ 参见 Duane Windsor,"Shareholder Wealth Maximization", in John R. Boatright(ed.), *Finance Ethics: Critical Issues in Theory and Practice*(New York: John Wiley & Sons, Inc., 2010)。

④ 对批评参见 Lynn A. Stout, *The Shareholder Value Myth: How Putting Shareholders First Harms Investors, Corporations, and the Public*(San Francisco, CA: Berrett-Koehler Publishers, 2012)。

具。因而，股东不是一个单一、无差异的群体，因此谈及他们的利益可能不是完全明确的。

其次，即使普通股东也是多元的，具有不同的风险偏好和时间范围，于是那些使公司一部分股东财富增值的决策可能会使另一部分股东财富缩水。而且，假设股东的利益是与公司的利益一样的，因此也许可用股东的利益替代公司的利益。但是，相关性是不完全的，两者的利益可能会有偏离。因而，很好地实行了多元化的股东可能希望公司去冒一些威胁其生存的险，而管理层、雇员以及与公司具有更多相关利益的其他群体，一般更加愿意规避风险。没有一个群体的利益必须要与公司本身的利益相同，而确定一个公司的利益可能与确定股东的利益同样具有挑战性。

人们还发现，诸如养老基金和捐赠基金之类的机构型股东是“通用股东”(universal shareholders)，其利益受个别公司的影响比受整体经济状况的影响更小。[①] 相对个人股东而言，这种“通用股东”更加关注对经济具有广泛影响的社会和政治问题。举个例子，可能使个人股东受益的排污或裁员决策，会受到机构投资者的反对，公司这类行为的社会成本将对其资产组合总额产生不利影响。机构型股东可能还会持有债券，有时对股东有利的决策会使债券持有人受损，使得“通用股东”总体上的福利状况变差。

假设股东利益通常是多元的且可能与公司利益不一样，追求股东财富最大化到底意味着什么？财务理论提供的一个回答是：这不要紧。管理层应该忽视股东之间在风险偏好和时间范围方面存在的差异。弗兰科·莫迪利亚尼(Franco Modigliani)和默顿·米勒(Merton Miller)提出的不相关定理(irrelevance theorem)认为，那些诸如资本结构和红利分配等财务政策方面的决策不会影响企业估值，因为投资者可以通过调整他们自己的投资组合来实现任何想要的结果。[②] 因而，一个希望公司有不同负债权益比或不同的红利水平的投资者，可以通过其他投资活动来抵消上述公司财务政策带来的影响。因此，管理层应该关注那些影响股票价格的

---

① James Hawley and Andrew Williams, *The Rise of Fiduciary Capitalism: How Institutional Investors Are Making Corporate American More Democratic* (Philadelphia, PA: University of Pennsylvania Press, 2000).

② Franco Modigliani and Merton H. Miller, “The Cost of Capital, Corporation Finance, and the Theory of Investment”, *American Economic Review*, 48(1958), 261—297; and Merton H. Miller and Franco Modigliani, “Dividend Policy, Growth, and the Valuation of Shares”, *Journal of Business*, 34(1961), 411—433.

非财务决策。

但是,这个结论忽略了这样的事实:股东并不一定总是能够投资具有相同条件的公司,因而,他们在满足自己的风险和收益偏好时可能会付出更高的代价。而且,公司可能会在投资者有机会改变其投资组合前突然改变其财务政策。如果这些讨论相关的话,那么股东财富最大化的含义问题就存在于财务政策的选择之中。

衡量股东财富的方法有:会计利润(每股收益)、现金流和股票价格。会计利润是公司总收入扣除经营活动发生的所有成本后的净收入,由于它建立在收入和费用核算的基础上,而这在一般公认会计原则(generally accepted accounting principles, GAAP)的某一范围内是可以操纵的,因此会计利润不是个理想的衡量方法。报告的利润也可能通过违反 GAAP 的公然欺诈被虚增,就像安然和世通公司发生的那样,它们在其中表现得尤为显著。利润也可能没有考虑其承担的风险。如果高收益没有相应的高风险,那么对于一个建立在风险调整基础上的投资者而言,与低风险相对应的低收益可能代表更多的财富。

而且,利润没有考虑资本成本,因此,如果一个公司的资本成本得不到抵补,即使它能够获利也仍然会亏本。补救的方法是引入附加经济值(economic value added, EVA)的概念,它仅衡量超过资本成本的利润。自由现金流是用实际产生的现金减去资本成本得到的,它不仅是目前为止衡量投资回报较好的方法,也是未来收益不错的预测指标,因为自由现金流使之成为可能。另外,相较净收入或利润,这个衡量方法不易受到操纵。

最常见的股东财富衡量的方法是股价,即一个公司股票的价格。实践中,股东财富最大化通常仅仅意味着关注提高公司股票价格。然而,股票价格受到许多非基本因素的影响,包括投资者心理、经济趋势和市场非理性,所有这些都不是管理层所能控制的。另外,股票价格可能会受到那些不关心公司长期前景的投资者短期投资策略的影响。因此,昂贵的研发(research and development, R&D)投资可能不会被投资者在当前市场上予以估值。在这种情况下,如何确定股东的利益是什么?应该以谁的股东利益判断为准?当前股票价格真的准确吗?应该以股票的当前价格还是未来价格来衡量?基于所有这些理由,实现股票价格最大化可能不是追求股东财富最大化的合适指南。

228

为了回答这些问题,亨利 · 胡(Henry Hu)提出了“幸福股东”(blissful-shareholder)模型。[1] 在该模型中,那些股票交易活跃且股东很好地实现了多元化投资的大型公众公司的管理层,应该寻求实现"在强式有效的股票市场上公司股票应有价格"的最大化。[2] 于是,根据受托人职责,管理层应该进行任何他们判断认为有价值的项目,即使这样做会导致公司股票价格下跌,因为市场会错误定价。该模型中存在的危险是:将管理层的判断提高到股东和投资界之上,这给管理层自私自利的侵占创造了机会。在这种情况下,董事会在评估管理层判断力和为股东发声方面必须发挥重要作用。

布拉德福德·康奈尔(Bradford Cornell)和艾伦·C. 夏皮罗(Alan C. Shapiro)提出,公司的目标应由"扩展资产负债表"(extended balance sheet)来衡量,它除了包含通常的资产和负债,还应包含公司对各种群体隐性权利(implicit claims)的价值和公司行使这些隐性权利的成本。[3] 这些分别构成了"组织资本"(organizational capital)和"组织债务"(organizational liabilities),而这两者之间的差额就是"净组织资本"(net organizational capital),它代表的是一种传统财务账务处理方式不记录的财富。这种建议反映了这样一种观点:公司价值不仅仅在于其财务状况,而且在于其组织能力(有些财务重组后的公司经营失利证明了这一观点)。

"幸福股东"模型和"扩展资产负债表"模型都触及了这样一个事实:股东财富最大化并不是管理层明确的目标。在决定目标偏向哪些股东和解决股东与公司之间的目标差异时,管理层对各方利益诉求的价值都要进行一些价值判断。短期利润会对那些很好地实现了分散化投资的股东有利,因为他们有强烈的风险偏好,并且时间范围短。相比之下,那些追求公司长期前景的决策看重的是风险规避型股东以及在公司存续中具有利害关系的各方利益。

例如,亨利·胡认为其他群体的法规也应体现"幸福股东"的观点,因为这样可以允许高管们在回应收购要约时选择长期的价值,而不选择短期的股东利润。在一些案例中,法院将公司长期的价值理解为应包括其对雇员、消费者以及整个社

---

① Henry T. C. Hu,"Risk, Time, and Fiduciary Principles in Corporate Investment", *UCLA Law Review*, 38 (1990—1992), 277—389.

② Hu,"Risk, Time, and Fiduciary Principles in Corporate Investment", p. 282.

③ Bradford Cornell and Alan C. Shapiro,"Corporate Shareholders and Corporation Finance", *Financial Management*, 16(1987), 5—14.

会的价值。① 而且,股东财富最大化可以有不同的解释,在这些不同解释之间取舍

229

时需要用到价值判断。如果公司的价值体现在作为持续存在的经营实体(即在未来能够为社会无限期地创造财富)的价值上,那么管理层就不能考虑单个股东的利益或当前股票价格,而必须要考虑组成公司的所有群体的利益。

二、企业会寻求最大化吗?

大多数企业并不都寻求股东财富最大化,这不是什么秘密。如果所有公司都寻求最大化,就不会有富丽堂皇的总部大楼或成群结队的公司专机。价格将可能是最高的,成本则为最低的,以至于,如果需要改善盈利能力,这两者都不能动。而且,为了使投资的每一分钱获得最大收益,各种合法的策略都被使用,不管多么没良心。有人将股东财富最大化的这种失败视作令人遗憾的制度缺陷:在这种制度下,管理层可以享受额外津贴,与雇员和客户串通起来损害投资者的利益,并通过所谓的善行来拯救他们的良心,博取公众的好感。另外一些人认为,股东财富最大化只是个理论的概念,不能也不应该在实践中实现。

在1960年发表在《哈佛商业评论》上的一篇论文中,罗伯特·N. 安东尼(Robert N. Anthony)声称,大多数公众持有的大公司并不试图寻求利润最大化,而只寻求令人满意的利润水平,这当然是件好事!② 首先,利润最大化是个不切实际的目标,如果一心追求这个目标,将会产生适得其反的后果。例如,定价并不是通过比较各种数量上的需求和成本来实现的——这是一项艰巨的任务,很少在经济学课堂外进行尝试,而现实中的定价是通过在传统成本核算体系基础上形成的"正常"价格来实现的。

与此相类似,资本预算通常并不是通过比较每一个投资机会,然后选出其中与资本的边际成本相比具有最大收益的那个。一般来说,如果某个项目的收益率超过预期的最低收益率,那么该项目就会被视作有希望的而被选中。尽管公司的决策通常是通过那些仍围绕利润的不精确手段作出的,但伦理也在这些决策过程中

① 该观点明确地见于 *Unocal Corporation v. Mesa Petroleum Co.*, 493A. 2d946, 955(1985), and in *Paramount Communications v. Time, Inc.*, 571A. 2d1140, 1152(1990)。

② Robert N. Anthony,"The Trouble with Profit Maximization", *Harvard Business Review*, 38(1960), 126—134.

发挥着作用。例如,一些商业人士就懂得,定价只是营销的一个方面,如果顾客对公司高度信任,公司也可以将产品价格定高一些。出于社会责任方面的考虑,公司寻求一些商业机会,而拒绝另一些商业机会。

如果公司精心寻求的仅仅是令人满意的回报,那么伦理的主要意义在于:剩余部分仍然有待分配。对于分配是以某种股东财富最大化之外的标准来进行的而言,管理层是像许多人宣称并确实这样做的那样将这些剩余部分转移给自己,还是将它们分给雇员、客户、供应商或其他群体,这无关紧要。这些分配通常被认为是合理的,因为它们最终会使股东受益,但这种说法至多是部分正确的。(遗憾的是,当事实上公司管理层认为体面地对待雇员是件富有同情心的事情时,他们还被迫要为体面地对待雇员能间接地使股东受益辩护,比如说,给那些被解雇的人发放丰厚的遣散费)。这些分配标准是多种多样的,其中包含一些被认为是负责任公司行为一部分的伦理标准。①

230

三、股东财富最大化和社会责任

对将股东财富最大化作为公司目标的主要关注在于:它可能会对公司社会责任(corporate social responsibility, CSR)的履行产生影响。尽管对企业服务于社会目标的责任还存在很大争议,但公司一般会将某些资源用于慈善事业和响应其他有意义的社会倡议。② 然而,股东财富最大化的目标似乎与追求企业社会责任是不相容的。企业社会责任还涉及生产中社会成本的处理,也被称为外部性。诸如污染之类的社会成本或外部性是生产中不是内部化(计入产品价格)而是外部化(转嫁给社会)的生产成本。假设公司以股东财富最大化为目标,就企业社会责任(包括社会成本或外部性)而言,公司应该做些什么呢?

---

① 美国法律研究院(The American Law Institute)起草的《公司治理原则》(*Principles of Corparate Governance*)认为应该将这些标准纳入公司目标之内。第2.01节指出,除了“提高公司利润和股东收益”,公司“还可以考虑一些被人们合理地认为对负责任公司行为来说较为恰当的伦理问题”。

② 参见David Vogel, *The Market for Virtue*: *The Potential and Limits of Corporate Social Responsibility*(Washington, DC: Brooking, 2005); Craig C. Smith,“Corporate Social Responsibility: Where or How?”*California Management Review*, 45(2003), 52—76; David Hess, Nikolai Rogovsky, and Thomas W. Dunfee,“The Next Wave of Corporate Community Involvement: Corporate Social Initiatives,”*California Management Review*, 44(2002), 110—125。

(一) 弗里德曼的观点

经济学家米尔顿·弗里德曼(Milton Friedman)持强式SWM目标的观点,反对企业社会责任的观点,他写道:

> 这种观点显示了对自由经济的特点与本质的根本性误解。在这种自由经济中,企业有且仅有一种社会责任:利用其资源从事旨在增加利润的活动,只要它遵守游戏规则就行了,也就是说,进行公开和自由的竞争,不要欺骗或欺诈。①

弗里德曼的观点主要基于这样的前提:当管理层以公司代理人而不是以公民身份在其能力范围之内作决策时,他们有义务只从公司利益考虑;否则的话,他们就是在扮演那些具有征税权的公职官员的角色,如果是这样的话,他们应该通过政治程序选举出来,而不应该由私有的企业股东们挑选。

231

他继续写道:

> 说公司高管作为一个商人在其能力范围内有"社会责任",这是什么意思呢?如果这种说法是纯修辞的,那它一定意味着:高管会以某种不利于其雇主的方式行为处事。例如,他会为了有助于防治通货膨胀这个社会目标而不愿意提高产品的价格,尽管涨价最符合公司的利益;又如,他会为了有助于改善环境这个社会目标而花费超出最符合公司利益或法律规定数量的开支来减少污染排放。……在这些情形的每一个例子中,公司高管都要花别人的钱造福广泛的社会利益。只要他那些合乎其"社会责任"的行为减少了股东的收益,他就是在花股东的钱;只要他的这类行为提高了客户所购产品的价格,他就是在花客户的钱;只要他的这类行为降低了一些雇员的工资,他就是在花雇员的钱。②

在提出他的论证时,弗里德曼承认存在"游戏规则",而且这些规则可能使公司承担的义务超过了他的想象。自由市场的运行需要一套非常广泛但常常被我们

① Milton Friedman, *Capitalism and Freedom*(Chicago, IL: University of Chicago Press, 1962), p. 133.

② Milton Friedman,"The Social Responsibility of Business Is to Increase Its Profits," *New York Times Magazine*, September 13, 1970, p. 33.

忽视的规则。这些规则包括:共同认识、制度背景、法律体系和政府规制。另外,就像政府和社会上的其他机构一样,公司通过满足人们的合理预期来赢得生存所必需的合法性。这一点被称为"责任铁律"(Iron Law of Responsibility):"从长远来看,那些不以社会认可的负责任方式行使自己权力的人注定会失去权力。"①弗里德曼承认,为了维护公司的终极利益,需要对社会责任问题予以考虑,但他似乎对这种从长期角度所必须考虑的问题没有予以充分重视。

弗里德曼指责说,诸如超出公司最佳利益范围花钱防治污染之类的社会责任行为,会剥夺股东、雇员和其他群体的财钱。诚然,以这种对社会负责任的方式行事会涉及公司不同群体之间的利益权衡,因此,管理层必须要小心谨慎,不能僭越自己的权限而承担民选官员的职责。然而,处理好权衡关系应该是管理层决策的任务之一。因而,在防治污染上花钱可能并不会被视为未经授权而乱花别人的钱,而是会被视作在与环境保护主义者做交易,因为环境保护主义者有能力影响公司:作为消费者,他们能够联合抵制公司的产品;作为公民,他们能够游说政府实行规制;作为雇员和股东,他们甚至会因支持环境保护并为实现这一目标而愿意接受较低的工资或红利。

232

只要花钱防治污染最符合公司的利益,弗里德曼就不会反对这种花费。然而,公司的最佳利益并不仅仅是当前股东的偏好,因为管理层要与所有群体打交道,公司的存续有赖于各方的合作。公司组织生产涉及许多投入品的供应商,管理层的一个主要任务是从这些不同群体那里获得承诺。② 短期内股东可能会抱怨管理层在花他们的钱用于防治污染,于是他们可能会通过打压股票价格来作出回应。然而,我们已经讲过,股票价格并不一定是股东价值的可靠指标。按照公司最佳利益行事可能会要求人们具有长远眼光,就像"幸福股东"模型所建议的那样,而且,具有这种长远眼光会使公司的行为比弗里德曼所建议的更富有社会责任。

（二）社会成本问题

社会成本或外部性给股东财富最大化带来了一个特殊的挑战,因为追求这一

---

① Keith Davis and Robert L. Blomstrom, *Business and Society*: *Environment and Responsibility*, 3rd edition (New York: McGraw-Hill, 1975), p. 50.

② 参见 James Post, Lee Preston, and Sybille Sachs, Redefining the Corporation: *Stakeholder Management and Organization Wealth*(Palo Alto, CA: Stanford Business Books, 2002)。

目标似乎建议,甚至要求管理层利用每一个机会来外部化成本。每个转嫁到社会身上的成本就是股东不需要承担的成本。在某些情况下,将成本内部化是作为一个对社会负责任的公司所必须要解决的问题,因此社会成本或外部化问题在某种程度上可被当作企业社会责任问题来处理。也就是说,股东财富最大化在某种程度上是与企业社会责任相容的,它可能不需要将所有成本外部化。确保这种相容性的一种方法是政府规定要求内部化,如通过法律限制污染排放。通过这种方法,内部化成本成为弗里德曼引用来作为约束实行股东财富最大化的“游戏规则”的一部分。

另一种对社会成本或外部性所带来挑战的回应是,认为追求股东财富最大化目标间接地解决了这个问题。该观点论证道,经营管理公司的目的是股东财富最大化,最终会给社会带来更多财富,使之能够抵补经营活动产生的社会成本。特别是,为追求股东财富最大化进行的经营管理会带来生产效率的提高,这反过来具有社会效益。弗兰克·伊斯特布鲁克(Frank Easterbrook)和丹尼尔·菲谢尔(Daniel Fischel)关于这个观点的论证如下:

> 一个成功的企业为工人提供岗位,为消费者提供商品和服务。商品对消费者越有吸引力,利润(和岗位)越多。股东、工人与社区的繁荣和为消费者提供更好的产品是携手共进的。其他目标也与利润相伴随。效益好的企业提供更好的工作环境并清理其排污口;高利润产生的社会财富增强了其对清洁的需求。……富裕的社会会比贫穷的社会追求更清洁和更健康的环境。这一方面是因为富有的公民希望空气和水更清洁,另一方面是因为他们能够支付得起这些。[1]

233

因此,富裕的社会更能支付得起治理污染的成本,因为它既有需求也有财力来净化环境。

然而,这种回应没有解决谁付款的问题。通过追求股东财富最大化目标创造的财富似乎是一样的,无论公司是将成本内部化还是外部化(一个相关的要素是哪一方能以最低成本清除污染?)因此,问题仍然存在:公司应该通过内部化它们来承

① Frank H. Easterbrook and Daniel Fischel, *The Economic Structure of Corporation Law* (Cambridge, MA: Harvard University Press, 1991), p. 38.

担这些生产成本吗？或者公司可以通过将其转嫁给社会来外部化这些成本吗？伊斯特布鲁克和菲谢尔提出了一个与股东财富最大化相容的市场化解决方法。他们写道：

> 任务是建立产权制度，以便企业将社会成本当作私人成本看待，而且当管理层在这些新增成本约束下试图实现利润最大化时，公司的反应会与各方（下游用户以及客户）在没有成本约束下就各种可能进行讨价还价时所达成的结果一样。①

该观点的关键之处在于：产权明确划分后将迫使企业将外部化成本内部化。举个例子，如果污染的第三方受害者能够要求就因河流污染对其财产造成的损失进行赔偿，那么企业将被迫将这笔赔偿计入其成本核算，于是污染成本被内部化了。这笔费用可由企业要么通过净化排入河流的污水来支付，要么通过赔偿来支付，取决于哪种方式更便宜。

该观点例证了科斯定理（Coase Therem），该定理认为，只要存在清晰且可执行的产权，并且不存在交易成本，也就是说，受影响的各方能够无成本地达成合同，外部性就不会导致资源错配。② 但是，该观点有个缺陷，那就是：在许多存在外部性的情形下，产权制度和零交易成本并不存在。③ 尽管可以采取措施来完善这两个要素，但它们可能仍然是伊斯特布鲁克和菲谢尔所提出的解决方法不可逾越的障碍。

接下来得出的结论是：股东财富最大化可能仍然是处理社会成本或外部性问题的障碍。要想使企业在处理这个问题时对社会负责任，那么必须对股东财富最大化目标进行某些放松以包容一些社会责任行为，或者必须实施更广泛的政府规制。

234

① Easterbrook and Fischel, *The Economic Structure of Corporation Law*, p. 39.

② Ronald H. Coase, "The Problem of Social Costs," *Journal of Law and Economics*, 3 (1960), 1—44.

③ 实际上，作为科斯定理的创立者，罗纳德·科斯后来宣称，他的主要思想被曲解了，因为产权完全明晰和零交易成本是很少存在的，参见 Ronald H. Coase, *The Firm, the Market, and the Law*(Chicago, IL: University of Chicago Press, 1988), p. 15。

第二节 风险管理

风险管理是金融的一个重要部分。对个人投资者和投资基金经理而言,风险是个大问题,而且,任何涉足金融市场或金融服务的公司实际上都在以某种方式处置风险。风险管理也是任何企业(无论是在金融领域还是在其他领域)财务经理的职责,因为经营活动中的所有财务决策都牵涉到对风险的某种关注。然而,风险有许多来源,可用不同方法来处理,因此,风险管理必然是在任何组织的所有人的任务。广义上看,风险的范畴涵盖所有可能发生的坏事情,控制好其潜在的不良后果显然是从事经营活动的很大一部分工作。

风险管理具有悠久的历史。彼得·L. 伯恩斯坦(Peter L. Bernstein)在他的《以上帝为对手:风险传奇》(*Against the Gods: The Remarkable Story of Risk*)一书中,探明了在掌握风险过程中人类存在的现代及其之前数世纪的分界线,它在文艺复兴期间随着概率论的发现而出现。[①] 这个发现表明,生活中碰到的不幸可通过人类积极的管理来控制,而不应该视作上帝的摆布而被动地承受。在接下来的数个世纪中,保险业和银行业的主要功能就是为社会利益管理风险,它们雇用保险精算师和统计人员计算不幸事件发生的概率。长久以来,政府也在为其公民管理风险方面发挥着作用。[②]

20 世纪 70 年代,随着金融机构在发放商业贷款、交易自营账户证券、创设新的金融工具中承担越来越多的风险,现代风险管理出现了。这段时间内发展出的理论,比如现代资产组合理论(modern portfolio theory)、资本资产定价模型和期权定价理论(option pricing theory),极大地促进了各种各样衍生品的推广使用。这种利润丰厚的活动需要高度精确地测算下跌风险和上涨收益。金融理论强调这样的理念:风险意味着机遇和危险同在,经营活动的目标不应是仅仅规避或减少风险,而应该是在能够承受的风险水平上寻求最优回报。

---

① Peter L. Bernstein, *Against the Gods: The Remarkable Story of Risk*(New York: John Wiley & Sons, Inc., 1996).

② 关于政府在风险管理中扮演的角色,参见 David A. Moss, *When All Else Fails: Government as the Ultimate Risk Manager*(Cambridge, MA: Harvard University Press, 2002)。Bernstein 指出"统计"一词形成于政府事务管理中对定量事实的使用,参见 Bernstein, *Against the Gods*, p. 77。

一、什么是风险管理?

风险是金融的核心。首先,风险和收益是密不可分的,因为没有风险通常就不会有投资收益。任何收益都是对所承担风险的补偿,而且,一般来说,要想寻求更高的收益就得承担更大的风险。投资者必须要努力确保,预期的收益是与风险相称的且该风险程度是可接受的。其次,风险并不一定是个容易识别的量,而且许多金融活动就是致力于确定所承担风险(以及收益)的数量。举个例子,在发放贷款时,银行必须要计算违约风险以便确定合适的利率。与此相类似,证券的价格或保单的保费有赖于对风险复杂的计算。必须要找到计算风险的方法,于是高度复杂的数学方法和模型近年来被用于此目的。

投资风险主要限于个别金融工具以及包含这一金融工具的整个资产组合。但是,企业必须要关注更广泛的风险范围,无论该企业是在金融领域还是在某些其他领域。风险的主要类型通常被划分为信用风险(credit risk)和市场风险(market risk)。因此,债权人面临的是这些债务可能不会被偿付的信用风险;而对某公司产品的市场需求日益下降则为市场风险的例子。举例来说,债券的持有人需要关心的是:首先,发行人违约的概率(信用风险);其次,利率的潜在变化(市场风险)。两种风险都可能对债券价值产生重要的影响。最近,风险管理领域开始包含操作风险(operational risk),此类风险源于那些影响公司运营的事件,诸如暴风雨阻碍了供应商的交付。① 涉及损害公司品牌或特许权的声誉风险也开始被广为接受。②

在过去的几十年里,风险管理已经拓展到金融业外的几乎所有行业,开始形成所谓的企业风险管理(enterprise risk management, ERM)。这个广泛且重要的功能被一个作者描述为涉及"鉴别和评估影响企业价值的共同风险并从企业层面实施控制这些风险的策略"③。对于金融企业和非金融企业来说,企业风险管理的目标

---

① 由于巴塞尔协议Ⅱ中的银行监管要求将操作风险纳入其风险管理体系,因此操作风险已得到极大的关注。巴塞尔协议Ⅱ将操作风险定义为"由于不恰当或失败的内部流程、人员、系统或外部事件所导致的损失的风险"。

② 参见 Ingo Walter, "Reputational Risk," in John R. Boatright(ed.), *Finance Ethics: Critical Issues in Theory and Practice*(New York: John Wiley & Sons, Inc., 2010)。其他种类的风险包括流动性风险(即资产不能变现的风险)和主权风险(即主权国家可能对其政府债务违约的风险)。

③ Lisa K. Meulbroek, "A Senior Manager's Guide to Integrated Risk Management," *Journal of Applied Corporate Finance*, 14(2002), 56—70, 56.

都是通过形成企业的风险偏好来使企业的价值最大化。这包括:识别企业面临的所有风险(包含它们的可能性和潜在成本),设定一个可接受的风险水平,制定一个将风险控制在偏好上下限之内的计划并严格地监督该计划的实施。

236 企业风险管理的一个特征是其性质的综合性:几乎所有可能影响公司绩效的不利情况都被贴上风险的标签而成为风险管理的对象。企业风险管理的第二个特征是,认为风险不会单独发生而是以复杂的动态过程相互作用。因此,管理所有风险不可能以单独或零碎的方式来进行,而必须要以整体的方式通盘考虑。企业风险管理的第三个特点是,它绝不仅仅是低层风险管理人员的专门职能,而是C级高管和公司董事的任务。事实上,许多公司已经设立了首席风控官(CRO)来协助CEO、CFO和董事会将风险管理置于公司决策制定的中心。因此,企业风险管理与传统的风险管理的不同之处在于:它是站在决策制定的最高层次以综合和整体的方式来看待风险。

对风险的反应主要有五种:公司可通过不进入特定业务范围彻底地回避风险;它也可以通过采取适当的措施寻求降低风险;风险也可被对冲掉,即不良事件导致的损失被某些收益抵消掉;风险也可被转移掉,即风险由另外一方承担,通常带有补偿,就像保险单的情形那样;或者风险由自己承受。其中,最后一种反应可能要么因为风险无法回避、降低、对冲或转移,要么因为它存在着商业机遇而公司能够利用其核心竞争力与投资办法获得盈利。事实上,任何公司的竞争优势都在于其把握机会的能力,这种机会是由正确、谨慎地选择风险创造出来的。

实施企业风险管理的主要工具是对冲或转移风险的金融工具、回避或降低风险的经营变化以及为防止由风险出现损失造成破产清算而准备的资本。比如,利率或汇率变动可通过互换或期权来对冲;保单将风险从公司转移到保险人;火灾造成的损失风险不仅能通过购买保险来转移,而且还能通过预防性投资来降低;为抵补风险而留出的准备金则能使企业在出现风险时避免资金链断裂。公司的权益资本和银行的资本准备的功能之一就是使企业能够吸纳损失并持续经营。由于通常存在多种工具可用于管理任何特定风险,因此最终选择哪个取决于成本比较。

风险管理在最近的金融危机中,首先通过便利抵押债务凭证(CDOs)的创设发挥作用。CDOs是将大量贷款打包并根据风险和收益将其分割成不同等级的证券。237 更多的数学模型应用于创设其他奇异的金融工具,例如合成CDOs和信用违约互换。当银行评估它们的资产组合风险时就用到了风险管理的第二个用途。这些资产组合包括大量的 CDOs 和类似的证券。虽然银行通过杠杆(在某些情况下超过30∶1)放大其资本从而承担着巨大风险,但它们能够非常有信心地这样做,因为它们已经利用最新发展的基于模型的技术非常精确地估量了其风险。特别是,在险价值(value at risk, VaR)模型成为被广泛运用的工具,用于衡量银行资产组合所带来的风险。VaR 给用户带来高度自信,觉得他们的公司风险得到了审慎管理,而正如后来所证明的,这种感觉是错误的。

二、风险管理中的伦理问题

管理风险似乎只能是审慎。如果人们除如伯恩斯坦在《以上帝为对手:风险传奇》一书中所述的求助迷信和盲目地接受命运外别无选择,这当然是正确的。建立在概率数学处理基础上的成熟风险管理技术的发展为人类带来了明显的恩惠。但是,关于一般性的企业风险管理仍有重要问题没有解决。伯恩斯坦警告说,风险管理可能会变成"新型宗教,其教义和旧的宗教一样固执、狭隘和专制"①。他说,过度依赖数字可能会导致犯的错误和古代牧师将希望寄托于预兆和祭品一样严重。风险管理可能也会产生导致灾难的过度自信。正如尼尔·弗格森(Niall Ferguson)所讥讽的,"上帝欲要摧毁谁,必先让他先学数学"②。

风险必须要得到管理是毫无疑问的,但它涉及的问题非常广泛:哪一种风险需要管理、谁来管理、用什么方法管理以及为了谁的利益管理。现代风险管理是近年来发展起来的,是指:特定的人出于特定目的用特定方式处理特定种类的风险。正如丽莎·摩尔布鲁克(Lisa Meulbroek)所写:

> 风险管理不仅仅要决定企业究竟应该承担多少风险,还要决定公司客户或供应商准备承担多大的风险。作为更一般的情形:对于公司来说,供应商、客户、社区成员、公司股东和雇员都是风险承担者。管理层必须要确定对各方来说最优的风险水平,不仅要考虑每一种个体风险对公司总风险的影响,还要

---

① Peter L. Bernstein, "The New Religion of Risk Management," *Harvard Business Review*, 74(1996), 47—51, 47.

② Niall Ferguson, "Wall Street Lays Another Egg," *Vanity Fair*(December 2008).

评估管理和分配这些风险的最佳方法。①

公司风险管理实践会对除公司之外的各方产生什么样的特别影响?首先最明显的一点是,公司一般只识别那些会对公司自身造成潜在损失的风险,而忽略了别人遭受的任何损失。当公司能够不懈地追求成本外部化和充分地利用道德风险时,风险的分类就是无限弹性的。系统风险也包括在内,它不仅超出了任何公司管理能力,而且也是影响经济体中所有群体的风险。于是,在识别所要管理的风险时就涉及伦理问题。

238

在最近的金融危机中,一旦风险转移给了别人,银行就基本不关心贷款风险了,包括次贷按揭以及从中证券化出来的 CDOs 在内。银行管理的风险主要局限于其自身的资产组合;至于这些"有毒资产"可能会造成的损失就是别人的事了。类似地,隐性的政府为"大而不倒"(too big to fail)金融机构提供担保带来的道德风险以及它们的经营活动带来的系统风险都是可以利用的机会,如果不考虑给其他人带来的后果的话。

其次,公司选择用来管理风险的工具(means)会对其他群体造成影响。任何被选中的工具都会对不同群体产生不同的影响,而作出的选择会对这些影响进行不同的分配。比如说,一个企业可能会通过否认本应属于别人享有的利益而避免某种风险,就像洪水破坏的不确定性使得保险公司停止发行这种保单那样,结果迫使房主自己承担该风险,否则就得依赖政府。通过改善安全设施来降低工伤风险的公司如此做会造福工人,但如果公司选择的是通过购买保险单来转移风险,那么工人的福利就会改变。该公司已经将与意外事故有关的事前的岗位安全防范变成了事后的补偿,这可能是工人所不喜欢的。

然而,上述交易可能是在没有充分了解的情况下发生的,结果风险是在毫不知情且没有取得首肯的情况下被承担的。因此,在金融危机中,次贷按揭的风险大部分被转移给了毫不知情的借款人,他们在某些情况下失去了一生的积蓄,而且这些风险也降临到了那些没有意识到他们的共同基金和养老基金持有了这些次贷按揭支持证券的存款人身上。虽然银行认为它们已经通过信用违约互换将其资产组合中证券的风险转移出去了,但当这些互换的发行人无力支付时,这些风险又降到了

① Meulbroek, "A Senior Manager's Guide to Integrated Risk Management," p. 65.

它们(以及纳税人)身上。

近年来,风险转移是风险管理的主要发展趋势,通常发生在没有太多意识或考虑的情况下。在《伟大的风险转移》(*The Great Risk Shift*)一书中,雅各布·哈克(Jacob Hacker)证明了公司和政府在怎样推卸它们的许多传统责任,结果随着经济证券化的衰退,普通老百姓在就业、医疗、教育和退休金这些领域的负担加重了。[①] 许多这种传统责任的推卸是出于追求利润,就像银行通过将贷款证券化并收取服务费来停止承担贷款风险一样,许多公司已经改变了其年金计划以便将退休金资产组合的风险转移给雇员。这种大规模的风险转移,无论是好是坏,肯定是个伦理问题。

239

风险管理第三个涉及伦理问题的领域是可接受风险水平(acceptable level of risk)的选择。在管理风险时,公司会确定自己的风险偏好或者容忍度,并据此行事。因为股东一般比其他群体更偏好风险,所以风险管理制度(一般是要降低风险)会尽力减少股东和其他群体之间就风险偏好产生的冲突。但是,不仅围绕风险水平存在冲突,围绕风险种类也可能存在冲突。个体可以对任何特定的公司风险水平作出反应并寻求满足他们自己的风险偏好。比如说,工人可以通过换工作或者工会谈判来获得更安全的工作环境。但是,采取这些措施的机会是有限的,因此工人可能还是要承担一些他们本想避免的风险。

除了识别需要管理的风险、管理它们的工具以及可接受的风险水平,还存在第四个伦理问题。风险管理可能会产生导致企业承担更多风险的错误自信感(false sense of confidence)。这种错误自信感也可能传染给公众,使得普通老百姓也接受过高的风险水平。表面上精致的风险管理制度的存在可能会造成一种错觉:所有的风险都被认识到了并得到了控制,以至于即使更高的风险水平也被认为是可接受的。正如纳西姆·塔勒布(Nassim Taleb)所观察到的,较大的风险不是来自已知风险的系数更大,而是来自低概率、高冲击力事件的不可知风险,而不可知风险本质上是不可预测的,因而是不可管理的。[②] 由于风险管理制度会使管理层和公众无法认清他们实际面临的风险从而产生错误自信感,因此其本身也会成为风险

① Jacob S. Hacker, *The Great Risk Shift: The Assault on American Jobs, Families, Health Care, and Retirement and How You Can Fight Back*(New York: Oxford University Press, 2006).

② Nassim Taleb, *The Black Swan: The Impact of the Highly Improbable*(New York: Random House, 2007)。

的来源。

这种错误自信感可能从风险管理工具延伸到整个公司制度的合法性。公众要求风险必须得到管理,因此社会上的关键机构必须至少给人一种印象,这个任务已经被很好地完成了,无论实际上是不是这样。低概率、高冲击力事件带来的风险即使不是无法管理,也是难以管理的,但是经营活动的合法性可能要取决于称职的控制是如何界定的。风险管理通过激发公众对公司的信心来满足这种需求,打消对其活动的顾虑和怀疑,当事情出错时化解或引开指责。一旦获得了这种合法性,那么人人受益,但仍然存在某种危险,那就是风险管理层通过施放"管理烟幕"来维持"控制和可管理性的神话"①,旨在欺骗公众。

240

三、风险管理的不足之处

即使风险管理在金融危机中发挥了作用,关于风险管理估算和模型的使用还是带来了一些伦理问题。不过,风险管理在危机中的显著作用并不必然意味着它在某种方式上错了。有些风险是值得承担的,如果收益足够高的话,即使风险很高,选择承担风险也可能是理性的。风险管理的任务是确保高层管理人员知道并理解风险及其潜在收益,并进行审慎的权衡。另外,错误的判断并不必然是伦理的失败,于是,就出现了一个伦理问题:如何确定何时不称职是不道德的?

批评人士总结出风险管理技术中存在的四种理论问题:

首先,在创立估算方法和模型时,风险管理试图测算发生在正态分布曲线尾端的极端事件的概率。有些专家质疑这种概率分布是否有意义②,而另一些专家则指出基于这种概率测算基础上的决策天生是不可靠的。③ 这就是"厚尾"(fat tail)或"黑天鹅"(black swan)问题,即要么分布不可知,要么分布太少而不可能成功地建模。彼得·L. 伯恩斯坦问道:"我如何能向计算机发出指令,让其给一个从未发生过的存在于人类想象范围之外的事件来建模?"④风险管理还假设过去是未来可

---

① Michael Power, *The Risk Management of Everything*: *Rethinking the Politics of Uncertainty* (London: Demos, 2004), p. 10.

② 参见 Ricardo Rebonato, *The Plight of the Fortune Tellers*: *Why We Need to Manage Finance Risk Differently* (Princeton, NJ: Princeton University Press, 2007)。

③ Taleb, *The Black Swan*.

④ Bernstein, "The New Religion of Risk Management," p. 50.

靠的指南,因此可以使用根据历史数据建立的模型来进行预测,但是,在极端事件情形下,历史数据可能是不可得的或基本没有预测价值的,即使是普通事件的数据也可能会在环境变化之后变得不可靠。

其次,模型假设有个确定性的世界是按照能够用数学表示的有形规律来运行的。只有当事件是某种潜在的因果体系(某种可能并未被我们完全理解但仍然是有序的体系)的结果时,概率的计算才是可靠的。因此,天气预测可能是困难的,但它们仍然是可能的,因为降雨可按照固定的物理规律发生。然而,经济行为是个极为复杂的现象,有太多的变量需要被安排进任何模型,而且被建模的人类行为并不一定像降雨那样遵循固定的物理规律。另外,模型假设概率被认识后不会影响因果体系或其结果。当人们在预测要下雨后带着雨伞出门,他们的行为不会对是否真要下雨产生影响,这在风险管理模型中并不成立:人们遵循模型行事会影响结果,尤其在危机时期。① 模型假设随机性,但它们可能导致交易商基于相同信息采取相似头寸并在危机中采取相同的行动,结果市场便不再是随机的了。(1987 年 10 月的股票市场崩溃常常被用来作为这种现象的例子。)因为这种模型激发了“羊群行为”,丹尼尔森(Danielsson)说道:“危机中的市场数据的基本统计特征与稳定时期的是不一样的。因此,大多数风险模型在危机期间能提供的指导作用非常小。”

再次,在使用模型时,很难预期变量之间的相互作用,而这种相互作用通常能够使很小的变化产生复杂的结果。当价格、波动性和流动性等变量发生微小变化(危机期间常常发生)导致带来大量意外影响的恶性连锁反应出现时,这个问题(称为顺周期性)可能就会产生。相比“厚尾”或“黑天鹅”事件,在这种大量变化中所涉及的非线性依存关系可能是更大的问题,因为它更加难以识别和建模。②

最后,大量批评都指向用在险价值(VaR)模型作为估算工具。VaR 利用精致的数学公式来绕开就资产组合中的每一种资产完成大量计算的需求。由于 VaR 能很方便地用一个单一的货币金额来代表一个资产组合在某一特定时期以特定的概率水平可能出现损失的最大值,所以得到了广泛运用。比如,经理可能被告知 1

---

① Jon Danielsson, “The Emperor Has No Clothes: Limits to Risk Modelling,” *Journal of Banking and Finance*, 26(2002), 1273—1296.

② Jon Danielsson, “On the Feasibility of Risk Based Regulation,” *Economic Studies*, 49(2003), 157—179.

亿美元资产组合在未来7天可能的最大损失为1 000万美元或者10%。如果有充足的收益,这种风险可能被认为是值得的,因为这种损失是可接受的,并且发生比此更糟糕的情况的概率很小。

VaR在最近的危机中被证明价值有限的部分原因在于它没有解释极端条件下的可能损失。以95%或99%的概率估算的VaR甚至没有试图估计5%或1%范围内可能发生的损失,而这类损失可能是非常大的。而且,这种对小概率事件的可能损失的不关注可能会鼓励交易商去寻求总体上风险水平低但在极端不可能情况下潜在损失巨大的投资,这种交易可能不会引起使用VaR作为唯一风险测量工具的管理者的关注。

242

而且,VaR假设最罕见的尾部事件也是正态分布的。但正如批评者所说,这低估了某些不幸事件或其他事件发生的概率。虽然任何给定的低概率事件是不太可能发生的(根据定义),但在任一给定时间,某些不可能事件或其他事件却是确实可能出现的。批评者同时指出,VaR很少考虑相关性,而事件之间有时是相关的,如金融危机中出现的房屋断供。另外,VaR在危机中不太管用的原因在于它假设头寸可无成本地被卖出或对冲掉,而在危机时期,当流动性或信心缺乏时,资产可能找不到买家或可能卖掉但要打很大的折扣。出于这种原因,VaR被比喻为一直运转良好但遭碰撞时会失灵的安全气囊。①

对VaR的最后一种批评是,VaR只计算公司自己资产组合的特定风险,而没有考虑整个经济的系统性风险,正如理查德·波斯纳(Richard Posner)所评论的:

> 要点在于这两种情况:由于高风险放贷,公司将有1%的概率破产;由于放贷金融机构与1%的破产风险具有相关性,整个社会有1%的可能出现经济萧条。对于每个公司来说风险的容忍度是理性的,但对于社会来说是非理性的。②

波斯纳的评论不仅引用了相关性风险(例如,一个诸如贝尔斯登(Bear Stearns)或雷曼兄弟之类的经纪人(做市商)破产了基本不会给经济带来多少风险,

---

① David Einhorn and Aaron Brown, "Private Profits and Socialized Risk," *Global Association of Risk Professionals*, June-July 2008, pp. 10—26.

② Richard A. Posner, *A Failure of Capitalism: The Crisis of '08 and the Descent into Depression* (Cambridge, MA: Harvard University Press, 2009).

如果每一个其他金融机构并没有处于危险境地,那就不会吸收掉损失),而且反映了以下事实:VaR 只是公司根据自身特有的风险来计算的,而不是根据整个经济的系统性风险来计算的。

在一个更为实用的层面上,管理者们已经因为将风险管理工具(包括 VaR)作为判断依据来追求高风险、高回报而没有完全理解这些风险的范围受到批评。尽管风险管理可能会为所承担的这些极端风险提供了可能的覆盖,但谨慎的管理者可能使用它得出不同的结论。估算和模型只是在解释和应用时才是好的,正如一个作者所评论的:"不承担你不熟悉的风险常常是最好的风险管理方式。"[①]有个传奇故事讲述了高盛银行家在竭力根据其利润和损失模型发现利润日益下降(虽然利润仍然令人满意,但也令人担忧)的原因后,如何决定控制风险。[②] 通过得出与其竞争对手可能不同的结论,高盛避免了重大损失,而且,在危机爆发之前的最新指标一般是温和的甚至是有希望的,正如约翰 · 卡西迪(John Cassidy)所评论的,这时就应该开始担忧了。[③]

风险管理技术的发展,尤其是使用精致的数学方法和模型,不仅有显著的知识成果,而且有明显的应用价值。然而,和所有重要发明一样,风险管理也遇到了重大的伦理挑战,必须要处理好这些挑战,不仅仅对从业者如此,对监管者也是如此。某些不足之处必须要被预见到而不应该被忽视掉。

第三节　破产伦理

当没有足够资产偿还其债务的个人和公司适用的是可以从债权人那里得到某些保护的法律时,破产(bankruptcy)就发生了。个人破产消除了个人的许多债务,使其能够获得"新的开始"。对于企业而言,当它们寻求重组时,破产提供了暂时免于承担偿还债务义务的机会,或者确保资产有序地清偿,理想状态下,所有债权人都得到公平对待(即使做不到完全偿还)。

---

① Raghuram G. Rajan, *Fault Lines: How Hidden Fractures Still Threaten the World Economy*(Princeton, NJ: Princeton University Press, 2010), p. 144.

② Joe Nocera,"Risk Management: What Led to the Financial Meltdown," *New York Times*, January 4, 2009.

③ John Cassidy,"What's Wrong with Risk Models?" *New Yorker*, Blog, April 27, 2010.

个人或公司的破产通常被人们认为是失败了。在很多人的心目中,破产所涉及的唯一伦理问题就是无法兑现还债的承诺和负债累累过程中所包含的欺骗形象。美国在1893年颁布了第一部联邦破产法;在此之前,自然人债务人可能失去世上所有的财产,甚至可能蹲监狱,而资金链出现问题的公司会被债权人以疯狂抢夺任何可以挽回资产的方式被迅速清算。这种粗暴对待一般被认为是对破产者任意挥霍行为的公正惩罚,只有当债权人没有得到完全偿还时才被认为出现了不公正。

244

与此相反,在金融界,破产一般被认为是冷酷无情的市场竞争的自然结果,那些竞争不过别人的公司最终会被迫退出市场进而灰飞烟灭。只要破产企业的资产被别人重新配置与利用,那么经济中就不会有任何的价值损失。个别债权人可能会亏钱,但那是做生意需要承担的风险的一部分,他会因此而得到某种补偿来抵消这些损失。破产不应背负任何伦理耻辱。事实上,人们应该欢迎破产,因为这种无情的达尔文式的适者生存可以促进经济发展。在这种从金融角度看待破产的观点中,唯一的伦理考虑是公正地处理索取权,其实主要是在多大可能的程度上执行公司在资金链断裂之前所作承诺的问题。这种对索取权的公正处理也要兼顾效率问题。因此,公司在重组或清算时不仅仅要考虑公平,也要将成本控制在最低,并以使资产投入生产率最高的用途的方式进行。

与公众将破产视为伦理失败和金融界认为破产不涉及价值判断这两种观点相反,破产确实会引起许多棘手且重要的伦理问题。这些问题主要来自破产保护的使用——也有人说是破产保护的滥用。① 最近几年,那些有清偿能力的公司出于多种原因申请破产:延缓或逃避付款,违反合同,停止诉讼,逃避法律责任,瓦解工会,以及取消养老金计划等。在批评者眼里,破产已经不是为了尽力生存而最后诉诸的手段了,它恰恰已经成为追求利润最大化的另外一种管理策略了。② 在《策略性破产:公司和债权人如何利用第11章使自己受益》(*Strategic Bankruptcy: How Corporations and Creditors Use Chapter 11 to Their Advantage*)一书中,凯文·L.德拉

① "The Uses and Abuses of Chapter 11," *The Economist*, March 18, 1989, 72; and Paul G. Engel, "Bankruptcy: A Refuge for All Reasons," *Industry Week*, March 5, 1984, pp. 63—68.

② Anna Cifelli, "Management by Bankruptcy," *Fortune*, October 31, 1983; and Harold L. Kaplan, "Bankruptcy as a Corporate Management Tool," *ABA Journal*, January 1, 1987, pp. 64—67.

尼(Kevin L. Delaney)创造了"策略性破产"这一术语,并且认为,破产通常是公司实现策略性目的的一种选择。[①]

本节下面的讨论将关注破产制度的伦理判断,尤其要关注的是,在策略性破产情形下,什么会构成在伦理上看来破产过程是有问题的滥用。从根本上来看,伦理问题关注的是破产制度的法律框架,而如果这样的话,它们必须主要通过破产法律的起草来解决。然而,管理层进行策略性破产的决策从伦理角度可能会受到批评与指责。事实上,围绕着破产程序中的滥用与其他不公平对待现象产生的伦理关注引发了激烈的讨论并提出了改革的呼声。

一、破产的伦理基础

能够使(实际上是鼓励)不景气或资金链断裂的公司实行重组而不进行清算的制度推动了管理层将破产当作管理策略使用。1893 年的《美国破产法》要求那些申请破产的公司进行清算;经过大萧条直到 1938 年,政府才颁布法律保护问题公司免于债权人的追讨,并允许申请破产的公司进行重组。1978 年的《联邦破产法》(以及 1994 年的进一步修订)对 1893 年的《美国破产法》作了全面检查与调整,并创设了第 11 章,这正是当今公司申请破产的法律依据。1978 年的《联邦破产法》(以下简称《破产法》)放宽了申请破产的条件(一个公司不需要等到无偿还能力时就可以申请破产,仅仅需要证明,如果得不到免于债权人的追讨的保护就会面临资金链断裂),而且该《破产法》还去除了一些带有轻视性的词语(例如,破产者现在被称为债务人),从而消除了破产的耻辱性。

一旦某个公司依第 11 章申请破产,债权人就不能行使索取权。该公司的原有管理层保留控制权(除非法院发现他们存在不诚实、管理不善或不能胜任的问题),并且他们还被赋予一段时间(开始是 120 天,可酌情延长)制订重组计划的权利。重组计划通常会减少债权人的索取权并具体规定这些被减少的索取权如何分配。管理层提出的重组计划必须为绝大多数索取权被减少的债权人所接受。同

245

① Kevin J. Delaney, *Strategic Bankruptcy: How Corporations and Creditors Use Chapter 11 to their Advantage* (Berkeley and Los Angeles: University of California Press, 1992).

样，该计划也必须征得股东们的同意。① 如果管理层的计划在允许的时间内未被接受，债权人可以依据同样的接受规则提交自己的计划。

对于这种破产制度，财务角度的支持依据是：破产可以使公司资产最大化。② 隐含的前提是：无偿还能力往往是由不可控的外部力量导致，或者是由可以纠正的不善管理造成的。如果给无偿还能力但财务上仍能生存的公司一次重组的机会，它们可能就会恢复盈利并能重新偿付它们的债权人。从财务的角度来看，如果用重组替代清算能够导致公司资产得到更具生产率的使用，这种结果当然更好。事实也往往如此，因为当资产被持续的实体继续运作时所产生的价值一般会比肢解并零碎地卖掉所产生的价值要大得多。然而，如果不同的债权人被允许对破产公司施压主张其可能互相冲突的索取权，那么这个公司就不能作为持续的实体来运作。破产法所提供的解决办法就是强迫债权人集体行动并激发他们作出的决策有利于财富最大化。③ 简言之，破产法的目的就是迫使在破产过程中拥有控制权的债权人像一群股东那样行动，以提高公司整体价值为责任，而不是以只关心自己债权的个体索取权而对公司采取行动。

伦理方面关于破产的观点直接来自财务方面的观点。这种被称为"债权人约定论"(creditor's bargain)的观点采用的是一种假想合同的方法，并且提出这样一个问题：在任何破产程序之前，所有债权人应该同意什么样的破产制度？④ 也就是说，假定全部有担保和无担保的债权人都能参与制定破产法，那么该破产法包括什么样的条款呢？假设对此问题的答案是：所有债权人都会赞成能够使公司资产最大化并有能力偿还所有债权人款项的制度，无论是通过清算还是重组。虽然个体债权人，特别是那些有担保的债权人，通过清算在特殊情况下获得的款项可能会超

---

① 一个例外是，只要该计划为至少一类索取权被减少的债权人所接受并且法院认为该计划是"公平和合理的"，那么就会不顾一类或多类债权人的反对而被强行通过。这种强行通过非全体一致的计划被称为"强行裁定"。

② 参见 Douglas G. Baird and Thomas H. Jackson, *Cases, Problems, and Materials on Bankruptcy*, 2nd edition(Boston, MA: Little, Brown, 1990); and Thomas H. Jackson, *The Logic and Limits of Bankruptcy Law*(Cambridge, MA: Harvard University Press, 1986)。

③ 这种迫使债权人采取集体行动以提高公司资产总体价值的需要被称为公有地问题，参见 Baird and Jackson, *Cases, Problems, and Materials on Bankruptcy*, pp. 39—42。

④ Thomas H. Jackson,"Bankruptcy, Non-Bankruptcy Entitlements, and the Creditors' Bargain," *Yale Law Journal*, 91(1982), 857—907.

过被欠金额,但是这些做法的代价和不确定性使得它们成为具有吸引力的统一制度,更何况在其他情况下,同样的债权人可能还有未担保的债权。除此之外,清算会减少工作岗位并对客户、供应商、社区和其他利益相关群体产生影响。因而,放松破产保护的使用不仅会使资产变得更具生产性(这会使债权人受益),而且还会增加社会的福祉。

246

二、破产的使用与滥用

破产保护的放松已经导致了一系列有争议的法律使用,而这是当初美国国会所没有预见到的。请看下面一些案例:

(一) 产品责任诉讼

1982 年 8 月,曼维尔公司(Manville Corporation)宣告破产,它曾是《财富》500强企业,每年盈利达 6 000 万美元,净资产超过 10 亿美元。虽然该公司的业务是健康的,但该公司主要产品(石棉产品)的许多用户却不健康,这些生病的和即将死亡的扬言要以一系列诉讼来埋葬该公司。当时该公司已经花费5 000美元和解了 3 500 件诉讼;另外 16 500 件诉讼还悬而未决,而新的诉讼以每月 500 件的速度在增加。在破产申请书中,该公司宣称未来针对它的总诉讼金额最终将达到 20 亿至 50 亿美元。1985 年,A. H. 罗宾斯(A. H. Robins)在与那些宣称因使用达尔康盾(Dalkon Shield)宫内避孕产品而受到伤害的妇女达成和解后申请了破产保护;1995 年,道康宁公司(Dow Corning Corporation)在面临一些妇女因使用其硅胶乳房填充物导致各种身体紊乱提起诉讼而产生的沉重责任后寻求破产保护。

(二) 集体谈判协议

1983 年,威尔森食品(Wilson Foods)和大陆航空(Continental Airlines)这两家具有清偿能力的公司申请破产保护,其理由是:昂贵的劳动合同使它们处于最终将没有清偿能力的竞争弱势地位。破产保护使这两家公司废除了现行的集体谈判协议并将工资几乎削减了一半。大陆航空还解雇了大约 65%的工人,恢复成为低价、无工会的航运公司。事实上,威尔森食品和大陆航空是在效仿新泽西州的一家建筑材料供应商比尔迪斯科(Bildisco)公司,该公司通过申请破产保护成功地解除了与卡车司机工会(Teamsters Union)之间的劳动合同。在 1984 年的比尔迪斯科公司判决中,美国最高法院认为,集体谈判协议与其他合同没有区别,当公司的长期清偿能力岌岌可危时,这些合同可以被单方面地改写或终止。① 美国国会还因此而修订了《破产法》以限制公司如此行事的能力。②

(三) 责任和义务

《破产法》已经使许多公司减少或避免了大量的责任和合同义务。LTV 钢铁公司(LTV Steel)运用第 11 章试图将 23 亿美元养老金资金不足的责任转嫁给联邦的养老金福利担保公司(Pension Benefit Guaranty Corporation),在后来的法庭诉讼较量中,数千名退休工人发现自己的退休养老金受到了威胁。法院要求德士古公司(Texaco)向宾夕法尼亚石油公司(Pennzoil)支付 105 亿美元的损失,因为宾夕法尼亚石油公司和格蒂石油公司(Getty Oil)合并谈判期间,德士古公司"盗窃"了格蒂石油公司 105 亿美元的财产。尽管德士古公司有 350 亿美元的资产,但该公司却宣布破产,这样它成功地将需要赔付损失的金额降到了 30 亿美元。1983 年折扣商品连锁店运营商 HRT 实业公司(HRT Industries)的破产使该公司达到了几个目的。③ 尽管拥有 5 000 万美元的资产,但因为在接到为圣诞节旺季所准备的大量货物后出现了"非常常见"的现金流问题,HRT 宣告破产。之后,HRT 关闭了三十多家不赚钱的商店。HRT 短期内利用第 11 章使得自己的所有债务获得了无息贷款,并且还终止了一些负担繁沉的长期租赁合同。

247

三、策略性破产错在哪里?

对曼维尔、道康宁、大陆航空、LTV 钢铁和德士古等公司滥用破产制度的指责表明存在某些伦理过错,但要准确地识别该过错是很困难的。

第一种指责认为,这些公司对《破产法》的使用违背了该法制定的初衷。但是,出于意图之外目的使用法律的做法本身从伦理上来说并没有什么问题。一旦法律被写在纸上,它的使用就只受法律的字面规定的限制,而不受立法者制定它的

① *NLRB v. Bildisco*, 465 U.S. 513(1984).

② 《破产法》第 1113 节要求打算与工会谈判的公司应该要有善意,如果不能达成协议,应该证明任何改变都是"批准重组所必需的",或者拒绝是为了"平衡各方权利"。法院将这些比较严格的标准运用于 *Wheeling-Pittsburgh Steel Corporation v. United Steelworkers of America*, 791 F. 2d 1074(3d. Cir. 1986)。

③ "A Retailer's Chapter 11 Has Creditors Enraged," *BusinessWeek*, May 9, 1983, pp. 71, 74.

意图的限制。(例如,使用 SEC 的 10b-5 规则来惩治那些内幕交易行为的做法就代表了一种超出了法律最初适用范围的新的应用。)

第二种指责认为,破产在这些情况下的使用是为了逃避源自合同协议或法院判决的伦理与法律义务。然而,从部分意义上来说,制定《破产法》的目的就是:当公司不能完全履行自己的义务时,它使得公司尽其最大所能来履行自己的义务,这符合公平和效率原则。也就是说,在创设破产制度时,美国国会已经考虑到某些公司会通过寻求破产保护来逃避一些伦理与法律义务的事实,但是美国国会还是决定通过这部法律,因为在全面考虑之后,它觉得允许一家公司只履行部分义务并继续作为一个持续实体运作,远比对公司立即进行债权人仍不能得到全部偿还的清算要强得多。

另外,通过寻求破产保护,公司并不会完全逃避其义务,而是对履行义务的条件进行谈判,最终债权人的诉求通常会得到很好的满足。当曼维尔公司 1986 年在破产后重现时,大多数的股票被交给两家信托公司管理,一家负责偿付与健康伤害有关的诉求,另一家负责偿付财产损害。曼维尔的受害者于是成了所有者(owner),而且这些新的所有者得到偿付的能力取决于该公司的持续盈利能力。与此相类似,LTV 钢铁公司 7 年后复出,经过与养老金福利担保公司和其他债权人漫长的谈判,该公司资金不足的养老金计划被注入 16 亿美元。那些石棉制品和养老金的受害者维护自己权益时所取得的成功来得并不容易,他们不得不为自己的权利进行斗争,但这些人最终所获得的利益远远超过公司如果不寻求破产保护所能获得的利益。

248

对曼维尔、道康宁、大陆航空、LTV 钢铁、德士古以及其他公司寻求破产保护行为的第三个且更加有希望的指责,不是权益主张者没有得到应有的补偿,而是这些本应在一套规则中实现自己权益的主张者们被迫用另外一套规则来争取自己的权益。那些在法院诉讼中成功赢得官司的缺陷产品的受害者不得不再次努力去赢得在破产活动中的诉讼官司。那些曾诚心就劳动合同进行谈判的工人们发现他们再次回到谈判桌上来,不过这次面对的是一个破产法官。在陪审团审判中被一个法官判定赔付宾夕法尼亚石油公司 105 亿美元的德士古公司,在一个完全不同的环境下获得了另一个机会对此判决进行申诉。由此可见,《破产法》给那些负有繁重义务的公司提供了在另外一套规则下重新协商或裁定这些义务的机会。

然而,如果一家公司变得真正无偿还能力,这种指责(破产在另外一套规则下为公司提供了第二次机会)并没有太大的意义。权益主张者不可能获得不存在的资产,而且每一个权益主张都包括违约条款惩罚。因此,如果债务人不能或不会偿付时,债权人一定想要诉诸法院,而且商业法律会提供解决此类争端的手段。关键问题是,那些寻求破产保护进而改变权益主张者规则的公司是真的无偿还能力,还是如果没有破产法的保护将面临无偿还能力呢?如果一家负有繁重义务的健康公司能够利用破产法来迫使债权人在不同的条件下对其权益进行重新协商或重新裁定,那么人们就会说,这是对破产法的滥用。

破产制度的批评者们认为,破产并非总是影响公司的条件,而是公司有时为了达到策略目的而进行的精心选择。[①] 事实上,任何一家公司都可以通过累积难以偿付的债务而使自己"破产";即使不那样做,负有沉重债务的公司也可以很容易地操纵自己的资产负债表、资产转移,甚至可以故意制造一个危机事件来使自己变得无偿还能力。当一家公司的负债超过资产时,它就被认为没有偿还能力了(假设负债和资产是客观的,数量是可以精确衡量的)。不仅资产与负债反映了公司作出的决策,而且资产与负债的估价也是可以被操控的。结果,底线并不是每个人都能观察到的不争事实,而是公司管理层人为创造的产物(当然是在公认会计准则的范围内)。

249

例如,一个批评者争论到,在申请破产以前,曼维尔选择不将与石棉制品相关的损害赔偿放到公司的账目上。[②] 在 1982 年前,公司宣称,法律并没有要求它那样做,因为这些债务无法精确估值。当 1982 年该公司决定申请破产时,20 亿美元的债务突然出现在公司的资产负债表上。大陆航空和德士古两家公司都对其宣布将要"破产的部分"进行了精心的界定,而且据一些观察员分析,大陆航空公司为了达到破产的条件,没有耐心与工会谈判,反而故意激发了一次工会罢工。破产的道康宁公司由(具有偿还能力的)道氏化学(Dow Chemical)和(具有偿还能力的)康宁有限责任公司(Corning Incorporated)各占 50%的股份。在申请破产保护之前,

---

① Delaney, *Strategic Bankruptcy*, pp. 162—168.

② Paul Brodeur, *Outrageous Misconduct: The Asbestos Industry on Trial*(New York: Pantheon Books, 1985), pp. 257—258, 268, 270—271.

这种复杂的所有权结构允许公司将资产从一个部门转移到另一个部门。①

对破产的这种策略性应用给我们留下了不公平的印象,因为公认的商业行为规则突然被改变了。策略性破产可被比作一种扑克牌游戏,这种游戏允许牌不好的庄家停止游戏,重发几手牌,也许还会从桌子上拿走一些钱,然后以一种新的游戏规则重新开局。但是,如果庄家的做法从游戏一开始就被大家理解和接受,那么这里所讲的扑克牌游戏就不一定是不公平的。在这种条件下,这种游戏玩法仅仅是众多扑克牌可能玩法中的一种,只不过规则有点复杂罢了,而玩家打牌时只有做好游戏规则要变的心理准备就可以了。与此相似,允许公司出于策略考虑而寻求破产保护的破产制度就未必是不公平的了,因为只是规则有可能变化。最初几个策略性破产的案例可以被认为是不公平的,因为它所殃及的一方(如曼维尔的石棉制品受害者和大陆航空公司的雇员)事先没有预料到公司会使用破产法。但是在所有这些沸沸扬扬的事件之后,债权人以及其他群体应该预见到这种可能性并据此打好自己手里的牌。

四、《破产法》第11章的公平与效率

为了理解允许将破产作为策略性选择的破产制度到底错在哪里,我们需要看一下这种制度对商业体制运行的影响,在此过程中,对公平和效率的考虑起着重要作用。

赞成现行《破产法》第11章的一种观点认为,如果让债权人在申请破产之前选择一种制度,那么现行的破产制度就是债权人自己将选择的制度。根据这种被称为"债权人约定论"的观点,允许重组而不是强制清算的破产制度更好,因为它会通过有序地判决债权人的权利主张而使公司的资产最大化。但是,"债权人约定论"的观点没有给更具体的实际问题提供明确的答案。特别值得一提的是,1978年对破产法的修正案极大地便利了策略性破产,因为那些困难重重的公司可以更容易地诉诸破产保护。如果债权人能够制定破产法,他们会对申请破产保护提出什么样的条件呢?特别是,他们会允许申请破产保护容易到什么程度?

250

① 有些资产转移会受到债权人的质疑,因为它们构成"欺诈性财产转让",即出于欺骗债权人目的而转让资产。

对于这些问题的回答是有争议的,但是一些证据显示,债权人和股东因1978年破产法修正案而遭受损失,而受益者则是公司的管理层以及那些帮助他们的律师、会计和财务顾问。两位调查了1964—1989年326家申请破产的公司的研究人员发现,公司债券持有人在1978年之后遭受的损失为67%,远远高于在1978年破产法修正案前遭受的损失。① 股东们的情形更为糟糕。1978年之前,破产公司的股东们平均只是损失了他们投资额的一半稍多一点,而在1978年之后,他们的损失几乎达到100%。研究人员总结道:“换句话说,第11章可以被视为管理层针对公司债权人而实行的一种防范策略,就像反收购中所采取的某种防范措施,它会以牺牲公司证券持有者利益为代价增加管理层的财富。”②如果这种结果是正确的,现行的破产法律制度就不是债权人的约定了,因而也就不能用债权人约定论的观点来证明其合理性了。

如果破产法的目的就是收取债务(即在一家公司变得无清偿能力前强化债权人的权利),那么就没有理由再创造任何新的权利,除非这样做可以强化债权人已经存在的权利。③ 第11章为管理层创造了一些新的权利。在现行法律下,他们被允许负责破产保护的申请程序,在破产过程中保留在原来的职位上,还要制订最初的重组计划。债权人会得到更好的服务,这个假设是赋予经理人这些权利的逻辑基础,但是该假设并不总是很好地成立。

例如,破产保护允许管理层花债权人的钱去“赌博”。在问题公司继续运作的过程中,股东和管理层基本没什么损失,他们也许更喜欢这种长效的“破釜沉舟”式策略,而如果这种策略失败的话,债权人就会所剩无几(这就是众所周知的道德风险问题的情形)。更进一步来说,如果破产是一种可以让人接受的风险,那么就会激励公司通过采用极具风险的策略来寻求破产,甚至在它们没有陷入困境的时候也这样。当股东坐享其成而债券持有者和其他债权人承担风险时,这种情况尤

251

① Michael Bradley and Michael Rosenzweig, “The Untenable Case for Chapter 11,” *Yale Law Journal*, 101 (1992), 1043—1095.

② Bradley and Rosenzweig, “The Untenable Case for Chapter 11,” pp. 1049—1050. 该结论是有争议的,已经受到了质疑,参见 Elizabeth Warren, “The Untenable Case for Repeal of Chapter 11,” *Yale Law Journal*, 102 (1992), 437—479。

③ Jackson, *The Logic and Limits of Bankruptcy Law*, pp. 21—27.

为典型(又一次出现道德风险问题)。因而,意在保护陷入困境公司债权人的破产法也许会有意想不到的负面作用:导致企业更加冒险,从而进一步损害债权人的利益。①

破产保护条件的放宽对市场交易权利和某些法律领域具有深远且难以预料的影响。其作用是使普通商业关系复杂化,并且还改变了诸如劳动关系和产品安全之类的问题。

市场伦理的一个准则是:投资者及放贷人在就风险与回报进行合理决策时应该有足够的信息。因此,供应商应该对寻求商品赊购的零售商的资信有一些了解以便商谈条件。如果放款给一个像 HRT 公司这样的零售商的风险包括后者出于策略原因申请破产的可能性,那么合理地估计风险就变得更加困难。更进一步讲,风险的来源就从普通的市场条件(诸如 HRT 实业公司有一些不能盈利的商店这样的事实)扩展到公司的策略(例如,寻求通过破产保护来关闭不能盈利的商店)。另外,如果 HRT 实业公司一方面在计划申请破产保护,而另一方面还在寻求贷款,那么,可以说,这是应该披露给债权人的重要信息,因为隐瞒可能会构成欺诈。②无论如何,破产保护条件的放宽使得诸如发放贷款之类的基本问题变得复杂起来,最好能够避免这种情况。

劳动法和产品责任法都是以一定的权利为前提的:工人们组织起来进行集体谈判的权利以及那些因产品缺陷而受到伤害的人得到补偿的权利。这些领域的法律被精心制定以平衡各种竞争性权利与利益。只要策略性破产使公司能够取消劳动合同或逃避产品责任索赔,那么重要的权利可能就会被否认,于是精心构建起来的平衡可能会被打破。最低限度上,由于破产改革,工会成员和产品责任受害者已经失去了依靠,因为集体谈判协议和产品责任判定的风险更大了。

除此之外,破产条件的放宽可能会促使公司与工会从不同的角度进行谈判,如果它们相信用工协议可以很容易地被推翻的话;或者破产条件的放宽可能会鼓励

① 第 11 章包含一些机制来反制这些经理人的权利并限制可能的滥用。因此,在破产程序中的任何时候,债权人都可以申请要求立即清算,这样可以允许受理法院判断经理人是否在与债权人“玩把戏”。因为债权人总是能够坚持清算或者提交自己的计划,而且管理层的计划必须得到每个债权人小组的同意,因此经理人会被迫提出比较公平和合理的计划。在“强行裁定”的情况下,法院必须确保该重组计划对各方来说都是公平和合理的。

② 在这种情况下,破产的滥用可通过欺诈条例来解决,而无须使用《破产法》的条款。

生产商设计和生产不太安全的产品，如果责任诉讼可以很容易地被逃避的话。破产条件的放宽还可以对策略性计划产生影响，诸如航空公司之类的一些公司可以在破产保护下运作好几年。结果，那些必须履行其全部现有义务的非破产竞争者抱怨说，它们被置于不公平的竞争劣势中。[①] 甚至公司的主要竞争对手随时可能实施策略性破产的认识已经成为公司自己策略性计划中的一个不确定因素。

总之，由于美国破产制度是建立在效率和公平这两个基础之上的，因此它总体而言在伦理上是站得住脚的。这种债权人约定论假设：因为这个制度能够使得无偿还能力的公司资产最大化（这就是对效率的考虑），所以债权人应该喜欢这个制度。由于当前的破产制度理论上是建立在所有相关方同意的基础上，因而它也是公平的。从根本上来看，策略性破产是不道德的这种指责是以这样一种观点为基础的：公司的某些成员受到了不公平的对待，于是就会得出破产保护的放松助长了某些策略性破产的结论，而这必将使商业决策复杂化，从而会影响某些公司成员的权利，尤其是雇员和消费者的权利。但是，对这种观点的评价取决于对策略性破产实际后果的复杂分析，目前对它的了解还不是很清楚。

五、个人破产

对于允许个人解除其许多债务、有个“全新开始”的个人破产，标准的理论依据是建立在对福利和公正这两个孪生因素的考虑基础之上的。

曾几何时，当个人无法偿还债务时，他们会被投入监狱。即使没有监禁的威胁，身负重债的人也可能会过着终生拮据的生活，结果不但影响着他们及其家庭，而且也影响着整个社会。仅重债缠身导致的生产率损失就将使得没有宽恕制度的社会低效运行。更何况，人们产生的更加谨慎的心态（例如，在创办企业时）会进一步制约生产力。事实上，许多成功的企业家都曾经因早期失败而经历过个人破产，如果没有宽松的法律保护的话，他们将不可能坚持到成功。

在一个允许个人破产的社会，每个人（包括债务人和债权人）都会受益，因为即使债权人也可能会发现自己背负了无法偿还的债务。尽管欠债还钱天经地义，

① Joseph McCafferty, “Is Bankruptcy an Unfair Advantage?” *CFO*, June 1995, p. 28; and Stephen Neish, “Is the Revised Chapter 11 Any Improvement?” *Corporate Finance*, March 1995, pp. 37—40.

但当背负重债的人无法过健全、具有生产率的生活时,履行这种义务带来的好处可能抵不上个人和社会因此而造成的损失。由于每个人的福利都会改善,于是人们就会选择生活在一个允许某种债务义务减免的宽恕型社会。另外,让人们承受在很多情况下是由超出其控制能力的不幸事件导致的巨大债务负担也是不公平的。将破产视作个人失败的理念也不一定总是正确的。

但是,宽松的个人破产制度也会产生滥用的机会。基本不让人感到耻辱或不方便的宽松个人破产保护可能会导致个人在举债时缺乏约束。当面临破产时,个人会尽可能多地举债,知道这些很快会被一笔勾销,并通过不正当的手段寻求对债权人隐瞒其他资产。比如,在个人破产前,他可能会将财产转移给亲戚,虽然这种转移可能会被怀疑为欺诈性财产转让(fraudulent conveyance)的方式。在美国,债权人(最显著的是放贷银行和信用卡发行人,批评者指责它们诱使客户背上不可控的债务负担)已经对这些滥用提出异议并试图游说修改法律来保护自己。防止滥用不仅是债权人(比如放贷银行和信用卡发行人)关心的事,也是消费者关心的事,因为他们申请信用额度以及信用额度的收费都受到个人破产制度的影响。

围绕着个人破产的争论主要集中在以下问题上:(1)应该要求高于一定收入水平的个人偿还一定比例的债务而不是完全免除他们的债务吗?(2)在破产进程中,某些重要资产(比如房屋或养老金储蓄)应该免受债权人追偿吗?(3)特定的债务(比如那些因购买奢侈品而欠的债或者寻求破产保护前刚刚获得的大笔预付款)应该是不可免除的吗?

2005年,针对个人破产,由美国国会通过并由总统签署了一部全面改革的《破产法》。这部银行业期待已久的新《破产法》利用个人收入调查(means test)来限制申请者获得债务完全免除(根据第7章),而且迫使更多的破产申请者制订一个五年部分还款计划(根据第13章)。在大部分情况下,收入水平高于州收入中位数的债务人可能不允许申请破产(根据第7章)。新《破产法》的其他条款包括强制性信用辅导和债务人教育、对因购买奢侈品而欠的债(在申请破产90天内超过500美元)和预付款(在申请破产70天内超过750美元)能够免除的债务金额设置限制。一般来说,养老基金免受追偿,就像房屋资产在州法律设定的限度之内那样。

更加严格的2005年《破产法》的反对者认为,只有少部分寻求破产保护的人会滥用《破产法》,绝大多数个人破产都是由失业、伤残、离婚、医疗费和生意失败导致的。[①] 对于这类人,有个"新的起点"通常会使得他们恢复幸福的生活,而要求他们偿还部分债务将使他们深陷债务恶性循环的泥潭。反对者还宣称,由于生意失败导致的破产太正常不过了,而更加严格的法律将强烈地使个人不敢开始新的生意,因而会损害经济增长的重要引擎。

相比之下,2005 年《破产法》的支持者认为,存在着真正需要解决的个人破产"危机"。标准观点认为个人破产主要是由财务困境导致的,这无法解释 1978 年(前一次破产法修订的时间)以来个人破产数量的迅速上升。[②] 除了财务困境,由于破产的社会耻辱感和经济成本的下降,越来越多的美国消费者申请破产保护的倾向逐渐上升。结果,个人破产可能仅仅是消费者的理性选择,而对这种选择应该予以限制。

第四节 公司治理

就其广义而言,公司治理包括所有决定如何在以公司形式组织起来的商业组织中作决策的因素。上市公司的股东和董事一般被认为具有法律控制权,但这些股东和董事以及(行使实际控制权的)管理层都要受制于许多群体的权利,这些群体在其法律权限内深深地影响并决定着公司的决策。

其中,对公司决策影响最为显著的包括:各级政府,其具有监管和征税的权力;审计和会计标准的制定者;证券交易所,为上市股票和其他金融工具制定规则;评级机构,为公司的证券进行评级;银行,提供资金并进行严格监督;媒体,向大众报道公司的活动;公司运营过程中涉及的各种市场,如资本市场、劳动力市场、大宗商品市场和消费者市场。另外,许多企业决策是由各层级雇员在履行其岗位职责的过程中作出的。这些不同群体对公司决策的制定产生了重要影响。

从这种广义角度来看,公司决策的制定是非常分散的——分散在许多群体之

① 参见 Teresa Sullivan, Elizabeth Warren, and Jay Lawrence Westbrook, *The Fragile Middle Class: Americans in Debt*(New Haven, CT: Yale University Press, 2000); Elizabeth Warren,"The Bankruptcy Crisis," *Indiana Law Journal*, 73(1997—1998), 1079—1110。

② Todd J. Zywicki,"An Economic Analysis of the Consumer Banking Crisis," *Northwestern University Law Review*, 99(2005), 1463—1541.

间。而人们通常所认为的公司治理的实施者(即股东、董事、高级行政管理人员),只制定相对很少的决策。但是这些是最重要的决策,正是这些标志着商业组织最终控制权的重大决策构成了一般被认为的公司治理的内容。这种更加普遍、更加狭义的公司治理是由一系列法律规定构成的,具体规定了每一方具有什么权利参与那些构成公司控制权的重大决策的制定,以及这些参与者具体实施这些决策制定权或控制权的过程和程序。 255

但是,在公司是由独立个人或小群体拥有和管理的情况下,也就是说,在公司没有实现所有权和控制权分离的情况下,控制权的分配以及具体实施这些权利的过程和程序基本不重要。主要在存在大量分散股东和所有权与控制权分离的情况下,构成公司治理的法律规定才变得很重要。在这种情况下,各方之间的控制权冲突出现了,这就需要法律规定来保护每个群体的权利和利益,确保决策是为了合适的公司目标而制定的。

一、"股东至上"的情况

在资本主义经济下,大的商业组织或企业按照法律规定通常组建成公众持有的追求利润的公司。企业也可通过独资、合伙制、封闭公司等形式来组织,而且许多组织是非营利性的。虽然这些其他的组织形式也服从于治理规定,但它们通常不涉及公众公司所特有的控制权之争,因此它们也就很少产生公司治理问题。

在公众公司里,具有控制权的群体是股东,因为该群体有控制权,导致股东财富最大化成为公司的目标。于是,关于公司治理的主要伦理问题是:为什么股东道义上应该拥有控制权并且将其利益作为公司的目标?股东的控制权及其在公司目标中的相应地位通常被表述为"股东至上"教条。因此,关于公司治理的主要伦理问题就是"股东至上"的合理性。关于进一步的公司治理过程和程序问题(比如,股东在行使控制权和高管与董事履行信托义务时的具体权利)的回答主要取决于"股东至上"教条的合理性。 256

除了控制权,股东还拥有另一项明确的权利,即对公司剩余收益或利润的索取权。许多群体都对公司收益拥有索取权。这些群体包括:债券持有人,他们有权要求支付利息和本金;雇员,他们有权要求支付工资;供货商,他们有权要求支付货款;政府,它们有权要求支付税收,等等。公司从客户和其他渠道产生的收益大部分支付给对其收益拥有固定索取权的各种群体。固定索取权(fixed claims)是法律上只要公司存在就有义务偿还的债务。根据定义,一个不能满足所有固定索取权或债务的公司就是破产了。在所有索取权得到满足后(即支付所有账单后)剩余的收入构成了剩余收益,股东对剩余收益的权利构成了剩余索取权(residual claims)。

每一种对公司收益的索取权都是对生产过程中投入的某种资源的回报。雇员贡献了劳动,供货商供应了原材料,而债券持有者提供了债务资本。(顾客并没有对生产作出贡献,但他们在购买产品时提供了收益的必要元素。)因此,一般通过权益资本(与债券持有者提供的债务资本相反)提供融资的股东付出了必要且特别的资源,因此反过来就要获得公司的剩余收益或利润。于是,股东可以定义为既拥有控制权又拥有利润索取权的群体。

"股东至上"的合理性有两个殊途同归的来源。一个来源是公共政策,在这种情况下关注的是哪一种治理形式最有利于提高社会福祉;另一个来源是市场,市场可以发现自愿市场交易导致的治理形式。更具体地说,公司必须要与提供权益资本的股东签订合同。假设存在一个筹集这种资本的市场,那么什么条款是公司和投资者觉得互相都能接受且与其他所有公司必须要签署的合同相一致的?市场是实施和保护产权的手段,因此任何源自市场的公司治理制度都是这一重要伦理问题的反映。

这两个来源的第一种(即公共政策)反映了这样一个事实:公司治理是根据政府通过立法、监管和司法管辖的法律设立的,而公共政策是指引这些过程的主要因素。公共政策也反映在公众对商业的一般态度和每个公司的声誉上。在创设公司治理的法律主体时,政府关注的一个主要问题是确保商业组织为公共利益服务(虽然政府也会关注对产权的保护),这样就导致市场成为"股东至上"合理性的第二个来源。

257

只要公司是各个个体在行使其产权时通过私人合同形成的,那么形成公司的合同就可能包括决策制定权的分配。公司治理的规则正是以这种方式产生于个人的市场交易。公司法,尤其是英美法系国家的公司法,在选择设立其公司时赋予企业很大的自由度。在美国,制定公司法是每个州的职能,企业可以选择在最具有制度优势的州设立公司。因此,在英美国家,市场是决定公司治理形式的主要因素。

欧洲和亚洲的法律在选择公司治理条款方面只赋予公司较少的灵活度,而更多的是基于公共政策的考虑。

(一) 公共政策

传统上,公司治理方面的法律受公司的两个概念的指引:一个是公司所有者的私有产权,另一个是政府授予的权利(这两个概念在第二章已经讨论过了)。但是,1932 年小阿道夫 · A. 伯利和加德纳 · C. 米恩斯在其著名的《现代公司与私有财产》一书中提出,随着所有权和控制权的分离,股东是现代公众公司所有者的理念终结了,因为其索取权是建立在产权基础上的。[①] 他们认为,随着所有权和控制权的分离,已经不再行使与产权相关责任的股东已经放弃了建立在传统所有权基础上的控制权。

没有了产权作为“股东至上”的基础,宣称股东应该对公司拥有控制权的观点还有什么理论依据呢? 伯利认为,缺少了强有力的股东控制,公司管理层事实上可能是没有约束的,这样的权力对经济秩序而言可能是危险的。[②] 根据伯利的判断,法律放松管理层对股东所负有的严格责任是不明智的,不是出于尊重他们产权的考虑(因为他们没有任何产权),而是出于合理的公共政策的考虑。简言之,在伯利看来,“股东至上”作为公共政策考虑是合理的,目的是限制和引导管理层。但是,企业的合约理论提供了一个更强的公共政策依据,因为股东在公司治理中的角色可通过确定哪个群体可以更有效地运营公司实现价值最大化或财富创造最大化来构建。

258

效率既是一种经济价值也是一种道德价值,因为有效地运营一个商业组织(意味着在最低投入的情况下实现尽可能多的产出)比低效地运营该商业组织能创造更多的繁荣或物质财富。其他条件相同的情况下,我们会希望任何给定资源带来的物质产品越多越好,因此就应该对公司进行治理以实现此目的。因此,如果一个群体实施最终的决策制定权能够比其他群体更有效率并创造更多的财富,那么基于公共政策考虑,该群体就应该拥有控制权。虽然该群体会因为拥有控制权而获

---

① Adolf A. Berle Jr and Gardiner C. Means, *The Modern Corporation and Private Property* (New York: Macmillan, 1932).

② Adolf A. Berle Jr, "For Whom Corporate Managers Are Trustees: A Note," *Harvard Law Review*, 45 (1931—1932), 1365—1372.

得某些好处,但其成员提供的服务能够使社会上每个人的福利状况都得到改善。

这种“股东至上”的公共政策论证是这样完成的:在大多数情况下,公司的财务投资者(即权益资本投资者)可通过这种方法行使控制权以实现效率最大,化并因此实现尽可能大的价值创造或财富创造。在某些条件下,由雇员、客户或供货商来做会最好,于是结果就会出现有些企业是雇员所有的、客户所有的或供货商所有的。后一种称为合作制,亨利·汉斯曼(Henry Hansmann)认为由股东所有的企业可被视为“资本合作制”(capital cooperative)。[①] 但是,公司通常是由财务投资者或投资者控制的,因此这样论证比较合理。

这种更高的效率和财富创造能力主要源于股东作为剩余风险承担者的角色。由于股东投入的生产要素(即权益资本)的回报是剩余收益索取权,因此只有他们才有积极性推动公司以利润最大化为目标而不是仅仅具有清偿能力。任何具有固定索取权的群体(比如雇员、客户或供货商)关心的都仅仅是企业具有清偿能力,从而能保证该群体的固定索取权得到满足。

比如说,假设雇员在只有固定工资索取权的情况下拥有控制权,他们将倾向于以低风险水平来运营公司以确保他们的工资,即使更大的风险可能带来更多的财富创造。因为更多的财富创造可能会不成比例地分配给其他群体,尤其是以利润的形式分配给股东,所以雇员将不愿意冒对社会来说有益的风险。类似地,债券持有者宁愿企业低风险地运营以避免危及他们对本金和利息支付的固定索取权,因为他们和雇员一样从财富创造最大化中基本得不到什么利益。高管们也是次优地规避风险,除非将其积极性与利润挂钩,这就是用以绩效为基础的奖金和股票期权来作为高管薪酬的逻辑。

259

从公共政策的角度来看,在商业组织内的决策应该由具有两个特点的当事人或群体来作出:在以效率最大化或财富创造最大化为目的运营企业方面,拥有最多的相关知识和最高的积极性。虽然股东缺乏运营企业必需的很多知识,于是结果必须要依赖更加有知识的董事来行使一般的监管,依赖有能力的经理人来实施日常管理,但股东本人却有合适的动机出于利润最大化的目的来运营企业。

---

① Henry Hansmann, *The Ownership of Enterprise*(Cambridge, MA: Harvard University Press, 1996), pp. 13—14.

而且,股东作出的关于选举董事会和批准重大结构性变革(如购并)的决策都是股东懂的或者能够懂的事情。也许股东所作出的最重要的决策是买入和卖出股票,于是给公司的股票设定一个价格构成了对公司绩效和愿景的及时评估。在实践中,股东很少参与决策,但他们在公司治理中的核心地位派生于他们在公司经营中对一些最重要的决策所拥有的知识,更为重要的是积极性。

(二) 市场

在股东以财务投资者或者投资者身份出现时,他们为商业组织提供了其所需的资源,即资本。反过来,他们得到支付或者收益(具体来说就是公司的剩余收益或者利润的索取权)。在这个意义上,股东和其他生产要素的提供者(比如债券持有者、雇员、供货商等)基本没有什么差异。他们提供某种资源,反过来得到支付。所有这些群体与一家企业签订合同,结果该企业本身可能会被看作所有这些合同形成的合同束。由于对任何投入品的供给的回报都是不确定的,因此就需要一个合同来保证这种回报。按照这种合同束的观点,企业是以购买劳动或原材料的同样方式“购买”资本,并且这种购买是发生在市场上的经济交易,和企业在劳动力市场上购买劳动力以及在商品市场上购买原材料一样。

二、股东合同

公司治理可被理解为公司与通过提供权益资本给公司融资的股东之间签订的合同。该合同的条款大部分是在市场上通过协商过程确定的,公司要寻找资本,而投资者要寻找机会使用储蓄,各方不断讨价还价达成对其本身来说最合算的交易。

260

从道德角度来看,企业和投资者之间任何经双方同意形成的协议或者合同都是合理的,就像任何市场交换形成的结果一样。在判断股东在公司治理中的作用时,最关键的任务是理解为何能够从企业和其财务投资者或者投资者之间的合同中得出“股东至上”的结论。特别是,为何投资者提供权益资本时不仅要换得剩余收益或利润,还要坚持获得控制权?或换一种问法:为何企业在寻求资本时,在提供剩余索取权之外还要提供控制权?

答案在于股东作为剩余风险承担者的身份。权益资本和通过银行贷款或向债券持有者出售债券得到的债务资本不同。首先,权益资本可供企业一直使用,没有偿还的要求,不像贷款或债券有固定的期限。其次,权益资本没有固定的回报,比如贷款和债券都有约定的利息;权益资本的回报就是企业的利润,是可变的,甚至可能为负。通过以剩余收益索取权的形式获得回报,股东变成剩余风险承担者。

作为剩余风险承担者,不仅仅是享有收益(回报是企业的利润),也要为保护其他群体的固定索取权服务。因为如果没有剩余收益,不需要给股东付款,企业就可以容忍亏损,不用担心无力偿还债务而导致被破产和清算的风险。通过充当剩余风险承担者,股东使得其他群体的固定索取权得到了保证。股东的这种服务会在企业盈利的时候因有可能获得更高的回报而得到补偿。

(一)解决缔约难题

剩余风险承担者的角色产生了特殊的股东合同问题。其他群体的固定索取权(比如雇员对工资的索取权或供货商对货款的索取权)相对容易用法律上可执行的合同表示。与此相比,股东偿付依赖的企业营利性则无法在合同里写明。在一个所有权和控制权没有分离的企业(即由股东经营的企业),不存在保护股东回报的问题。但是,一旦股东将经营企业的任务交给职业经理人,问题就产生了:股东如何能够得到保证,这些经理人会本着利润最大化的目标来经营企业吗?

解决这个问题的方法是:股东在他们具有控制权的条件下接受剩余风险承担者的角色。剩余风险承担者和控制权持有者在概念上是不同的。理论上这些角色可由不同的群体来担当,而且有时确实如此。但是,在实践中,很少有投资者愿意成为没有控制权的剩余风险承担者。没有控制权,投资者一般会坚持要获得很高的回报来补偿更大的风险,结果企业的资本成本会大幅上升。备选的方案就是,当他们向投资者寻找资本时,企业可通过提供控制权和对利润的索取权来降低资本成本。于是,控制权不仅可被看作投资者为了确保其资本投资回报所提出的要求,也可被看作企业为了以优惠条件获得资本所作出的让步。

但是,将风险承担和控制权融合在股东角色上并不是解决缔约难题的完美方法。股东不能仅仅命令经理人按照利润最大化的目标经营企业,因为要使企业实现利润最大化,需要经理人做的事情复杂且不确定。对股东来说,最佳的做法是要求经理人尽其所能来实现盈利。通常的做法是不仅通过奖金和股票期权将经理人的利益与股东的利益一致起来,而且通过对经理人设定信托职责使其在行事时都以股东利益为重。

信托职责一般是硬性的、开放的责任,受托人保证为第三方利益服务时要做到忠诚、坦诚和谨慎。董事和高管们的信托职责是公司治理法律的主要特征,制定这些法律是为了克服这样的事实:股东无法通过具体约定所要完成的行为的明确合同来约束当事人。管理层的信托职责主要服从股东利益通常被认为是股东以某种方式在行使特权,但要理解,只有股东能够从经理人的信托职责中受益,才能解决他们与企业之间独特的缔约难题。所有其他群体都可以通过其他合同手段得到更好的保护,于是更偏爱合同手段。

(二)该解决方法的效率

这就部分地解释了除经理人的信托职责(即保护股东因为提供权益资本而产生的在险回报)之外,为何剩余风险承担者要寻求控制权。虽然承担剩余风险和拥有控制权会有代价,但对于股东而言,付出这笔代价带来的好处要大于任何只有固定索取权的其他群体所获得的好处,这比用其他合同手段来保护其索取权更有效和更经济。简言之,与其他群体相比,控制权对剩余风险承担者的价值更大,因此他们愿意为此付出更大的代价。

262

但有个更加完美的解释,就是股东能够比其他群体更经济地承担剩余风险承担者的成本,从而能从总体上降低成本。首先,作为权益资本提供者的股东比雇员、客户、供货商或其他群体更能够通过企业来将其投资分散化。由雇员所有的企业相对较少的一个原因就是,雇员的整个财富都被锁定在该公司里,这样就提高了雇员的总体风险水平。其次,活跃的公司控制权市场能够确保,如果任何一个群体能够比现在的股东以更低的成本或更高的效率或更多的财富创造来运营企业,他们就会这样做。正如市场带来的任何好处一样,公司控制权将通过帕累托最优交易由对其来说最有价值的一方来获得,该方将围绕财富创造最大化来运营公司。

综上,公司治理是企业和股东之间签约,股东除了享有管理层信托义务所赋予的收益,也拥有股东控制权,以保护其剩余收益索取权,作为其提供权益资本给企业的回报。不像与其他投入品提供者达成的合同,由于在股东和企业之间存在特殊的合同问题,该合同非常复杂。虽然该合同的条款某种程度上是由法律规定的,但公司在市场上与投资者协商时仍然拥有很大的灵活性,法律本身反映的将是由市场协商得到的条件。因此,公司治理法律是由公共政策和市场同时决定的,从这两个角度来看都是合理的,即它能为社会提供最好的服务,是自愿、高效的市场交易的结果。

三、董事和 CEO

根据股东模型,虽然股东可能对公司拥有终极控制权,但公司中负责决策制定的主要还是董事会和管理层。因此,公司治理法律必须不能只聚焦在股东的角色上,还要关注董事和主要高管(尤其是 CEO)的角色和职能。

假设决策制定的范围和复杂性是由涉及的各方及其潜在冲突决定的,公司治理的定义必须要比仅仅是股东和企业之间的合同广泛得多,包括股东、董事、高级管理人员以及各种各样的利益相关者。公司治理的这些方面也最能体现出各国体制上的差异。虽然公司治理的股东模型可能是所有资本主义企业的特点,但各国之间的差异主要体现在公司决策制定涉及的许多群体的相对权威和权力上。

263

(一) 董事会的职能

在一个典型的公众持有的公司,股东选举董事会来有效地实施控制权,董事肩负的信托职责是在所有事情上都要以股东和公司利益为重。(理论上,股东和公司的利益是相同的,但他们在某些情况下会有分歧,这时对董事会成员来说就出现了困境。)在只有少数几个股东的小公司,董事会可能会包括所有股东,但在拥有大量股东的大公司,每个股东都只持有少数股份,这时所有股东都加入董事会就不现实了。结果,股东将经营一家商业企业的任务委派给职业的董事和经理人,他们能够比股东自己来做要好得多。

职业董事和经理人的任务就是按照类似于股东自己经营企业的方式来经营企业,股东只保留少数几项决策的投票权。由于这三个群体拥有不同的信息并抱有不同的动机,公司治理的一个关键问题是应该分配什么决策给每个群体。由于董事和经理人的动机不可能完全与股东的动机一致或者他们三方都不一致,问题又来了:如何确保他们所做的决策是出于股东利益的考虑,也就是说是效率最大化的,从而也是财富最大化的?虽然 CEO 和其他一些高管或内部人通常是董事,常常是 CEO 当董事长(称为 CEO 双肩挑),但董事会也有一些外部或独立董事,他们除了是董事会的成员,与公司没有任何关系。

董事会和董事成员(尤其是独立董事)主要有五个职能:第一,通过选择、监督、补偿以及必要时取代 CEO 和高级管理团队来行使控制权;第二,批准总体战略和主要的公司政策与流程;第三,确定如何来为公司活动融资;第四,评估主要的重构,如兼并、收购和撤资;第五,对交由股东投票表决的上述事项和其他事项提供建议。

另外,具有相当丰富知识和经验的董事会可以提供充当决策制定者的服务,可以向 CEO 提供建议并进行独立决策。董事会成员(通常是其他企业的 CEO,一般有延伸的网络)会拓展公司可供利用的资源。这些资源中有融资(接触能够提供资金的机构和市场)、技术(接触可能会成为创新源泉的研究)和监管(接触立法机构、行业组织与监管机构)。同时,包括许多杰出和有信誉个人的董事会提供了使所有与公司打交道的当事人放心所必需的信誉度。这种信誉提升或保证功能在除股东之外的其他群体进行公司专有投资时尤为重要,可以利用这些公司专有投资来追求股东的利益。

264

大多数国家是单一的公司董事会,既有内部董事也有外部董事。几个欧洲大陆国家(包括德国、法国、奥地利和荷兰)是双重董事会结构。这种结构包括:高级董事会,大多由外部董事组成,行使总体的监督;管理董事会,由内部董事组成,监督日常的运营。在德国,高级董事会由股东和雇员代表选举的董事组成,其作用是部分地实行德国的共同决策(Mitbestimmung)制度,在该制度下,雇员在店铺级别和董事会级别都拥有决策制定权。日本公司实行的是大多由内部董事组成的单一董事会,包括来自该公司合伙圈子(keiretsu)其他企业的代表。

(二) CEO 的职能

大部分公司治理的目的是确保那些有效行使控制权的人是站在股东利益的立场上行事的。一般来说,在公司中最重要的决策是由 CEO 作出的,因此公司事实上是由 CEO 管理的。CEO 还在董事会成员的选拔和留用上具有相当大的影响力,因此,在某种程度上,他们只对自己负责。同时,CEO 一般最了解公司治理的任何参与者,因此由他们来作最重要的决策应该是合适的。

CEO 在处理公司治理时涉及的主要问题是:如何确保他们以及其他高管持正

确的动机。实现这一目标的方法主要有四种：

第一，像董事们一样，公司的高管在法律上负有所有事情都应以股东利益为重的信托职责。虽然这种职责在法律上可通过对违约的高管和董事提起诉讼来实施，但这种商业判断规则使双方都得到了保护，只要是出于善意作出的经营决策就是可以免于诉讼的。而且，对违反信托职责的成功诉讼一般仅限于夸张的不称职行为或自我交易行为，因此信托职责对强绩效提供的是相对较弱的激励。

第二，通过实质性的所有权利益或通过奖金和股票期权这些以绩效为基础的激励措施可以有效地使高管的利益与股东的利益一致起来。通过这种方式，CEO的行事更像股东，因为他们自身事实上变成了重要的股东而不再仅仅是受雇的职业经理人。实际上，具有所有权利益的经理人可能比股东更有积极性把企业经营成盈利的，因为他们的投资不如股东分散化。

第三，CEO 和其他高管职位的竞争性的劳动力市场有助于激励管理层干好当前工作。即使高管担任多个 CEO 职位的情况相对很少，CEO 也有强力的动机避免被解雇，而且新的 CEO 受到那些有动机要超越他们的野心勃勃的高管的驱使。于是，CEO 人才市场也许在低一级的潜在 CEO 之间运行得最好，这样有助于支持现在的 CEO。

第四，活跃的公司治理市场有助于通过收购的威胁来约束经营不善或自我服务的管理层。虽然恶意收购在欧洲和日本相对较少，在美国也越来越困难，但是由机构投资者带来的压力在许多情况下已成功地产生了恶意收购可能实现的同样的变革。

四、“股东至上”存在的问题

“股东至上”的理论依据以及由此得出的关于股东、董事和高管们的作用的理论依据碰到了一系列关键问题。在实践层面上，许多公司丑闻（比如 21 世纪早期安然、世通和其他公司的倒闭）和 2007 年开始的金融危机都归咎于公司治理的失败。这些事件已经导致许多改革建议，包括 2002 年美国通过的《萨班斯-奥克斯利法案》，该法案要求对董事会构成与运作进行一些改革，等等。其他问题（如过高的高管薪酬等）已经引发了提高股东在提名和选举董事程序中的话语权的呼声。

在理论层面上，股东模型的一些基本前提已经受到了全球公司转型的挑战。

传统的公司治理几乎只聚焦在公司财务投资者的角色上。在公司治理中其他群体的利益被忽视了,不是因为他们不重要和不值得保护,而是因为他们是通过其他方式来处理的。这种狭义的公司治理关注通常得到了两个至今还是被证明正确的相关假设的理论支持。但是,公司战略和结构方面的转变也使人们对这两个假设产生了怀疑。

266

第一个假设是只有股东承担剩余风险。与公司签订合同的其他所有群体都是为了获得固定索取权,即为了获得那些能够完全通过法律上可执行的合同保证的固定金额的索取权。于是,他们的索取权通过合同法,而不是公司治理法可得到合理解决,公司治理法唯一的目的是保护剩余风险承担者(直到最近仅仅是指股东)。第二个假设(和第一个假设相关)是只有股东受到公司决策制定的影响。和公司签订合约的其他群体的回报根据其投入品在相应的劳动力、大宗商品、产品等市场上的市场价格决定,这些价格取决于市场力量,比如供给和需求,不受公司决策的影响。只要公司具有清偿能力,这些索取权就会得到保证,而具有剩余索取权的股东的回报直接受到公司决策的影响,因此,他们对公司决策制定过程的控制是合理的。

最近几年发生的重大变革已经使人们对这些假设产生了怀疑。传统的公司(主流的公司治理制度就是针对此类公司设计的)已经寻求利用大量固定资产来实现规模经济,以降低价格,占领市场份额。在这样的公司,关键在于低成本地获得大量资本,而对包括劳动力在内的其他投入品的控制是通过垂直一体化和等级制命令结构实现的。由于涉及高资本需求和高风险水平,传统公司有必要寻找外部投资者,并向其提供控制权来换得投资。

但从20世纪70年代早期开始,公司已经被迫从这种利用规模经济的资本密集型策略向侧重从创新驱动、质量提升和全球化中要效益的策略转变。廉价、丰富和本土制造的产品不再是成功的关键,取而代之的是,全球制造并全球销售的新款的、更好的产品现在是成功的关键。结果,许多公司的结构已经从大的企业集团转变为小的、更加灵活的公司;从僵硬的等级森严的公司转变为松散的、扁平化的公司;从垂直一体化的公司转变为更加灵活、形式更加开放的合作型网络。

近年来,很多公司已经转变它们的策略和结构,结果固定的有形资产已经变得没有人们的技能和知识重要了。随着人力资本变得比财务资本更加重要,公司必

267 须要较少地关注其财务投资者，而应更多地关注其真正具有生产率的资产（不仅包括其内部的雇员，也包括公司外部的个人和机构）。在这一过程中，关系而不是交易成为公司财富的最终来源。在这些条件下，雇员和其他群体变成了剩余风险承担者，因为他们必须为了从事创新和进行质量提升而进行专用性投资，而由于这些专用性投资可被股东占用，这些人力资本提供者需要更多地从这种可能性中得到保护。由于他们的回报依赖于公司的绩效而不仅仅依赖于他们的投入品在市场上的价格，因此这些非股东成员也会更多地受到公司决策的影响。

这些战略和结构性变革给论证股东模型合理性隐含的三个重要假设带来了挑战，进而给当前的公司治理制度带来了挑战。该挑战不仅表明公司传统的决策制定权分配需要改变，而且公司治理本身也必须要将其关注的重点从公司的财务投资者拓展到在公司内进行投资并对财富创造负责的所有群体。特别地，公司治理的任务应该是提供一个环境，使得所有群体都能够在进行专用性投资时得到保证：他们将平等地分享所创造的财富。虽然股东模型存在的问题是明显的，但需要对公司治理进行哪些改革来完成这项任务尚不清晰。因此，公司治理的制度仍将处于进一步完善之中。

五、小结

公司财务管理不过是需要伦理指引的金融中的一个领域。金融伦理的领域很广泛，当人们从事金融服务业、在金融市场上活动以及进行财务管理时都会涉及。少数几个基本的伦理原则同样适用于所有的金融领域，但特别的伦理问题有许多且各不相同，需要深入分析。金融伦理研究必须要认可金融服务业和金融市场近几十年发生的巨大变化。这些变化源于金融理论的发展、新技术、全球化、监管加强、公众预期的提高以及更加激烈的竞争环境。当今金融从业人员的压力巨大，获得成功的艰难与近在眼前的高额奖励一起，使不道德行为和违法行为充满了巨大诱惑。

268 最终，建设具有高水准伦理的金融体系需要通力合作。第一步要求金融从业人员对伦理行为要有必要的了解并承诺照此行事，但是仅仅做个好人还是不够的。也必须要关注人们在其中行事的组织和市场结构，尤其是施加在他们身上的压力和激励。伦理与金融监管也是不可分割的，金融监管首先是识别伦理行为的主要手段,然后是使伦理行为遵守强制性规定的主要手段。伦理是许多监管规定的指南,但监管规定反过来对伦理进行了解释并为实现它提供了手段。事实上,金融业任何承诺按照高水准伦理要求自己的人也必须要好好地按照监管规定行事。然而,正如良好的监管是必要的,全球金融服务业和金融市场上英明、有效的领导也是必要的,这有助于在对商业成功的竞争性需求和社会责任之间作出平衡。

索　引

A

B

C

D

E

F

G

H

I

J

K

L

M

N

O

P

Q

R

S

T

U

V

W

Y